21世纪高等学校计算机规划教材

大学计算机信息技术

COLLEGE INFORMATION TECHNOLOGY

朱立才 黄津津 ◆ 主编
李忠慧 吉祖勤 余群 ◆ 副主编

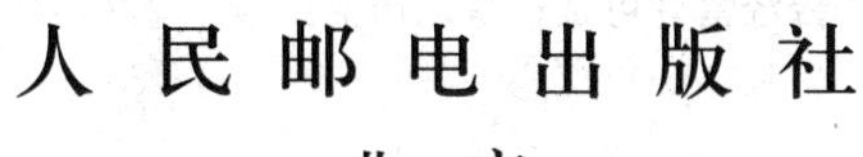
人 民 邮 电 出 版 社
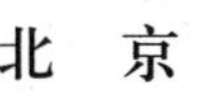
北 京

图书在版编目（CIP）数据

大学计算机信息技术 / 朱立才，黄津津主编. -- 北京 : 人民邮电出版社，2017.9（2020.8重印）
21世纪高等学校计算机规划教材
ISBN 978-7-115-45872-8

Ⅰ. ①大… Ⅱ. ①朱… ②黄… Ⅲ. ①电子计算机－高等学校－教材 Ⅳ. ①TP3

中国版本图书馆CIP数据核字(2017)第236241号

内容提要

本书根据教育部“关于进一步加强高等学校计算机基础教学的意见”，依据目前高校非计算机专业计算机基础课程的教学实际，以培养大学生信息素养和提高计算机应用能力为出发点，按照高校计算机公共基础教学的要求组织编写。本书共 6 章，内容包括计算机基础知识、计算机系统、文字处理 Word 2010、电子表格 Excel 2010、演示文稿 PowerPoint 2010、计算机网络与 Internet 应用。每章后附有练习题，并提供相应的参考答案。

本书内容丰富，层次清晰，图文并茂，突出教材的基础性和实践性，旨在提高学生的计算机应用能力，为后续计算机相关课程和专业基础课程的学习打下良好的基础。本书可作为普通高等学校“计算机应用基础”课程的教材，也可作为计算机等级考试的参考教材，还可作为其他自学者学习计算机基础的参考书。

◆ 主　　编　朱立才　黄津津
　副 主 编　李忠慧　吉祖勤　余　群
　责任编辑　李　召
　责任印制　陈　犇
◆ 人民邮电出版社出版发行　　北京市丰台区成寿寺路 11 号
　邮编　100164　　电子邮件　315@ptpress.com.cn
　网址　http://www.ptpress.com.cn
　三河市祥达印刷包装有限公司印刷
◆ 开本：787×1092　1/16
　印张：15　　　　　　　　2017 年 9 月第 1 版
　字数：373 千字　　　　　2020 年 8 月河北第 5 次印刷

定价：42.00 元

读者服务热线：(010)81055256　印装质量热线：(010)81055316
反盗版热线：(010)81055315
广告经营许可证：京东市监广登字 20170147 号

前言

“大学计算机基础”是学生进入高校后的第一门计算机课程。为满足当前信息技术发展与人才培养的需要，积极配合计算机基础教学的课程体系改革，根据教育部“关于进一步加强高等学校计算机基础教学的意见”，编者在结合多年计算机基础课程教学与研发实践的基础上，依据目前学校非计算机专业计算机基础课程的教学实际，并结合高校计算机公共基础教学的需要，以培养大学生信息素养和提高计算机应用能力为出发点，按照计算机基础课程精品课的标准来精心设计、编写本书。

本书共 6 章，主要内容包括计算机基础知识、计算机系统、文字处理 Word 2010、电子表格 Excel 2010、演示文稿 PowerPoint 2010、计算机网络与 Internet 应用。本书介绍了计算机基础知识和常用的计算机应用软件，使大学非计算机专业的学生，既具备使用常用软件处理日常事务的能力，又了解了计算机和信息处理的基本知识、原理与方法以及信息技术的发展趋势，为专业学习奠定必要的计算机基础。另外，本书每一章的最后安排了练习题，并提供相应的参考答案，旨在提高学生对知识点的认识与理解，有助于拓宽学生计算机知识的视野，激发学习兴趣。

全书内容丰富，层次清晰，图文并茂，遵循教学规律。在内容编排上充分考虑到初学者的实际阅读需求，兼顾计算机软件和硬件的更新发展，突出教材的基础性和实践性。同时编写的《大学计算机信息技术——学习与实验指导》可以与本书配套使用，通过实用的操作指导，让读者能够直观、迅速地掌握计算机的基础知识和基本操作，实现学与用的统一。

本书由朱立才、黄津津任主编，李忠慧、吉祖勤、余群任副主编。在本书的编撰过程中，得到了编者所在学校领导及同事的大力支持和帮助，同时许多教学第一线专家与教师对本书提出了宝贵意见和建议，在此表示诚挚的谢意。

由于编者水平有限，书中不足和疏漏之处，敬请专家和广大读者批评指正。

编　者

2017 年 8 月

目 录

第 1 章 计算机基础知识……1

1.1 计算机概述……1
1.1.1 计算机的诞生及发展过程……1
1.1.2 计算机的特点……3
1.1.3 计算机的应用……4
1.1.4 计算机的分类……5
1.1.5 未来计算机的发展趋势……6
1.1.6 信息技术……7
1.2 信息的表示与存储……9
1.2.1 计算机中的数据及其单位……9
1.2.2 常用数制及其转换……10
1.2.3 计算机字符编码……13
1.3 多媒体技术……17
1.3.1 多媒体技术的特征……17
1.3.2 声音的编码……18
1.3.3 图像的编码……19
1.3.4 多媒体数据压缩……20
1.4 计算机病毒及其防治……21
1.4.1 计算机病毒的特征和分类……21
1.4.2 计算机病毒的防治……22
练习题 1……24

第 2 章 计算机系统……27

2.1 计算机的工作原理和计算机系统的组成……27
2.1.1 计算机的工作原理……27
2.1.2 计算机系统的组成……28
2.2 计算机的硬件系统……28
2.2.1 计算机硬件系统的组成……28
2.2.2 中央处理器……29
2.2.3 存储器……30
2.2.4 输入设备……33
2.2.5 输出设备……35
2.2.6 计算机的结构……36
2.3 计算机的软件系统……38
2.3.1 软件的概念……38
2.3.2 软件系统的组成……39
2.4 操作系统……41
2.4.1 操作系统的概念……41
2.4.2 操作系统的功能和种类……42
2.4.3 常用操作系统……44
2.5 Windows 7 操作系统……45
2.5.1 Windows 7 概述……45
2.5.2 使用和设置 Windows 7……46
2.6 管理文件和文件夹资源……49
2.6.1 文件和文件夹管理的概念……49
2.6.2 文件和文件夹基本操作……50
2.6.3 Windows 7 中的搜索和库……54
2.7 管理程序和硬件资源……57
2.7.1 软件兼容性问题……57
2.7.2 硬件管理……58
2.7.3 Windows 7 网络配置和应用……61
2.7.4 系统维护和优化……62
练习题 2……64

第 3 章 文字处理 Word 2010……69

3.1 Word 2010 基础……69
3.1.1 Word 2010 的启动……69
3.1.2 窗口的组成……69

3.1.3 文档视图模式 ······ 72
3.1.4 Word 2010 的退出 ······ 75
3.2 文档的创建、打开和保存 ······ 75
3.2.1 新建文档 ······ 75
3.2.2 打开文档 ······ 76
3.2.3 保存文档 ······ 77
3.3 文档的录入与编辑 ······ 79
3.3.1 输入文本 ······ 79
3.3.2 选定文本 ······ 82
3.3.3 插入与删除文本 ······ 84
3.3.4 移动或复制文本 ······ 84
3.3.5 查找与替换文本 ······ 85
3.3.6 撤销和重复 ······ 87
3.4 文档排版技术 ······ 88
3.4.1 字符格式设置 ······ 88
3.4.2 段落格式设置 ······ 91
3.4.3 边框与底纹 ······ 93
3.4.4 项目符号和编号 ······ 95
3.4.5 分栏设置 ······ 96
3.4.6 首字下沉 ······ 97
3.4.7 样式与模板 ······ 98
3.5 表格处理 ······ 100
3.5.1 表格的创建 ······ 100
3.5.2 表格的编辑与修饰 ······ 102
3.5.3 表格的计算与排序 ······ 108
3.6 图文混排 ······ 110
3.6.1 插入图片 ······ 110
3.6.2 插入剪贴画 ······ 112
3.6.3 插入艺术字 ······ 112
3.6.4 插入形状 ······ 113
3.6.5 插入文本框 ······ 114
3.7 页面设置与打印 ······ 115
3.7.1 页面设置 ······ 115
3.7.2 设置页眉、页脚和页码 ······ 117
3.7.3 打印与预览 ······ 119
练习题 3 ······ 120

第 4 章 电子表格 Excel 2010 ······ 123

4.1 Excel 2010 基础 ······ 123
4.1.1 Excel 2010 的启动 ······ 123
4.1.2 窗口的组成 ······ 123
4.1.3 工作簿、工作表与单元格 ······ 125
4.1.4 Excel 2010 的退出 ······ 126
4.2 工作簿的创建、打开和保存 ······ 126
4.2.1 创建工作簿 ······ 126
4.2.2 打开工作簿 ······ 126
4.2.3 保存工作簿 ······ 127
4.2.4 保护工作簿 ······ 127
4.3 输入与编辑工作表 ······ 127
4.3.1 输入数据 ······ 128
4.3.2 自动填充数据 ······ 129
4.3.3 单元格的操作 ······ 130
4.3.4 工作表的操作 ······ 132
4.4 工作表格式化 ······ 135
4.4.1 设置单元格格式 ······ 135
4.4.2 设置行高和列宽 ······ 137
4.4.3 设置条件格式 ······ 138
4.4.4 使用单元格样式 ······ 139
4.4.5 套用表格格式 ······ 140
4.5 公式和函数 ······ 141
4.5.1 自动计算 ······ 141
4.5.2 公式的使用 ······ 142
4.5.3 函数的使用 ······ 143
4.6 图表的使用 ······ 147
4.6.1 图表的组成元素 ······ 147
4.6.2 创建图表 ······ 148
4.6.3 编辑和修改图表 ······ 148
4.6.4 修饰图表 ······ 150
4.7 数据处理 ······ 151
4.7.1 数据排序 ······ 151
4.7.2 数据筛选 ······ 152
4.7.3 数据分类汇总 ······ 154
4.7.4 数据合并计算 ······ 155
4.7.5 建立数据透视表 ······ 155
4.7.6 工作表中的链接 ······ 157
4.8 页面设置与打印 ······ 157
4.8.1 页面布局 ······ 157
4.8.2 预览与打印 ······ 159
练习题 4 ······ 159

第5章 演示文稿 PowerPoint 2010

第5章 演示文稿 PowerPoint 2010……162
5.1 PowerPoint 2010 基础……162
5.1.1 PowerPoint 2010 的启动……162
5.1.2 窗口的组成……162
5.1.3 PowerPoint 2010 的退出……164
5.2 演示文稿视图模式……164
5.2.1 普通视图……165
5.2.2 幻灯片浏览视图……166
5.2.3 备注页视图……167
5.2.4 阅读视图……167
5.2.5 幻灯片放映视图……168
5.3 演示文稿的创建、打开和保存……168
5.3.1 创建演示文稿……168
5.3.2 打开演示文稿……168
5.3.3 保存演示文稿……169
5.4 演示文稿的编辑制作……169
5.4.1 编辑幻灯片……169
5.4.2 插入图片、形状和艺术字……170
5.4.3 插入音频和视频……177
5.4.4 插入表格……177
5.5 演示文稿外观设置……182
5.5.1 应用幻灯片版式……182
5.5.2 应用幻灯片主题……183
5.5.3 幻灯片背景的设置……186
5.5.4 使用母版……188
5.6 演示文稿动画设置与放映……190
5.6.1 动画效果设置……190
5.6.2 切换效果设置……194
5.6.3 幻灯片放映……195
5.6.4 设置链接……196
5.7 演示文稿的输出与打印……198
5.7.1 演示文稿的打包……198
5.7.2 页面设置与打印……200
练习题5……200

第6章 计算机网络与 Internet 应用

第6章 计算机网络与 Internet 应用……203
6.1 计算机网络概述……203
6.1.1 计算机网络的定义……203
6.1.2 计算机网络的组成……203
6.1.3 计算机网络的发展……204
6.1.4 数据通信……205
6.1.5 计算机网络的分类……206
6.1.6 网络拓扑结构……207
6.1.7 网络硬件和网络软件……208
6.1.8 无线局域网……209
6.2 Internet 基础……210
6.2.1 Internet 概述……210
6.2.2 TCP/IP 网络协议的工作原理……210
6.2.3 客户机/服务器体系结构……211
6.2.4 IP 地址和域名……211
6.2.5 Internet 的接入……213
6.3 Internet 的应用……214
6.3.1 WWW……214
6.3.2 IE 浏览器的使用……215
6.3.3 搜索引擎……221
6.3.4 文件传输服务……222
6.3.5 电子邮件服务……223
练习题6……228
参考文献……232

第1章 计算机基础知识

电子计算机（Electronic Computer）又称电脑，是一种能够按照指令，自动、高速、精确地对海量信息进行存储、传送和加工处理的现代电子设备，是 20 世纪最伟大的发明之一。伴随计算机技术和网络技术的飞速发展，计算机已渗透到社会的各个领域，对人类社会的发展产生了极其深远的影响。学习必要的计算机知识，掌握一定的计算机操作技能，是当代社会人们应具备的基本素质。

1.1 计算机概述

1.1.1 计算机的诞生及发展过程

17 世纪，德国数学家莱布尼茨发明了震惊世界的二进制，为计算机内部数据的表示方法创造了条件。20 世纪初，电子技术得到了飞速发展，1904 年，英国电气工程师弗莱明研制出了真空二级管；1906 年，美国科学家福雷斯特发明了真空三极管，这些发明创造为计算机的诞生奠定了基础。

20 世纪 40 年代后期，西方国家的工业技术得到迅猛的发展，相继出现了雷达和导弹等高科技产品，原有的计算工具对大量复杂的科技产品的计算无能为力，迫切需要在计算技术上有所突破。1943 年，正值第二次世界大战，由于军事上的需要，宾夕法尼亚大学电子工程系的教授莫克利和他的研究生埃克特计划的世界上第一台计算机 ENIAC（Electronic Numerical Integrator And Computer，电子数字积分计算机）诞生了，如图 1-1 所示。

图 1-1　世界上第一台计算机 ENIAC

ENIAC 的主要元件是电子管，计算速度为每秒 5 000 次加法运算、300 多次乘法运算，比当时最快的计算工具要快 300 倍。ENIAC 重 30 多吨，占地 170 平方米，采用了 18 000 多个电子管、1 500 多个继电器、70 000 多个电阻和 10 000 多个电容，每小时耗电 150 千瓦。虽然 ENIAC 的体积庞大、性能差，但它的出现使信息处理技术进入了一个崭新的时代，标志着人类文明的一次飞跃和电子计算机时代的开始。

同一时期，鉴于 ENIAC 的缺点，ENIAC 项目组的一个美籍匈牙利研究人员冯·诺依曼开始研制自己的 EDVAC（Electronic Discrete Variable Automatic Computer，离散变量自动电子计算机），该计算机是当时计算速度最快的计算机，其主要设计理论如下。

（1）使用二进制。计算机的程序和程序运行需要的数据以二进制形式存放在计算机的存储器中。

（2）存储程序执行。程序和数据存放在存储程序中，即存储程序的概念。计算机执行程序时，无需人工干预，能自动、连续地执行程序，并得到预期的结果。

冯·诺依曼的原理和思想，进一步明确指出了计算机的结构应由运算器、控制器、存储器、输入设备和输出设备 5 个部分组成。

EDVAC 计算机对 ENIAC 进行了重大的改进，成为现代计算机的基本雏形。直至今天，绝大部分的计算机还是采用冯·诺依曼方式工作。冯·诺依曼提出的这些原理和思想，对后来计算机的发展起到了决定性的作用，被誉为“现代电子计算机之父”。

从第一台电子计算机诞生至今的几十年时间里，计算机技术成为发展最快的现代技术之一。根据计算机采用的物理器件，可将计算机的发展划分为 4 个阶段，如表 1-1 所示。

表 1-1　计算机发展的 4 个阶段

年代 部件	第一阶段 （1946—1958）	第二阶段 （1959—1964）	第三阶段 （1965—1970）	第四阶段 （1971 至今）
主机电子器件	电子管	晶体管	中小规模集成电路	大规模、超大规模集成电路
主存储器	汞延迟线	磁芯存储器	半导体存储器	半导体存储器
外存储器	穿孔卡片、纸带	磁带	磁带、磁盘	磁盘、光盘等大容量存储器
处理速度（每秒指令数）	几千条	几万至几十万条	几十至几百万条	上千万至万亿条

第一代计算机（1946—1958）。这段时期称为“电子管计算机时代”。它使用的主要逻辑元件是真空电子管，其特点是体积庞大、速度慢、成本高、可靠性差。主存储器采用汞延迟线或静电储存管，容量很小；外存储器使用了磁鼓，输入/输出装置主要采用穿孔卡；采用机器语言编程，即用“0”和“1”来表示指令和数据；运算速度每秒仅为数千次至数万次。这一代计算机被应用于数值计算和军事科学方面的研究。

第二代计算机（1959—1964）。由于在计算机中采用了比电子管更先进的晶体管，所以这段时期称为“晶体管计算机时代”。晶体管与电子管相比，其特点是体积小、耗电省、速度快、价格低、寿命长。主存储器采用磁芯，外存储器采用磁盘、磁带，存储器容量有较大提高；软件方面出现了以批处理为主的操作系统、高级语言及其编译程序。由此，计算机应用开始进入实时过程控制和数据处理领域，运算速度达到每秒数百万次甚至几十万条。这一代计算机应用领域以科学计算和事务处理为主，并开始进入工业控制领域。

第三代计算机（1965—1970）。这段时期被称为“中、小规模集成电路计算机时代”。它使用的主要逻辑元件是小规模集成电路（Small Scale Integrated circuits，SSI）和中规模集成电路（Medium Scale Integrated circuits，MSI），其特点是体积更小，价格更低、可靠性更高。主存储器采用半导体存储器，存储容量大幅度提高；软件方面出现了分时操作系统以及结构化、模块化程序设计方法；运算速度达到每秒千万次以上。这一代计算机应用开始进入文字处理和图形图像处理领域。

第四代计算机（1971年至今）。这段时期称为“大规模或超大规模集成电路计算机时代”。它使用的主要逻辑元件是大规模集成电路（Large Scale Integrated circuits，LSI）和超大规模集成电路（Very Large Scale Integrated circuits，VLSI），使得在很小的硅片上能够刻上几千万个晶体管，计算机走向微型化，运行速度可达每秒上千万次到万亿次，成本更低。主存储器采用半导体存储器，容量已达第三代计算机的辅存水平；作为外存的移动存储设备的容量大幅度增加；软件方面出现了数据库管理系统、网络管理系统、面向对象语言等。计算机应用的深度和广度有了更大的发展，开始深入人类生活的各个方面。

1.1.2 计算机的特点

计算机能够按照程序确定的步骤，对输入的数据进行加工处理、存储或传送，以获得期望的输出信息，从而利用这些信息来提高工作效率和社会生产率以及改善人们的生活质量。计算机之所以具有如此强大的功能，能够应用于各个领域，这是由它的特点决定的。

计算机作为一种通用的信息处理工具，具有以下主要特点。

1. 运算速度快

计算机系统的运算速度指的是单位时间内能执行指令的条数，一般以每秒能执行多少条指令来描述。计算机内部的运算是由数字逻辑电路组成的，可以高速、准确地完成各种算术运算。早期的计算机由于技术的原因，工作频率较低，而随着集成电路技术的发展，计算机的运算速度得到飞速提升，目前世界上已经有计算速度每秒超过亿亿次的计算机。

2. 计算精度高

计算机的运算精度取决于采用机器码的字长（二进制码），即通常的8位、16位、32位和64位等，字长越长，有效位数就越多，精度就越高。如果使用10位十进制数转换成机器码，便可以轻而易举地取得几百亿分之一的精度。

3. 准确的逻辑判断能力

计算机不仅能进行精确计算，还具有逻辑运算功能，能对信息进行比较和判断。计算机能把参加运算的数据、程序以及中间结果和最后结果保存起来，并能根据判断的结果自动执行下一条指令，以供用户随时调用。

4. 强大的存储能力

计算机具有许多存储记忆载体，可以存储大量的信息。这些信息不仅包括各类数据信息，还包括加工这些数据的程序。

5. 自动功能

计算机内具有运算单元、控制单元、存储单元和输入输出单元，计算机可以按照预先编写好的程序（一组指令）实现工作自动化，不需要人的干预，而且可以反复执行。

6. 网络与通信功能

通过计算机网络技术可以将不同城市、不同国家的计算机连在一起形成一个计算机网，在网上的所有计算机用户可以共享资料和交流信息，从而改变了人类的交流方式和信息获取方式。

1.1.3 计算机的应用

计算机的应用已经渗透到社会的各个领域，正在深刻改变着人们的工作、学习和生活方式，推动着社会的发展。计算机的应用大致可分为以下几个方面。

1. 科学计算

科学计算也被称为数值计算，是指利用计算机来完成科学研究和工程设计中提出的一系列复杂的数学问题的计算。计算机不仅能进行数字运算，还可以解答微积分方程以及不等式。由于计算机具有较高的运算速度，对于以往人工难以完成甚至无法完成的数值计算，计算机都可以完成，如气象资料分析和卫星轨道的测算等。目前，基于互联网的云计算也将发挥越来越重要的作用。

2. 数据与信息处理

对大量的数据进行分析、加工和处理等工作早已开始使用计算机来完成，这些数据不仅包括“数”，还包括文字、图像和声音等数据形式。现代计算机速度快、存储容量大，使得计算机在数据处理和信息加工方面的应用十分广泛，如企业的财务管理、事务管理、资料和人事档案的文字处理等。利用计算机进行信息管理，为实现办公自动化和管理自动化创造了有利条件。

3. 过程控制

过程控制也称为实时控制，它是指利用计算机自动监测生产过程和其他过程以及自动控制设备工作状态的一种控制方式，被广泛应用于各种工业环境中，并替代人在危险、有害的环境中作业，不受疲劳等因素的影响，并可完成人类不能完成的有高精度和高速度要求的操作，从而节省了大量的人力、物力，并大大提高了经济效益。

4. 人工智能

人工智能（Artificial Intelligence, AI）是用计算机模拟人类的某些智力活动。利用计算机可以识别图像和物体，模拟人的学习过程和探索过程。人工智能研究期望赋予计算机更多人的智能，如机器翻译、智能机器人等，都是利用计算机模拟人类的智力活动。人工智能是计算机科学发展以来一直处于前沿的研究领域，其主要研究内容包括自然语言理解、专家系统、机器人以及定理自动证明等。目前，人工智能已应用于机器人、医疗诊断、故障诊断、案件侦破和经营管理等诸多方面。

5. 计算机辅助

计算机辅助也称为计算机辅助工程，是指利用计算机协助人们完成各种设计工作。计算机的辅助功能是目前正在迅速发展并不断取得成果的重要应用领域，主要包括计算机辅助设计（Computer Aided Design，CAD）、计算机辅助制造（Computer Aided Manufacturing，CAM）、计算机辅助测试（Computer Aided Test，CAT）、计算机辅助工程（Computer Aided Engineering，CAE）、计算机辅助教学（Computer Aided Instruction，CAI）、计算机仿真模拟（Simulation）等。

6. 网络通信

网络通信是计算机技术与现代通信技术相结合的产物。网络通信是指利用计算机网络实现信息的传递功能，随着 Internet 技术的快速发展，人们可以在不同地区和国家间进行数据传递，并可通过计算机网络进行各种商务活动。

7. 多媒体技术

多媒体技术（Multimedia Technology）是指通过计算机对文字、数据、图形、图像、动画和声音等多种媒体信息进行综合处理和管理，使用户可以通过多种感官与计算机进行实时信息交互的技术。多媒体技术拓宽了计算机的应用领域，使计算机广泛应用于教育、广告宣传、视频会议、服务业和文化娱乐业等。同时，多媒体技术与人工智能技术的有机结合还促进了虚拟现实（Virtual Reality）、虚拟制造（Virtual Manufacturing）技术的发展。

8. 嵌入式系统

并不是所有计算机都是通用的，有许多特殊的计算机用于不同的设备中，包括大量的消费电子产品和工业制造系统，都是把处理器芯片嵌入其中，完成特定的处理任务。这些系统称为嵌入式系统。例如，数码相机、数码摄像机以及高档电动玩具等都使用了不同功能的处理器。

1.1.4 计算机的分类

计算机的分类方法很多，一般可根据计算机的性能、规模和处理能力，把计算机分成巨型机、大型通用机、微型计算机、服务器和工作站等几类。

1. 巨型机

巨型机也称超级计算机或高性能计算机，在所有计算机类型中占地最大、价格最贵、功能最强，其浮点运算速度极快。通常，巨型机多用于国家高科技领域和尖端技术研究，是一个国家科研实力的体现，现有的超级计算机运算速度大多可以达到每秒一太（Trillion，万亿）次以上。2014年6月，在德国莱比锡市发布的世界超级计算机500强排行榜上，中国超级计算机系统“天河二号”位居榜首，其浮点运算速度达到每秒33.86千万亿次。

2. 大型机

大型通用机的特点是大型、通用，具有极强的处理能力和管理能力，运算速度为每秒100万至几千万次，在一台大型机中可以使用几十台微机或微机芯片，用以完成特定的操作，可同时支持上万个用户，可支持几十个大型数据库。大型通用机主要应用在政府管理部门、大公司、大企业、高校和科研院所。大型通用机通常又被称为“企业级”计算机，通用性强，但价格较贵，覆盖国内通常所说的大中型机。

3. 微型计算机

微型计算机简称微机，即通常说的电脑、个人电脑（Personal Computer，PC）。微机技术在近十年发展迅速，平均每两年计算机微芯片上集成的晶体管数目就翻一番，性能提高一倍而价格降低一半。微机的主流是IBM公司在1981年推出的PC系列及其众多的兼容机。微机以其设计先进（总是率先采用高性能的微处理器）、软件丰富、功能齐全、价格便宜等优势而拥有广大的用户，因而大大推动了计算机的普及应用。微机分为可独立使用的微机和嵌入式微机（又称嵌入式系统）两类。

可独立使用的微机可分为台式机、一体机、笔记本电脑、平板电脑、掌上电脑（PDA）等。在掌上电脑基础上加上手机功能，就成了智能手机；平板电脑、掌上电脑的核心技术是嵌入式操作系统这一系统软件，各种产品之间的竞争也主要在此。

嵌入式微机被作为一个应用系统的部件安装在应用设备里，最终用户直接使用的是该应用设备而非微机，如智能数字电视机、数码相机、自动售货机、微波炉、电梯等生活中的各种电器设备以及工业自动化仪表与医疗仪器等。嵌入式微机有单片机和单板机之分：把微处理器、一定容量的存储器以及输入输出接口电路等集成在一个芯片上，就构成了单片机嵌入式系统，一般用作专用机或用来控制高级仪表、家用电器等；把微处理器、存储器、输入输出接口电路安装在一块印刷电路板上，就成为单板机嵌入式系统，主要用于工业控制、微型机教学和实验，或作为计算机控制网络的前端执行机。

4. 工作站

工作站是一种高端的通用微型计算机系统。它具有较高的运算速度，具有大小型机的多任务、多用户功能，且兼具微型计算机的操作便利和良好的人机界面。它可以连接到多种输入/输出设备，具有易于联网、处理功能强等特点。其应用领域也已从最初的计算机辅助设计扩展到商业、金融、办公领域，并充当网络服务器的角色。

5. 服务器

服务器专指能通过网络，为客户端计算机提供各种服务的高性能的计算机。服务器的构成与普通电脑类似，但相对于普通电脑来说，它对稳定性、安全性、可扩展性、可管理性、性能等方面的要求更高，因此在 CPU、芯片组、内存、磁盘系统、网络等硬件上和普通电脑有所不同。服务器是网络的节点，存储、处理网络上 80%的数据、信息，在网络中起到举足轻重的作用，被称为网络的灵魂。服务器可以是大型机、小型机、工作站或高档微机。服务器可以提供信息浏览、电子邮件、文件传送、数据库等多种业务服务。

1.1.5　未来计算机的发展趋势

1. 计算机的发展方向

（1）巨型化。巨型化是指计算机的计算速度更快、存储容量更大、功能更强大、可靠性更高。巨型化计算机的应用范围主要包括天文、天气预报、军事、生物仿真等，这些领域需进行大量的数据处理和运算，需要性能强劲的计算机才能完成。

（2）微型化。随着超大规模集成电路的进一步发展，个人计算机将更加微型化，膝上型、书本型、笔记本型、掌上型等微型化计算机将不断涌现，并受到越来越多用户的喜爱。

（3）网络化。随着计算机的普及，计算机网络也逐步深入人们工作和生活的各个部分。通过计算机网络可以连接地球上分散的计算机，然后共享各种分散的计算机资源。现在计算机网络也是人们工作和生活中不可或缺的事物，计算机网络化可以让人们足不出户就能获得大量的信息以及与世界各地的亲友进行通信、网上贸易等。

（4）智能化。智能化的计算机能够代替人的脑力劳动，具有类似人的智能，如能听懂人类的语言，能看懂各种图形，可以自己学习等，即计算机可以处理知识，从而代替人的部分工作。未来的智能型计算机将会代替甚至超越人类某些方面的脑力劳动。

2. 新一代计算机

由于计算机中最重要的核心部件是芯片，因此计算机芯片技术的不断发展也是推动计算机未来发展的动力。Intel 公司的创始人之一戈登·摩尔在 1965 年曾预言了计算机集成技术的发展规律，那就是每 18 个月，在同样面积的芯片中集成的晶体管数量将翻一番，而成本将下降一半。

几十年来，计算机芯片的集成度严格按照摩尔定律发展，不过该技术的发展并不是无限的。因为计算机采用电流作为数据传输的信号，而电流主要靠电子的迁移而产生，电子最基本的通路是原子，一个原子的直径大约等于 1 nm，目前芯片的制造工艺已经达到了 90 nm 甚至更小，也就是说一条传输电流的导线的直径即为 90 个原子并排的长度，那么最终晶体管的尺寸将接近纳米级，即达到一个原子的直径长度，但是这样的电路是极不稳定的，因为电流极易造成原子迁移，原子迁移后电路也就断路了。

由于晶体管计算机存在上述物理极限，因而世界上许多国家在很早的时候就开始了各种非晶体管计算机的研究，如光子计算机、量子计算机、生物计算机和超导计算机等，这类计算机也被称为第五代计算机或新一代计算机，它们能在更大程度上仿真人的智能，这类技术也是目前世界各国计算机发展技术研究的重点。

（1）光子计算机。是利用光信号进行数据运算、处理、传输和存储的新型计算机。在光子计算机中，以光子代替电子，用不同波长的光代表不同的数据，光运算代替电运算，具有超高速的运算速度、强大的并行处理能力、大存储量、非常强的抗干扰能力。1990 年 1 月底，美国贝尔实验室成功研制成世界上第一台光子计算机。它采用砷化稼光学开关，运算速度可达每秒 10 亿次，尽管其装置粗糙，但已显示出强大的生命力，而且人类利用光缆传输数据已经有 20 多年的历史，用光信号来存储信息的光盘技术也已广泛应用，这些为光子计算机的研制、开发和应用奠定了基础。

（2）量子计算机。是根据量子力学原理设计，基于原子的量子效应构建的完全以量子比特为基础的计算机。它利用每一位量子比特可同时存储“0”和“1”两个状态的相应量子态叠加来表示不同的数据，从而进行多位量子比特并行计算。量子计算机具有运算速度快、存储容量极大、功耗低、高度微型化和集成化的特点，理论上其性能能够超过任何可以想象的标准计算机。2007 年，加拿大计算机公司 D-Wave 展示了全球首台量子计算机“Orion（猎户座）”，但它只能进行特定的计算。

（3）生物计算机。是利用蛋白质的开关特性，采用蛋白质分子作元件从而制成的生物芯片，并以这种生物电子元件构建而成的计算机。生物计算机中的信息以波的形式沿着蛋白质分子链中单键、双键的结构顺序改变，其性能是由酶之间电流启闭的开关速度来决定，用蛋白质制成的计算机芯片的一个存储点只有一个分子大小，由蛋白质构成的集成电路大小仅相当于硅片集成电路的十万分之一，因此其存储容量可以达到普通计算机的 10 亿倍，运行速度比当今最新一代传统计算机快 10 万多倍，能耗仅相当于普通台式机的十分之一。生物计算机的发展还需要经历较长的过程。

（4）超导计算机。是用超导材料代替半导体制作芯片元器件的计算机。其具有能耗小、运算速度快等特点，超导计算机耗电仅为半导体器件计算机的几千分之一，执行一条指令只需十亿分之一秒，比半导体元件快几十倍。以目前的技术制造出的超导计算机的集成电路芯片只有（3～50）mm^2 大小。超导计算机目前尚有许多有待突破的技术难关。

1.1.6 信息技术

以计算机技术、通信技术和网络技术为核心的信息技术深入影响了人类社会的各个领域，对人类的生活和工作方式产生了巨大的影响，半个多世纪以来，人类社会正在由工业社会进入信息社会，而随着科学技术的不断进步，信息技术将得到更深、更广和更快的发展。

1. 信息与信息技术

信息在不同的领域有不同的定义，一般来说。信息是对客观世界中各种事物的运动状态和变化的反映，简单地说，信息是经过加工的数据，或者说信息是数据处理的结果，泛指人类社会传播的一切内容，如音讯、消息、通讯系统传输和处理的对象等。在信息化社会中，信息已成为科技发展日益重要的资源。

信息技术（Information Technology，IT）是一门综合的技术，人们对信息技术的定义，因其使用的目的、范围和层次不同而有不同的表述。联合国教科文组织对信息技术的定义为“应用在信息加工和处理中的科学、技术与工程的训练方法和管理技巧与应用；计算机及其与人、机的相互作用，与人相应的社会、经济和文化等诸种事物”。该定义强调的是信息技术的现代化应用与高科技含量，主要指一系列与计算机相关的技术。狭义范围内的信息技术是指对信息进行采集、传输、存储、加工和表达的各种技术的总称。

信息技术主要是应用计算机科学和通信技术来设计、开发、安装和实施信息系统及应用软件，主要包括传感技术、通信技术、计算机技术和缩微技术。

（1）传感技术。传感技术是关于从自然信源获取信息，并对之进行处理（变换）和识别的一门多学科交叉的现代科学与工程技术，它涉及传感器、信息处理和识别的规划设计、开发、建造、测试、应用及评价改进等活动，传感技术、计算机技术和通信一起被称为信息技术的三大支柱，其主要任务是延长和扩展人类收集信息的功能。目前，传感技术已经发展了一大批敏感元件。例如，通过照相机、红外、紫外等光波波段的敏感元件来帮助人们提取肉眼见不到的重要信息，也可通过超声和次声传感器来帮助人们获得人耳听不到的信息。

（2）通信技术。通信技术又称通信工程，主要研究的是通信过程中的信息传输和信号处理的原理和应用。目前，通信技术得到了飞速发展，从传统的电话、电报、收音机、电视到如今的移动电话（手机）、传真、卫星通信、光纤通信和无线技术等现代通信方式，使数据和信息的传递效率得到大大提高，通信技术已成为办公自动化的支撑技术。

（3）计算机技术。计算机技术是信息技术的核心内容，其主要研究任务是延长人的思维器官处理信息和决策的功能，计算机技术作为一个完整系统运用的技术，主要包括系统结构技术、系统管理技术、系统维护技术和系统应用技术等。近年，计算机技术同样取得了飞速的发展，尤其是随着多媒体技术的发展，计算机的体积越来越小，但应用功能却越来越强大。

（4）缩微技术。缩微技术是一种涉及多学科、多部门、综合性强且技术成熟的现代化信息处理技术，其主要研究任务是延长人的记忆器官存储信息的功能。例如，在金融系统、卫生系统、保险系统、工业系统均采用缩微技术复制了纸质载体的文件，从而改变了过去传统的管理方法，提高了档案文件、文献资料的管理水平，提高了经济效益。

总地来说，现代信息技术是一个内容十分广泛的技术群，它包括微电子技术、光电子技术、通信技术、网络技术、感测技术、控制技术和显示技术等。此外，物联网和云计算作为信息技术新的高度和形态被提出，并得到了发展。根据中国物联网校企联盟的定义，物联网为当下大多数技术与计算机互联网技术的结合，它能更快、更准确地收集、传递、处理和执行信息，是科技的最新呈现形式与应用。

2. 现代信息技术的发展趋势

现代信息技术的发展趋势可以概括为数字化、多媒体化、高速度、网络化、宽频带、智能化等。

（1）数字化。当信息被数字化并经由数字网络流通时，一个拥有无数可能性的全新世界便由此揭开序幕。大量信息可以被压缩，并以光速进行传输，数字传输的品质又比模拟传输的品质要好得多。许多种信息形态能够被结合、被创造，如多媒体文件。无论在世界的任何地方，都可以立即存储和取用信息。新的数字产品也将被制造出来，有些小巧得可以放进你的口袋里，有些则足以对商业和个人生活的各层面都造成重大影响。

（2）多媒体化。随着未来信息技术的发展，多媒体技术将文字、声音、图形、图像、视频等信息媒体与计算机集成在一起，使计算机的应用由单纯的文字处理进入文、图、声、影集成处理。随着数字化技术的发展和成熟，以上每一种媒体都将被数字化，并容纳进多媒体的集合里，系统将信息整合在人们的日常生活中，以接近于人类的工作方式和思考方式来设计与操作。

（3）高速度、网络化、宽频带。目前，几乎所有的国家都在进行最新一代的信息基础设施建设，即建设宽频信息高速公路。尽管今日的 Internet 已经能够传输多媒体信息，但仍然被认为是一条频带宽度低的网络路径，被形象地称为一条花园小径。下一代 Internet 技术（Internet 2）的传输速率将可以达到 2.4 GB/s。实现宽频的多媒体网络是未来信息技术的发展趋势之一。

（4）智能化。随着未来信息技术向着智能化的方向发展，在超媒体的世界里，“软件代理”可以替人们在网络上漫游。“软件代理”不再需要浏览器，它本身就是信息的寻找器，它能够收集任何可能想要在网络上获取的信息。

1.2 信息的表示与存储

计算机最基本的功能是对信息进行采集、存储、处理和传输。信息的载体是数据，数据包括数值、字符、图形、图像、声音、视频等多种形式。计算机内部采用二进制方式表示数据，因此各类数据均需要转换为二进制，以便计算机进行运算处理与存储。

1.2.1 计算机中的数据及其单位

1. 计算机中的数据

数据是对客观事物的符号表示。数值、文字、语言、图形、图像等都是不同形式的数据。

一般来说，信息既是对各种事物的变化和特征的反映，又是事物之间相互作用和联系的表征。人通过接受信息来认识事物，从这个意义上来说，信息是一种知识，是接受者原来不了解的知识。

在计算机中，各种信息都是以数据的形式出现，对数据进行处理后产生的结果为信息，因此数据是计算机中信息的载体。尽管数据与信息是两个不同的概念，但人们在许多场合把这两个词互换使用。信息有意义，而数据本身没有意义，只有经过处理和描述，才能赋予其实际意义。例如，37℃是一个数据，没有实际意义，但当它表示气温或体温时，就变成了有意义的信息。

计算机内部均用二进制来表示各种信息。二进制只有“0”和“1”两个数码。相对十进制而言，用二进制表示不但运算简单、易于物理实现、通用性强，更重要的优点是占用的空间和消耗的能量小得多，机器可靠性高。但计算机与外部交往仍采用人们熟悉和便于阅读的形式，如十进制数据、文字显示以及图形描述等，这之间的转换则由计算机系统来完成。

2. 计算机中数据的单位

在计算机内存储和运算数据时，常用的数据单位有以下几种。

（1）比特（bit）和字节（Byte）

比特（位）是度量数据的最小单位。在数字电路和计算机技术中采用二进制表示数据，代码只有“0”和“1”。一字节由 8 比特（位）二进制数字组成，字节是信息组织和存储的基本单位，也是计算机体系结构的基本单位。

在计算机中，通常用 B（字节）、KB（千字节）、MB（兆字节）或 GB（吉字节）为单位来表示存储器（如内存、硬盘、U 盘等）的存储容量或文件的大小。所谓存储容量，是指存储器中能够包含的字节数，存储单位 B、KB、MB、GB 和 TB 的换算关系如下。

千字节　1 KB = 1 024 B=2^{10}B

兆字节　1 MB = 1 024 KB=2^{20}B

吉字节　1 GB = 1 024 MB=2^{30}B

太字节　1 TB = 1 024 GB=2^{40}B

（2）字长

在计算机诞生初期，受各种因素限制，计算机一次能够同时（并行）处理 8 个二进制位。人们将计算机一次能够并行处理的二进制位数称为该机器的字长，也称为计算机的一个“字”。随着电子技术的发展，计算机的并行能力越来越强，计算机的字长通常是字节的整倍数，如 8 位、16 位、32 位，发展到今天微型机的 64 位，大型机已达 128 位。

字长是计算机的一个重要指标，直接反映一台计算机的计算能力和计算精度。字长越长，计算机的数据处理速度越快。

1.2.2 常用数制及其转换

日常生活中人们使用过许多数制，如表示时间的六十进制，表示星期的七进制，表示月份的十二进制，还有最常用的十进制。计算机中采用的是二进制数。任何信息必须转换成二进制数据后才能由计算机进行处理。

1. 进位计数制

数制是指用一组特定的数字符号和统一的规则来表示数值的方法。其中，按照从低向高进位方式计数的数制称为进位计数制。

数制中有数位、基数（base）和位权（weight）3 个要素。“数位”是指数码在某个数中所处位置。“基数”是指在某种数制中，每个数位上能使用的数码的个数。“位权”是指数码在不同的数位上表示的数值的大小。位权以指数形式表达，以基数为底，其指数是数位的序号。数位的序号以小数点为界，其左边（个位）的数位序号为 0，向左每移一位序号加 1，向右每移一位序号减 1。

如果采用 R 个数码（如 0，1，2，…，$R-1$）表示数值，相邻两位之间为“逢 R 进一”的关系，它的位权可表示成 R^i，i 为数位序号。任何一个 R 进制数都可以表示为“按位权展开”的多项式之和，该表达式就是数的一般展开表达式。

$$(D)_R = \sum_{i=-m}^{n-1} k_i \times R^i$$

其中，R 为基数，k_i 为第 i 位的数码，R^i 称为第 i 位的位权。计算机中常用的几种进位计数制如表 1-2 所示。

表 1-2　计算机中常用的几种进位计数制的表示

进位计数制	基数	基本符号（数码）	权	形式表示
二进制	2	0,1	2^1	B
八进制	8	0,1,2,3,4,5,6,7	8^1	O
十进制	10	0,1,2,3,4,5,6,7,8,9	10^1	D
十六进制	16	0,1,2,3,4,5,6,7,8,9,A,B,C,D,E,F	2^1	H

其中，十六进制是人们在计算机指令代码和数据的书写中经常使用的数制。在十六进制中，数用 0，1，…，9 和 A，B，…，F 共 16 个符号来描述，十六进制与十进制的对应关系是：0～9

对应 0～9；A～F 对应 10～15。

一般地，用括号后加进位制基数下标的方式，或者用括号后加进位制英文字母下标的方式来表示不同数制的数，如 $(23)_{10}$、$(25F.5A3)_{16}$、$(101101.011)_{2}$，或者表示为 $(23)_{D}$、$(25F.5A3)_{H}$、$(101101.011)_{B}$ 等。

表 1-3 列出了几种常用数制之间的对应关系。

表 1-3 常用数制之间的对应关系表

十进制数	二进制数	八进制数	十六进制数
0	0000	0	0
1	0001	1	1
2	0010	2	2
3	0011	3	3
4	0100	4	4
5	0101	5	5
6	0110	6	6
7	0111	7	7
8	1000	10	8
9	1001	11	9
10	1010	12	A
11	1011	13	B
12	1100	14	C
13	1101	15	D
14	1110	16	E
15	1111	17	F

可以看出，采用不同的数制表示同一个数时，基数越大，使用的位数越少。比如十进制数 15，需要 4 位二进制数来表示，只需要 2 位八进制数来表示，只需要 1 位十六进制数来表示。这也是为什么在程序的书写中一般采用八进制或十六进制表示数据的原因。

2. *R* 进制数转换为十进制

在 *R* 进制数（如十进制数、二进制数、八进制数和十六进制数等）中，遵循“逢 *R* 进一”的进位规则，采用“按位权展开”并求和的方法，可得到等值的十进制数。

以下是 *R* 进制数转换为十进制的方法（即“按权展开”法）。

（1）十进制（Decimal）

任意一个十进制数值都可用由 0，1，2，3、4，5，6，7，8，9 共 10 个数码组成的字符串来表示。它的基数 R=10，其进位规则是“逢十进一”，它的位权可表示成 10^i。其按权展开式为：

例如，$(123.45)_D = 1\times10^2+2\times10^1+3\times10^0+4\times10^{-1}+5\times10^{-2}$。

（2）二进制（Binary）

任意一个二进制数可用由 0，1 共两个数码组成的字符串来表示。它的基数 R=2，其进位规则是“逢二进一”，它的位权可表示成 2^i。其按权展开式为：

例如，$(1101.11)_B = 1\times2^3+1\times2^2+0\times2^1+1\times2^0+1\times2^{-1}+1\times2^{-2}$

$= 8+4+0+1+0.5+0.25$

$= 13.75$。

转换结果为：$(1101.11)_B = (13.75)_D$。

（3）八进制（Octal）

和十进制与二进制的讨论类似，任意一个八进制数可用由 0，1，2，3，4，5，6，7 共 8 个数码组成的字符串来表示。它的基数 R=8，其进位规则是“逢八进一”，它的位权可表示成 8^i。其按权展开式为：

例如，$(345.04)_O = 3\times8^2+4\times8^1+5\times8^0+0\times8^{-1}+4\times8^{-2}$

$= 192+32+5+0+0.0625$

$= 229.0625$。

转换结果为：$(345.04)_O = (229.0625)_D$。

（4）十六进制（Hexadecimal）

和十进制与二进制的讨论类似，任意一个十六进制数可用 0，1，2，3，4，5，6，7，8，9，A，B，C，D，E，F 共 16 个数码组成的字符串来表示，其中符号 A、B、C、D、E、F 分别代表十进制数值 10，11，12，13，14，15，它的基数 R=16，其进位规则是“逢十六进一”，它的位权可表示成 16^i。其按权展开式为：

例如，$(2AB.8)_H = 2\times16^2+10\times16^1+11\times16^0+8\times16^{-1}$

$= 512+160+11+0.5$

$= 683.5$。

转换结果为：$(2AB.8)_H = (683.5)_D$。

3. 十进制转换为 *R* 进制数

将十进制数转换为 R 进制数时，对具有整数和小数两部分的十进制数，要将其整数部分和小数部分分别转换，然后用小数点连接起来。

整数的转换采用“除 R 取余，逆序排列”法，将待转换的十进制数连续除以 R，直到商为 0，每次得到的余数按相反的次序（即第一次除以 R 得到的余数排在最低位，最后一次除以 R 得到的余数排在最高位）排列起来就是相应的 R 进制数。

小数的转换采用“乘 R 取整，顺序排列”法，将被转换的十进制纯小数反复乘以 R，每次相乘乘积的整数部分若为 1，则 R 进制数的相应位为 1；若整数部分为 0，则相应位为 0。由高位向低位逐次进行，直到剩下的纯小数部分为 0 或达到要求的精度为止。

下面以十进制数转换为二进制数为例，具体说明十进制转换为 R 进制数的过程。

例如，将十进制数$(124.8125)_D$转换成二进制数。

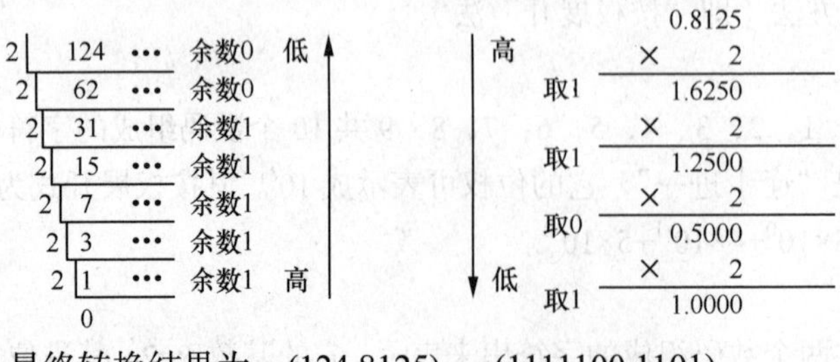

除数	被除数		余数	
2	124	…	余数0	低
2	62	…	余数0	
2	31	…	余数1	
2	15	…	余数1	
2	7	…	余数1	
2	3	…	余数1	
2	1	…	余数1	高
	0			

	取整	运算
高		0.8125 × 2
	取1	1.6250
		× 2
	取1	1.2500
		× 2
	取0	0.5000
		× 2
低	取1	1.0000

最终转换结果为：$(124.8125)_D = (1111100.1101)_B$。

4. 二进制与八进制、十六进制的相互转换

二进制数非常适合计算机内部数据的表示和运算，但书写起来位数比较长，如表示一个十进制数 1 024，写成等值的二进制数就需 11 位，很不方便，也不直观。而八进制和十六进制数比等

值的二进制数的长度短得多，而且它们之间的转换也非常方便。因此在书写程序和数据用到二进制数的地方，往往采用八进制数或十六进制数的形式。

由于二进制、八进制和十六进制之间存在特殊关系：$8^1=2^3$,、$16^1=2^4$，即 1 位八进制数相当于 3 位二进制数，1 位十六进制数相当于 4 位二进制数，因此转换就比较容易。八进制数与二进制数、十六进制数之间的关系如表 1-4 所示。

表 1-4　　八进制数与二进制数、十六进制数之间的关系

八进制数	对应二进制数	十六进制数	对应二进制数	十六进制数	对应二进制数
0	000	0	0000	8	1000
1	001	1	0001	9	1001
2	010	2	0010	A	1010
3	011	3	0011	B	1011
4	100	4	0100	C	1100
5	101	5	0101	D	1101
6	110	6	0110	E	1110
7	111	7	0111	F	1111

（1）二进制数转换为八进制数或十六进制数

二进制数转换为八进制数时，以小数点为界向左右两边分组，每 3 位为一组，两头不足 3 位补 0 即可。同样，二进制数转换为十六进制数时，按每 4 位为一组分组进行转换即可。

例如：

$(1101010.110101)_B = (\underline{001}\ \underline{101}\ \underline{010}.\underline{110}\ \underline{101})_B = (152.65)_O$

1　5　2　6　5

$(10101011.11010100)_B = (\underline{1010}\ \underline{1011}.\underline{1101}\ \underline{0100})_B = (AB.D4)_H$。

A　B　D　4

（2）八进制数或十六进制数转换为二进制数

同样，八进制数或十六进制数转换为二进制数，只要将 1 位（八进制数或十六进制数）转换为 3 或 4 位（二进制数）表示即可。

例如：

$(6237.26)_O = (\underline{110}\ \underline{010}\ \underline{011}\ \underline{111}.\ \underline{010}\ \underline{110})_B$

6　2　3　7　2　6

$(2D5C.74)_H = (\underline{0010}\ \underline{1101}\ \underline{0101}\ \underline{1100}\ .\underline{0111}\ \underline{0100})_B$。

2　D　5　C　7　4

1.2.3　计算机字符编码

1. 西文字符的编码

在计算机处理的数据中，除了数值型数据外，日常生活中还经常使用字符这类不可做算术运算的数据，包括字母、数字、各种符号等西文字符和中文字符等。由于计算机只能识别二进制代码，为了能够对字符进行识别和处理，同样要对字符用二进制编码表示。对字符进行编码时，首先要确定总字符数，再按顺序为每一个字符分配序号即可，每一个西文字符和一个确定的编码相对应。

西文字符主要用ASCII编码，ASCII码是“美国信息交换标准代码”（American Standard Code for Information Interchange）的缩写，该标准已经被国际标准化组织（International Organization for Standardization，ISO）指定为国际标准，是使用最广泛的一种字符编码。

国际通用的ASCII码的编码规则是：每个字符用7位二进制数（$b_6b_5b_4b_3b_2b_1b_0$）表示，共有2^7=128个编码值，如表1-5所示。

表1-5　　　　标准7位ASCII码

低4位	高3位 $b_6b_5b_4$							
$b_3b_2b_1b_0$	000	001	010	011	100	101	110	111
0000	NUL	DLE	SP	0	@	P	`	p
0001	SOH	DC1	!	1	A	Q	a	q
0010	STX	DC2	"	2	B	R	b	r
0011	ETX	DC3	#	3	C	S	c	s
0100	EOT	DC4	$	4	D	T	d	t
0101	ENQ	NAK	%	5	E	U	e	u
0110	ACK	SYN	&	6	F	V	f	v
0111	BEL	ETB	'	7	G	W	g	w
1000	BS	CAN	(	8	H	X	h	x
1001	HT	EM	)	9	I	Y	i	y
1010	LF	SUB	*	:	J	Z	j	z
1011	VT	ESC	+	;	K	[	k	{
1100	FF	FS	,	<	L	\	l	|
1101	CR	GS	-	=	M	]	m	}
1110	SO	RS	.	>	N	^	n	~
1111	SI	US	/	?	O	_	o	DEL

ASCII码表中94个可打印字符，也称为图形字符。在这些字符中，0～9、A～Z、a～z都是顺序排列的，且小写比大写字母的码值大32，即位值b_5为0或1，这有利于大、小写字母之间的编码转换。有些特殊字符的编码是比较容易记忆的。例如：

“0”数字字符的编码为0110000，对应的十进制数是48，则“1”的编码值是49。

“A”字符的编码为1000001，对应的十进制数是65，则“B”的编码值是66。

“a”字符的编码为1100001，对应的十进制数是97，则“b”的编码值是98。

ASCII码表中有34个非图形字符（又称为控制字符）。例如：

BS（Back Space）编码是0001000　　　　退格

CR（Carriage Return）编码是0001101　　　　回车

DEL（Delete）编码是1111111　　　　删除

SP（Space）编码是0100000　　　　空格

要想计算机的内部用一字节（8个二进制位）存放一个7位ASCII码，最高位置为0。

2. 中文字符的编码

要想让计算机能够处理汉字信息，就必须对汉字也进行编码。

汉字信息的编码体系包括机内码、输入码、字形码、交换码、地址码和控制码。其中最主要的是机内码、输入码和字形码。

（1）国标码

我国于1980年颁布了国家汉字编码标准GB2312-80，全称是《信息交换用汉字编码的字符集—基本集》。GB2312-80汉字编码标准是“中华人民共和国国家标准信息交换汉字编码”，汉字信息交换码简称交换码，也叫国际码（或GB码）。该标准收入了6 763个常用汉字（分成两级：一级汉字有3 755个，按汉语拼音字母的次序排列；二级汉字有3 008个，按偏旁部首排列），以及682个非汉字图形符，标码的基本集共有7 445个符号。

由于一字节只能表示256种编码，不足以表示6 763个汉字。所以，国标码规定，任何汉字编码都必须包括该标准规定的这两级汉字，每个汉字字符由两字节代码长度的一个编码组成。每字节的最高位恒为“0”，其余7位用于组成各种不同的码值，如图1-2所示。

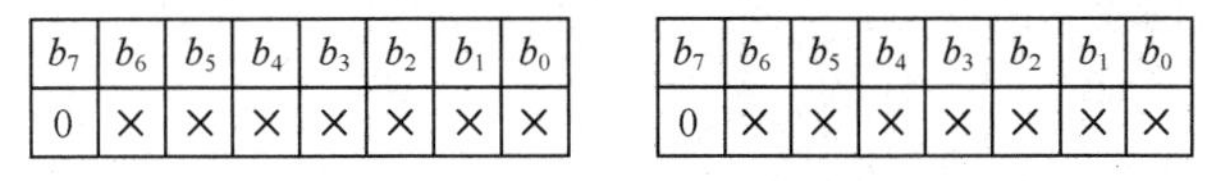

图1-2　汉字国标码的编码

为避开ASCII码表中的控制码，将GB 2312-80中的6 763个汉字分为94行、94列，代码表分94个区（行）和94个位（列）。由区号（行号）和位号（列号）构成了区位码。区位码最多可以表示94×94＝8 836个汉字。区位码由4位十进制数字组成，前两位为区号，后两位为位号。在区位码中，01～09区为特殊字符，10～55区为一级汉字，56～87区为二级汉字。例如，汉字“中”的区位码为54 48，即它位于第54行、第48列。

区位码是一个4位十进制数，国标码是一个4位十六进制数。为了与ASCII码兼容，汉字输入区位码与国标码之间有一种简单的转换关系。具体方法是：将一个汉字的十进制区号和十进制位号分别转换成十六进制；然后分别加上20_H（十进制就是32），就成为汉字的国标码。所以，汉字的国标码与区位码有下列关系。

汉字国标码 ＝ 汉字的区位码 ＋2020_H。

例如，已知汉字“中”的区位码为5448_D（十进制数）、3630_H（十六进制数），则根据上述关系式得：

汉字“中”的国标码 ＝ 汉字“中”的区位码 ＋2020_H＝5650_H。

二进制表示为：$(00110110\ 00110000)_B + (00100000\ 00100000)_B$

$= (01010110\ 01010000)_B$。

（2）汉字在计算机中的处理过程

计算机内部使用二进制来处理汉字，汉字从输入到计算机内部的处理，再到汉字输出，需要多种汉字编码的支持和相互转换才能实现。这些编码主要包括汉字输入码、汉字内码、汉字地址码、汉字字形码等。这一系列的汉字编码及转换、汉字信息处理中的各编码及流程如图1-3所示。

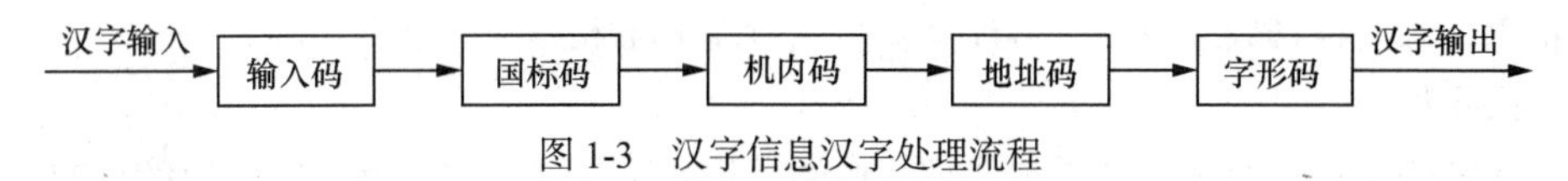

图1-3　汉字信息汉字处理流程

（3）输入码

输入码是利用计算机标准键盘按键的不同排列组合来对汉字的输入进行编码，也叫外码。目前汉字输入编码方法的开发研究种类繁多，基本上可分为音码、形码、语音、手写输入或扫描输入等。对于同一个汉字，输入法不同，则输入码也不同，不管使用何种输入法，当用户向计算机输入汉字时，最终存入计算机中的总是它的机内码，与采用的输入法无关。这是因为在输入码与国标码之间存在一个对应关系，不同输入法的汉字输入码会通过输入字典统一转换为标准的国标码。

（4）汉字机内码

机内码是计算机内部进行文字（字符、汉字）信息处理时使用的编码，简称内码。当汉字信息输入计算机中后，都要转换为机内码，才能进行各种存储、加工、传输、显示和打印等处理。

ASCII 码是 7 位单字节编码，最高位为“0”。国标码中每个汉字采用两字节表示，故称之为双字节编码，最高位也为“0”。为了实现中、英文兼容，在汉字机内码中，通常利用字节的最高位来区分某个码值是代表汉字还是代表 ASCII 字符。具体方法是，若最高位为“1”则视为汉字符，为“0”则视为 ASCII 字符。所以，汉字机内码是在国标码的基础上，把两字节的最高位一律由“0”改为“1”而构成。由此可见，同一汉字的国标码与机内码并不相同，而对 ASCII 字符来说，机内码与国标码的码值是一样的。所以，汉字的国标码与其内码有下列关系。

汉字的内码 = 汉字的国标码 + 8080_H。

例如，在前面已知汉字“中”的国标码为 5650_H，则根据上述公式得：

汉字“中”的内码 = 汉字“中”的国标码 $5650_H + 8080_H = D6D0_H$。

二进制表示为：$(01010110\ 01010000)_B + (10000000\ 1000000)_B$

$= (11010110\ 11010000)_B$。

（5）汉字字形码

汉字字形码是指汉字字形存储在字库中的数字化代码，用于计算机显示和打印输出汉字的外形，即称为“字模”。同一汉字可以有多种“字模”，也就是字体或字库。字形码通常有点阵表示方式和矢量表示方式。

用点阵表示汉字的字形时，汉字字形显示通常使用 16×16 点阵，汉字打印可选用 24×24、32×32、48×48 等点阵。点数越多，打印的字体越美观，但汉字占用的存储空间也越大，而不同的字体又对应不同的字库。图 1-4 是汉字“景”的 24×24 点阵构成示意图。

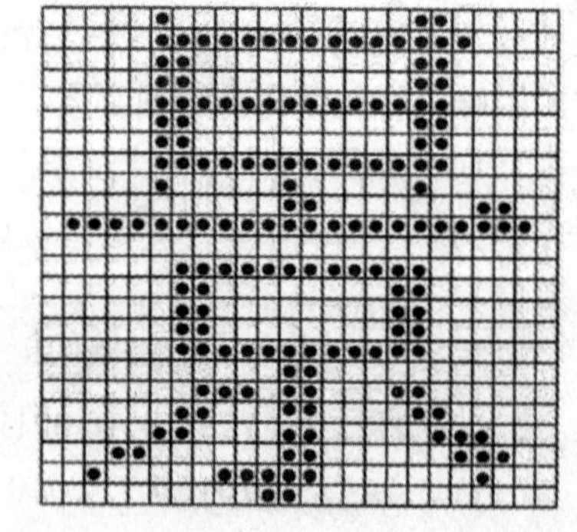

图 1-4 “景”的 24 × 24 点阵构成示意图

由图 1-4 可知，用 24×24 点阵表示一个汉字，则一个汉字占 24 行，每行有 24 个点，在存储时用 3 字节存放一行上 24 个点的信息，对应位置为“0”表示该点为“白”，“1”表示该点为“黑”。因此，一个汉字“景”的点阵字库的总占用空间为 24×24/8=72 字节。

矢量字库存储的是描述汉字字形轮廓特征的数学模型。矢量字库中的汉字可以随意放大、缩小而不失真，而且所需存储量和字符大小无关。矢量字符的输出分为两步，首先从字库中取出它的字符信息，然后根据数学模型进行计算，生成所需大小和形状的汉字点阵。

（6）汉字地址码

汉字地址码是指汉字库（这里主要指字形的点阵式字模库）中存储汉字字形信息的逻辑地址码。需要向输出设备输出汉字时，必须通过地址码访问汉字库。因为汉字库中的字形信息都是按一定顺序（大多数按标准汉字交换码中汉字的排列顺序）连续存放在存储介质中，所以汉字地址码也大多是连续有序的，而且与汉字内码间有简单的对应关系，以简化汉字内码到汉字地址码的转换。

（7）其他汉字内码

GB2312-80 国标码只能表示和处理 6 763 个汉字，为了统一表示世界各国、各地区的文字，便于全球范围的信息交流，各级组织公布了各种汉字内码，常用的有 GBK 码、UCS 码、Unicode 码、BIG5 码等。

GBK 码的全称为《汉字内码扩展规范》，是在 GB2312-80 标准基础上的内码扩展规范，共收录了 21 003 个汉字，完全兼容 GB2312-80 标准，支持国际标准 ISO/IEC10646-1 和国家标准 GB13000-1 中的全部中、日、韩汉字，并包含了 BIG5 码中的所有汉字。GBK 编码方案于 1995 年 10 月制定，1995 年 12 月正式发布，目前中文版的 Windows 95、Windows 98、Windows NT 以及 Windows 2000、Windows XP、Windows 7 等都支持 GBK 编码方案。

UCS 码是国际标准化组织为各种语言字符制定的另一种国际编码标准，是所有其他字符集标准的一个超集。它保证与其他字符集是双向兼容的，包含了用于表达所有已知语言的字符，即不仅包含字母文字、音节文字，还包含中文、日文和韩文这样的象形文字等。

Unicode 码（又称统一码、万国码、单一码）是由一个名为 Unicode 的学术学会机构制定的一个国际字符编码标准。由于不同国家和地区采用的字符集不一致，所以会出现无法正常显示所有字符的情况，为了满足跨语言、跨平台进行文本转换、处理的要求，Unicode 于 1990 年开始研发，1994 年正式公布。该国际编码标准为每种语言中的每个字符设定了统一并且唯一的二进制编码，成为能用双字节编码统一地表示几乎世界上所有书写语言的字符编码标准，可容纳 65 536 个字符编码。目前，Unicode 码在网络、Windows 系统和很多大型软件中得到应用。

Big 5 码（又称大五码）是目前我国台湾、香港等地区普遍使用的一种繁体汉字编码标准，它包括 440 个符号，一级汉字 5 401 个、二级汉字 7 652 个，共计 13 060 个汉字。

1.3 多媒体技术

媒体（Medium）是指文字、声音、图像、动画和视频等内容。多媒体信息在计算机内部都转换成以 0 和 1 表示的数字化信息进行处理，并以不同文件类型进行存储，然后通过计算机输出界面向人们展示丰富多彩的文、图、声信息。

按照国际电信联盟制订的广义媒体分类标准，可以将媒体分为感觉媒体（视觉、听觉、触觉）、表示媒体（计算机数据格式）、表现媒体（输入、输出）、存储媒体（存取信息）和传输媒体（网络传输介质）5 类。

1.3.1 多媒体技术的特征

多媒体（Multimedia）技术是指能够同时对两种或两种以上的媒体进行采集、操作、编辑、存储等综合处理的技术，具有交互性、集成性、多样性、实时性、非线性等特征，是一门跨学科的综合技术，它使得高效而方便地处理文字、声音、图像和视频等多种媒体信息成为可能。

（1）交互性。交互性是指多媒体技术可以实现人对信息的主动选择和控制，具有人—机交互功能。交互性是多媒体技术的关键特征，没有交互性的系统就不是多媒体系统。交互性是指多媒体系统向用户提供交互使用、加工和控制信息的手段，从而为应用开辟了更加广阔的领域，也为用户提供了更加自然的信息存取手段。

（2）集成性。集成性是指以计算机为中心，将多种媒体信息（文字、声音、图形、图像与音频、视频等）有机地组织在一起，共同表达一个完整的概念。此外，多媒体处理工具和设备的集成能够为多媒体系统的开发与实现建立理想的集成环境。

（3）多样性。多样性是指多媒体信息是多样化和多维化的，同时也指媒体输入、传播、再现和展示手段的多样化。多媒体技术使人们的思维不再局限于顺序、单调和狭小的范围。这些信息媒体包括文字、声音、图像、动画等，它扩大了计算机所能处理的信息空间，使计算机不再局限于处理数值、文本等，使人们能得心应手地处理更多种信息。

（4）实时性。实时性是指声音与视频图像必须在时间上保持同步和连续性。多媒体系统提供了对这些媒体实时处理和控制的能力。多媒体系统除了像一般计算机一样能够处理离散媒体，如文本、图像外，它的一个基本特征就是能够综合处理带有时间关系的媒体，如音频、视频和动画，甚至是实况信息媒体。

（5）非线性。多媒体技术的非线性特点将改变人们传统循序性的读写模式。以往人们读写大都采用章、节、页的框架，循序渐进地获取知识，而多媒体技术将借助超文本链接的方法，把内容以一种更灵活、更具变化的方式呈现给读者。

目前，多媒体技术主要处理的对象（元素）有文字、声音、静态图像（包括图形、图像）、动态图像（包括视频、动画），主要研究和解决的问题是图像、声音、视频等表示媒体的数据编码、压缩与解压缩。

1.3.2 声音的编码

声音（Audio）是人们进行交流最直接、最方便的形式，也是计算机领域最常用的媒体形式之一。一般人耳听见的声音信号是一种通过空气传播的连续的模拟信号（声波），在计算机中处理时，要将其转换为数字信号，并以文件的形式保存，常见的声音文件格式有 WAV、MIDI、MP3 等。

1. 声音的数字化

声音的主要物理特征包括频率和振幅。声音用电表示时，声音信号是在时间上和幅度上都连续的模拟信号，而计算机只能存储和处理离散的数字信号。将连续的模拟信号变成离散的数字信号就是数字化，声音的数字化主要包括采样、量化、编码 3 个基本过程。

（1）采样。采样就是以固定的时间间隔在声音波形上获取一个幅度值，把时间上连续的信号变成时间上离散的信号。该时间间隔称为采样周期，其倒数称为采样频率。

采样频率可用每秒采样次数表示，如 44.1 kHz 表示将 1s 的声音用 44 100 个采样点数据表示。显而易见，采样频率越高，数字化音频的质量越高，需要的存储空间越大。因此，需要确定一个合适的时间间隔，既能记录足够复现原始声音信号的信息，又不浪费过多的存储空间。

根据奈奎斯特采样定理，当采样频率大于或等于声音信号最高频率的两倍时，就可以从采样中恢复成原声音信号。

（2）量化。量化就是将每个采样点得到的幅度值以数字存储。表示采样点幅度值的二进制位数被称为量化位数，它是决定数字音频质量的另一重要参数，一般为 8 位、16 位，又称为采样精度。量化位数越大，采样精度越高，声音的质量越好，需要的存储空间也就越多。

记录声音时，每次只产生一组声波数据，称单声道；每次产生两组声波数据，称双声道。双声道具有空间立体效果，但占空间比单声道多一倍。

（3）编码。编码就是将量化的结果用二进制数的形式表示。编码常用的基本技术是脉冲编码调制（Pulse Code Modulation，PCM）。

每秒音频数据量（字节数）可按如下公式计算。

音频数据量 = 采样频率（Hz）× 量化位数（b）× 声道数/ 8。

2. 声音文件格式

（1）WAV 文件（.wav）。是微软采用的波形声音文件存储格式，主要针对外部音源（麦克风、录音机）录制，然后经声卡转换成数字化信息，播放时还原成模拟信号输出。WAV 文件直接记录了真实声音的二进制采样数据，通常文件较大，多用于存储简短的声音片段。

（2）MIDI 文件（.midi）。乐器数字接口（Musical Instrument Digital Interface，MIDI）是电子乐器与计算机之间交换音乐信息的规范，是数字音乐的国际标准。MIDI 文件中的数据记录的是乐曲演奏的每个音符的数字信息，而不是实际的声音采样，因此 MIDI 文件要比 WAV 文件小很多，而且易于编辑、处理。

（3）MP3 文件（.mp3）。是采用 MPEG 音频标准进行压缩的文件。MPEG 音频文件的压缩是一种有损压缩，根据压缩质量和编码复杂程度的不同，可分为 3 层（MPEG-1 Audio Layer 1/2/3），分别对应 MP1、MP2、MP3 这 3 种音频文件。其中 MP3 文件因其压缩比高、音质接近 CD、制作简单、便于交换等优点，非常适合在网上传播，是目前使用最多的音频格式文件，其音质稍逊于 WAV 文件。

（4）RA 文件（.ra）。是由 Real Network 公司制订的网络音频文件格式，压缩比较高，采用了“音频流”技术，可实时传输音频信息。

（5）WMA 文件（.wma）。是微软新一代 Windows 平台音频标准，压缩比高，音质比 MP3 和 RA 格式强，适合网络实时传播。

还有其他的音频文件格式，如 UNIX 下的 Au（.au）文件、苹果机的 AIF（.aif）文件等。

1.3.3 图像的编码

图像是多媒体中最基本、最重要的数据。照片、图片和印刷品等，是自然界中的客观景物通过某种系统的映射，使人们产生的视觉感受，一般有静止和活动两种表现形式。静止的图像称为静态图像，活动的图像称为动态图像。

1. 静态图像的数字化

一幅图像可以看成是由许许多多的点组成的，这些点称为像素，因此图像的数字化就是采集组成一幅图像的点，再将采集到的信息进行量化，最后编码为二进制。每像素的值表示其颜色、属性等信息。一幅图像像素点的行数×列数称为图像的分辨率；存储图像颜色的二进制数的位数称为颜色深度。例如，3 位二进制数可以表示 8 种不同的颜色，因此 8 色图的颜色深度是 3；真彩色图的颜色深度是 24，可以表示 16 777 216 种颜色。

2. 动态图像的数字化

动态图像是将静态图像以每秒 n 幅的速度播放，当 $n \geqslant 25$ 时，显示在人眼中的就是连续的画面。

动态图像又分为视频和动画。习惯上将通过光学镜头拍摄得到的动态图像称为视频，而用计算机或绘画的方法生成的动态图像称为动画。

3. 图像文件格式

（1）BMP 位图文件（.bmp）。是 Windows 采用的图像文件存储格式。

（2）GIF 文件（.gif）。供联机图形交换使用的一种图像文件格式，目前在网络上广泛采用，压缩比高，占用空间小，但颜色深度不能超过 8，即 256 色。

（3）JPEG 文件（.jpg/.jpeg）。是利用 JPEG 方法压缩的图像格式，压缩比高，适用于处理真彩大幅面图像，可以把文件压缩到很小，是互联网中最受欢迎的图像格式。

（4）TIFF 文件（.tiff）。是二进制文件格式，广泛用于桌面出版系统、图形系统和广告制作系统，并用于跨平台间的图形转换。

（5）PNG 文件（.png）。是适合网络传播的无损压缩流式图像文件格式。

4. 视频文件格式

（1）AVI 文件（.avi）。是 Windows 操作系统中数字视频文件的标准格式。

（2）MOV 文件（.mov）。是 QuickTime for Windows 视频处理软件采用的视频文件格式，其图像画面的质量比 AVI 文件要好。

（3）ASF 文件（.asf）。是高级流视频格式，主要优点包括本地或网络回放、可扩充的媒体类型、部件下载以及扩展性好等。

（4）WMV 文件（.wmv）。是微软 Windows 媒体视频文件格式，是 Windows Media 的核心。

（5）MPG 文件（.mpeg/.dat/.mp4）。是包括 MPEG-1、MPEG-2 和 MPEG-4 在内的多种视频格式，MPEG 系列标准已成为国际上影响最大的多媒体技术标准。

（6）FLV 文件（.flv）。是 Flash Video 的简称，FLV 流媒体格式是一种新的视频格式。由于它形成的文件极小、加载速度极快，所以使得通过网络观看视频文件成为可能。

（7）RMVB 文件（.rmv/.rmvb）。其前身为 RM 格式，是 Real Networks 公司制定的视频压缩规范，根据不同的网络传输速率，而制定出不同的压缩比率，从而实现在低速率的网络上进行影像数据实时传送和播放，具有体积小、品质接近于 DVD 的优点，是最主流的视频格式之一。

1.3.4 多媒体数据压缩

多媒体信息数字化之后，其数据量往往非常庞大。为了解决视频、图像、音频信号数据的大容量存储和实时传输问题，除了提高计算机本身的性能及通信信道的带宽外，更重要的是有效压缩多媒体。

数据压缩实际上是一个编码过程，即把原始的数据进行编码压缩。因此，数据压缩方法也称为编码方法。数据压缩可以分为无损压缩和有损压缩两种类型。

1. 无损压缩和有损压缩

无损压缩是利用数据的统计冗余进行压缩，又称可逆编码。其原理是统计被压缩数据中重复数据的出现次数来进行编码。解压缩后的重构数据是对原始对象的完整复制。无损压缩的压缩比较低，一般为 2：1～5：1，通常广泛应用于文本数据、程序以及重要图形和图像（如指纹图像、医学图像）的压缩，典型软件 WinZip 和 WinRAR 可用来压缩任何类型的文件。无损压缩没有解决多媒体信息存储和传输的所有问题，常用的无损压缩算法包括行程编码、霍夫曼编码（Huffman）、算术编码等。

有损压缩是指压缩后的数据不能够完全还原成原始数据的压缩方法，又称不可逆编码。有损压缩以损失文件中对视觉和听觉感知不重要的信息为代价，来换取较高的压缩比，压缩比一般为几十到几百，常用于音频、图像和视频的压缩。

典型的有损压缩编码方法有预测编码、变换编码、基于模型编码、分形编码及矢量量化编码等。

2. 多媒体数据压缩标准

目前已公布的数据压缩标准有：用于静止图像压缩的 JPEG 标准；用于视频和音频编码的 MPEG 系列标准（包括 MPEG-1、MPEG-2、MPEG-4 等）；用于视频和音频通信的 H.261、H.263 标准等。

JPEG 标准。JPEG（Joint Photographic Experts Group，联合图像专家组）是第一个针对静止图像压缩的国际标准。JPEG 标准制定了两种基本的压缩编码方案：以离散余弦变换为基础的有损压缩编码方案和以预测技术为基础的无损压缩编码方案。

MPEG 标准。MPEG（Motion Picture Experts Group，运动图像专家组）规定了声音数据和电视图像数据的编码和解码过程、声音和数据之间的同步等问题。大部分的 VCD 都是用 MPEG-1 格式压缩的；MPEG-2 则应用在 DVD 和一些 HDTV（高清晰电视广播）的制作中；MPEG-4 是基于第二代压缩编码技术制定的国际标准，它以视听媒体对象为基本单元，采用基于内容的压缩编码，以实现数字视音频、图形合成应用及交互式多媒体的集成。

H.261、H.263 标准。H.216 是 CCITT 所属专家组主要为可视电话和电视会议而制定的标准，是关于视像和声音的双向传输标准。H.261 最初是针对在 ISDN 上实现电信会议应用，特别是面对面的可视电话和视频会议而设计的。实际的编码算法类似于 MPEG 算法，但不能与后者兼容。H.261 在实时编码时比 MPEG 所占用的 CPU 运算量少得多，此算法为了优化带宽占用量，引进了在图像质量与运动幅度之间的平衡折中机制，也就是说，剧烈运动的图像比相对静止的图像质量要差。因此，这种方法是属于恒定码流可变质量编码而非恒定质量的可变码流编码。H.263 的编码算法与 H.261 一样，但做了一些改善和变化，以提高性能和纠错能力。H.263 标准在低码率下能够提供比 H.261 更好的图像效果。

1.4 计算机病毒及其防治

当前，计算机安全的最大威胁是计算机病毒（Computer Virus）。计算机病毒是一种特殊的程序，它能自我复制到其他程序体内，影响和破坏程序的正常执行和数据的正确性，或可非法入侵并隐藏在存储媒体中的引导部分、可执行程序或数据文件中，在一定条件下被激活，从而破坏计算机系统。在《中华人民共和国计算机信息系统安全保护条例》中，计算机病毒被明确定义为："计算机病毒，是指编制或者在计算机程序中插入的破坏计算机功能或者破坏数据，影响计算机使用并且能够自我复制的一组计算机指令或者程序代码。"

1.4.1 计算机病毒的特征和分类

1. 计算机病毒的特征

计算机病毒一般具有寄生性、破坏性、传染性、潜伏性和隐蔽性的特征。

（1）寄生性。计算机病毒是一种特殊的寄生程序，不是通常意义下的完整的计算机程序，而是寄生在其他可执行的程序中，因此，它能享有被寄生程序所能得到的一切权利。

（2）破坏性。病毒一旦被激活，就可能破坏系统、删除或修改数据，甚至格式化整个磁盘，它们或是破坏系统，或是破坏数据并使之无法恢复。

（3）传染性。计算机病毒往往能够主动将自身的复制品或变种传染到其他未染毒的程序上，传染性是病毒的基本特性，判断一个程序是不是计算机病毒的最重要因素就是看其是否具有传染性。

（4）潜伏性。病毒程序通常短小精悍，在外界激发条件出现之前，病毒可以潜伏、寄生在别的程序上，使得其难以被发现。

（5）隐蔽性：大多数计算机病毒隐蔽在正常的可执行程序或数据文件里，不易被发现。

2. 计算机病毒的分类

计算机病毒的分类方法很多，按计算机病毒的感染方式，分为如下5类。

（1）引导区型病毒。使用U盘、光盘及各种移动存储介质，可能感染引导区型病毒。当硬盘主引导记录感染病毒后，病毒就企图感染每个插入计算机进行读写的移动盘的引导区。这类病毒常常将其病毒程序替代主引导区中的系统程序。引导区型病毒总是先于系统文件装入内存储器，获得控制权并进行传染和破坏。

（2）文件型病毒。主要感染扩展名为.com、.exe、.drv、.bin、.ovl、.sys等的可执行文件。通常寄生在文件的首部或尾部，并修改程序的第一条指令。当计算机执行染毒文件时就会先跳转去执行病毒程序，并进行传播和破坏。这类病毒只有当带毒文件执行时才能进入内存，一旦符合激发条件，它就发作。

（3）混合型病毒。这类病毒既传染磁盘的引导区，也传染可执行文件，兼有上述两类病毒的特点。混合型病毒综合系统型和文件型病毒的特性，它的“性情”比系统型和文件型病毒更为“凶残”。这种病毒通过这两种方式来传染，更增加了病毒的传染性以及存活率。不管以哪种方式传染，只要中毒，就会经开机或执行程序而感染其他的磁盘或文件，此种病毒也是最难杀灭的。

（4）宏病毒。宏病毒是寄存在Microsoft Office文档或模板的宏中的病毒。它只感染Microsoft Word文档文件（DOC）和模板文件（DOT），与操作系统没有特别的关联。它们大多以Visual Basic或Word提供的宏程序语言编写，比较容易制造。它能通过E-mail下载Word文档附件等途径蔓延。当对感染宏病毒的Word文档操作时，它就进行破坏和传播。宏病毒还可衍生出各种变形病毒，这种“父生子子生孙”的传播方式让许多系统防不胜防，这也使宏病毒成为威胁计算机系统的“第一杀手”。Word宏病毒破坏造成的结果是：不能正常打印；封闭或改变文件名称或存储路径，删除或随意复制文件；封闭有关菜单，最终导致无法正常编辑文件。

（5）Internet病毒（网络病毒）。大多是通过E-mail或WWW传播的。黑客是危害计算机系统的源头之一，“黑客”利用通信软件，通过网络非法进入他人的计算机系统，截取或篡改数据，危害信息安全。一些“黑客程序”可以监控被控制的该计算机系统，进而盗取用户的个人私密数据信息，甚至控制监控摄像头，迫使受感染的操作系统主动连接访问互联网中指定的Web服务器，下载其他木马、病毒等恶意程序，给计算机用户的隐私和其操作系统的安全带来更大的危害。

1.4.2 计算机病毒的防治

1. 计算机感染病毒的常见症状

尽快发现计算机病毒，是有效控制病毒危害的关键。检查计算机有无病毒，一是靠反病毒软件进行检测，另外要细心留意计算机运行时的异常状况，下列异常现象可作为检查计算机病毒的参考。

（1）系统的内存空间明显变小。

（2）磁盘文件数目无故增多。

（3）文件或数据无故丢失，或文件长度自动发生了变化。

（4）系统引导或程序装入时速度明显减慢，或正常情况下可以运行的程序却突然因内存不足而不能装入。

（5）计算机系统经常出现异常死机和重启动现象。

（6）系统不承认硬盘或硬盘不能引导系统。

（7）显示器上经常出现一些莫名其妙的信息或异常现象。

（8）文件的日期/时间值被修改成最近的日期或时间（用户自己并没有修改）。

（9）编辑文本文件时，频繁地自动存盘。

2. 计算机病毒的清除

发现计算机病毒应立即清除，将病毒危害减少到最低限度。发现计算机病毒后的解决方法如下。

（1）启动最新的反病毒软件，对整个计算机系统进行病毒扫描和清除，使系统或文件恢复正常。

（2）发现病毒后，应利用反病毒软件清除文件中的病毒，如果可执行文件中的病毒不能被清除，一般应将其删除，然后重新安装相应的应用程序。

（3）某些病毒在 Windows 状态下无法完全清除，此时应用事先准备好的干净系统引导盘引导系统，然后运行相关杀毒软件进行清除。

（4）如果计算机染上了病毒，反病毒软件也被破坏了，最好立即关闭系统，以免继续使用而使更多的文件遭受破坏。然后应用事先准备好的干净系统引导盘引导系统，安装运行相关杀毒软件进行清除。

目前较流行的杀毒软件有 360、瑞星、诺顿、卡巴斯基、金山毒霸及江民杀毒软件等。

3. 计算机病毒的防范

计算机感染病毒后，用反病毒软件检测和消除病毒是被迫的处理措施，况且已经发现相当多的病毒在感染之后会永久性地破坏被感染程序，如果没有备份将不易恢复。因此，做好计算机病毒的防范，是防治病毒的关键。所谓防范，是指通过合理、有效的防范体系及时发现计算机病毒的侵入，并能采取有效的手段阻止病毒的破坏和传播，保护系统和数据安全。

计算机病毒主要通过移动存储介质（如 U 盘、移动硬盘）和计算机网络两大途径进行传播。人们从工作实践中总结出一些预防计算机病毒的简易可行的措施，这些措施实际上是要求用户养成良好的使用计算机的习惯。具体归纳如下。

（1）有效管理系统内建的 Administrator 账户、Guest 账户以及用户创建的账户，包括密码管理、权限管理等，使用计算机系统的口令来控制对系统资源的访问，以提高系统的安全性，这是防病毒最容易和最经济的方法之一。

（2）安装有效的杀毒软件并根据实际需求进行安全设置。同时，定期升级杀毒软件并经常全盘查毒、杀毒，也是预防病毒的重中之重。

（3）打开系统中防病毒软件的“系统监控”功能，从注册表、系统进程、内存、网络等多方面对各种操作进行主动防御。

（4）扫描系统漏洞，及时更新系统补丁。

（5）对于未经检测过是否感染病毒的光盘、U 盘及移动硬盘等移动存储设备，在使用前应首先用杀毒软件查毒，未经检查的可执行文件不能拷入硬盘，更不能使用。

（6）不使用盗版或来历不明的软件，浏览网页、下载文件时要选择正规的网站，对下载的文件使用查毒软件检查。

（7）尽量使用具有查毒功能的电子邮箱，尽量不要打开陌生的可疑邮件。

（8）禁用远程功能，关闭不需要的服务。

（9）修改 IE 浏览器中与安全相关的设置。

（10）关注目前流行病毒的感染途径、发作形式及防范方法，做到预先防范，感染后及时查毒，以避免遭受更大损失。

（11）准备一张干净的系统引导光盘或 U 盘，并将常用的工具软件拷贝到该盘上，然后妥善保存。此后一旦系统受到病毒侵犯，就可以使用该盘引导系统，进行检查、杀毒等操作。

（12）分类管理数据，对各类重要数据、文档和程序应分类备份保存。

计算机病毒的防治是一项系统工程，除了技术手段之外，还涉及法律、教育、管理制度等诸多因素。要通过教育，使广大用户认识到病毒的严重危害，了解病毒的防治常识，提高尊重知识产权的意识，增强法律、法规意识，最大限度地减少病毒的产生与传播。

练习题 1

【选择题】

（1）下列关于世界上第一台电子计算机 ENIAC 的叙述中，错误的是________。

A. 研制它的主要目的是用来计算弹道

B. ENIAC 是 1946 年在美国诞生的

C. 它主要采用电子管和继电器

D. 它是首次采用存储程序和程序控制自动工作的电子计算机

（2）1946 年首台电子数字积分计算机 ENIAC 问世后，冯·诺依曼在研制 EDVAC 计算机时，提出两个重要的改进，它们是________。

A. 引入 CPU 和内存储器的概念　　B. 采用十六进制的概念

C. 采用二进制和存储程序控制的概念　　D. 采用机器语言和汇编语言

（3）按电子计算机传统的分代方法，第一代至第四代计算机依次是________。

A. 机械计算机、电子管计算机、晶体计算机、集成电路计算机

B. 手摇机械计算机、电动机计算机、电子管计算机、晶体计算机

C. 电子管计算机、晶体管计算机、中小规模集成电路计算机、大规模和超大规模集成电路计算机

D. 晶体管计算机、集成电路计算机、大规模集成电路计算机、光器件计算机

（4）计算机技术应用广泛，以下属于科学计算方面的是________。

A. 视频信息处理　　B. 图像信息处理

C. 信息检索　　D. 火箭轨道计算

（5）计算机技术中，下列的英文缩写和中文名称的对照中，正确的是________。

A. CIMS——计算机集成制造系统　　B. CAI——计算机辅助设计

C. CAM——计算机辅助教育　　D. CAD——计算机辅助制造

（6）下列不能用作存储容量单位的是________。

A. MIPS　　B. KB　　C. GB　　D. Byte

（7）假设某台式计算机的内存储器容量为 256MB，硬盘容量为 40GB，硬盘的容量是内存容量的________。

A. 160 倍　　B. 200 倍　　C. 100 倍　　D. 120 倍

（8）在计算机内部用来传送、存储、加工处理的数据或指令采用的形式是________。

A. 十进制　B. 二进制　C. 八进制码　D. 十六进制码

（9）如果删除一个非零无符号二进制数据尾部的 2 个 0，则此数的值为原数的________。

A. 1/2 倍　B. 4 倍　C. 1/4 倍　D. 2 倍

（10）一个字长为 8 的无符号二进制数能表示的十进制整数范围是________。

A. 0～255　B. 1～255　C. 0～256　D. 1～256

（11）十进制数 55 转换成无符号二进制整数是________。

A. 0111101　B. 0110111　C. 0111001　D. 0111111

（12）二进制数 00111101 转换成十进制数为________。

A. 57　B. 59　C. 61　D. 63

（13）十六进制数（AB）转换成二进制数为________。

A. 10101011　B. 10111100　C. 11001011　D. 10101100

（14）二进制数（10011100）转换成十六进制数为________。

A. 9C　B. 8C　C. 47　D. 9B

（15）在标准 ASCII 码表中，已知英文字母 A 的 ASCII 码是 01000001，则英文字母 E 的 ASCII 码是________。

A. 01000011　B. 01000010　C. 01000101　D. 01000100

（16）已知英文字母 m 的 ASCII 码值为 6DH，那么 ASCII 码值为 71H 的英文字母是________。

A. r　B. o　C. p　D. q

（17）已知 3 个字符为：a、Z、和 8，按它们的 ASCII 码值升序排序，结果是________。

A. a，Z，8　B. 8，Z，a　C. a，8，Z　D. 8，a，Z

（18）根据汉字国标码 GB2312-80 中的规定，将汉字分为常用汉字和次常用汉字两级，次常用汉字的排列依据是按________。

A. 汉语拼音字母　B. 笔画　C. 偏旁部首　D. 使用频率

（19）一个汉字的内码与国标码之间的差是________。

A. 2020 H　B. 4040 H　C. 8080 H　D. A0A0 H

（20）下列 4 个 4 位十进制数中，属于正确的汉字区位码的是________。

A. 5601　B. 9596　C. 8799　D. 9678

（21）存储 1024 个 24×24 点阵的汉字字形码需要的字节是________。

A. 720 B　B. 7000 B　C. 7200 B　D. 72 KB

（22）一般来说，数字化声音的质量越高，则要求________。

A. 量化位数越多、采样率越低　B. 量化位数越多、采样率越高

C. 量化位数越少、采样率越高　D. 量化位数越少、采样率越低

（23）若对音频信号以 10 kHz 采样率、16 位量化精度进行数字化，则每分钟的双声道数字化声音信号产生的数据量约________。

A. 2.4 MB　B. 1.6 MB　C. 1.2 MB　D. 4.8 MB

（24）以.wav 为扩展名的文件通常是________。

A. 文本文件　B. 视频信号文件　C. 音频信号文件　D. 图像文件

（25）下列叙述中，正确的是________。

A. 计算机病毒可以通过读写移动存储器或 Internet 进行传播

B. 计算机病毒是由于光盘表面不清洁造成的

C. 计算机病毒发作后，将造成计算机硬件永久性的物理损坏

D. 只要把带病毒的优盘设置成只读状态，此盘上的病毒就不会因读盘而传给另外一台计算机

（26）下列关于计算机病毒的描述，正确的是________。

A. 计算机病毒是一种特殊的计算机程序，因此数据文件中不可能携带病毒

B. 任何计算机病毒一定会有清除的办法

C. 光盘上的软件不可能携带计算机病毒

D. 正版软件不会受到计算机病毒的攻击

（27）下列关于计算机病毒的叙述中，错误的是________。

A. 计算机病毒具有传染性

B. 感染过计算机病毒的计算机具有对该病毒的免疫性

C. 计算机病毒具有潜伏性

D. 计算机病毒是一个特殊的寄生程序

（28）计算机病毒的危害表现为________。

A. 切断计算机系统电源

B. 能造成计算机芯片永久性失效

C. 影响程序运行，破坏计算机系统的数据与程序

D. 使磁盘霉变

（29）下列叙述中，正确的是________。

A. 反病毒软件必须随着新病毒的出现而升级，提高查、杀病毒的功能

B. 计算机病毒是一种被破坏了的程序

C. 感染过计算机病毒的计算机具有对该病毒的免疫性

D. 反病毒软件可以查、杀任何种类的病毒

（30）计算机安全是指计算机资产安全，即________。

A. 信息资源不受自然和人为有害因素的威胁和危害

B. 计算机硬件系统不受人为有害因素的威胁和危害

C. 计算机信息系统资源不受自然有害因素的威胁和危害

D. 计算机信息系统资源和信息资源不受自然和人为有害因素的威胁和危害

选择题答案：

（1～10）DCCDA　AABCA　　（11～20）BCAAC　DBCCA

（21～30）DBACA　BBCAD

第2章 计算机系统

计算机系统由硬件系统和软件系统组成，硬件是计算机赖以工作的实体，相当于人的躯体。软件是计算机的精髓，相当于人的思想和灵魂。它们共同协作运行应用程序并处理各种实际问题。

Windows 操作系统是当前应用范围最广、使用人数最多的个人计算机操作系统。Windows 7（以下简称 Win 7）操作系统是在之前的 Windows 版本基础上，改进而开发出来的新一代图形操作系统，为用户提供了易于使用和快速操作的应用环境。

2.1 计算机的工作原理和计算机系统的组成

2.1.1 计算机的工作原理

计算机的基本工作原理是存储程序和程序控制。计算机的工作过程就是执行程序的过程，即把预先设计好的操作序列（称为程序）和原始数据通过输入设备输送到计算机内存储器中，按照程序的顺序一步一步取出指令，自动完成指令规定的操作。

这一原理最初是由美籍匈牙利数学家冯·诺依曼提出的，故也称为冯·诺依曼原理。

1. “存储程序”基本原理

“存储程序”基本原理可以概括为以下 3 个基本点。

（1）采用二进制形式表示数据和指令。

（2）将程序（数据和指令序列）预先存放在内存中，使计算机在工作时，能够自动高速地从内存中逐条取出数据和指令进行分析、处理和执行。

（3）由运算器、控制器、存储器、输入设备、输出设备五大基本部件组成计算机硬件体系结构。

2. 指令及其执行过程

指令是计算机能够识别和执行的一些基本操作，是指挥计算机工作的指示和命令。程序是一系列按一定顺序排列的指令。每条指令通常由操作码和操作数两部分组成。

操作码表示运算性质，即规定计算机要执行的基本操作类型。

操作数指参加运算的数据及其所在的单元地址。

计算机系统中所有指令的集合称为计算机的指令系统。每种计算机都有一套自己的指令系统，它规定了该计算机能完成的全部基本操作，如数据传送、算术和逻辑运算、输入/输出（Input/Output，I/O）等。

一条指令的执行过程可以分为以下 4 步。

（1）取出指令。把当前要执行的指令从内存储器取出。

（2）分析指令。把指令送到控制器的指令译码器中，分析指令，即根据指令中的操作码确定计算机应进行什么操作。

（3）执行指令。根据指令译码器的分析结果，由控制器发出完成操作所需的一系列控制信号，完成指令规定的操作功能。

（4）形成下条指令的地址，为执行下条指令做好准备。

程序是由若干条指令构成的指令序列。计算机的工作过程就是顺序执行程序中包含的指令，即不断重复“取出指令、分析指令、执行指令”这个过程，直到构成程序的所有指令全部执行完毕，最后将计算的结果放入指令指定的存储器地址中，就完成了程序的运行，实现了相应的功能。

2.1.2 计算机系统的组成

一个完整的计算机系统由计算机硬件系统及软件系统两大部分构成，如图 2-1 所示。硬件系统是指计算机系统中的实际装置，是构成计算机的看得见、摸得着的物理部件，它是计算机的“躯体”。软件系统是指计算机所需的各种程序及有关资料，它是计算机的“灵魂”。

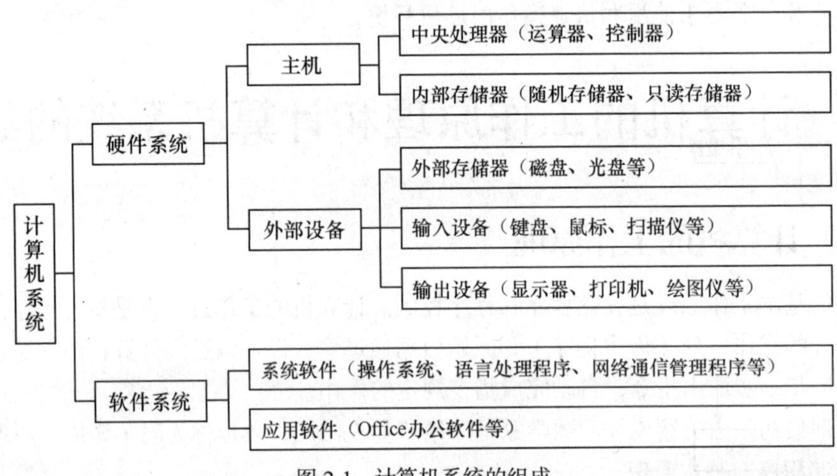

图 2-1 计算机系统的组成

（1）硬件系统。组成计算机的具有物理属性的部件统称为计算机硬件（Hardware），即硬件是指由电子元器件和机电装置等组成的机器系统，它是整个计算机的物质基础。硬件也称硬设备，计算机的主机（由运算器、控制器和存储器组成）以及显示器、打印机等外部设备都是硬件。硬件系统的基本功能是运行程序。

（2）软件系统。计算机软件（Software）是指计算机运行时所需的各种程序、数据及其有关资料。众多可供经常使用的各种独立功能的成套程序及其相应的文档组成了计算机的软件系统。

2.2 计算机的硬件系统

2.2.1 计算机硬件系统的组成

尽管各种计算机在性能、用途和规模上有所不同，但其基本结构都遵循冯·诺依曼体系结构，它由运算器、控制器、存储器、输入和输出设备 5 个部分组成。计算机硬件体系结构如图 2-2 所示。

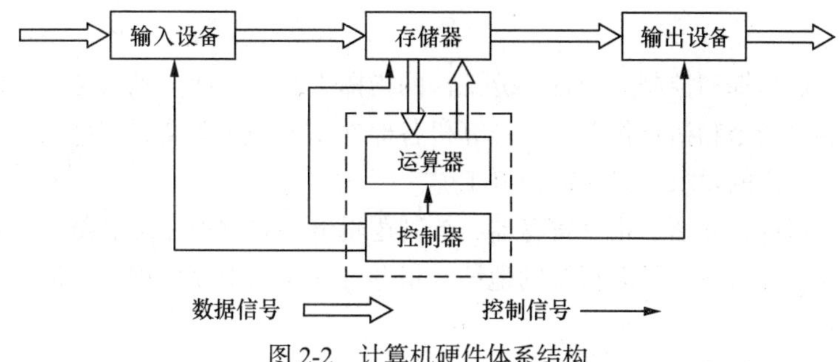

图 2-2　计算机硬件体系结构

2.2.2　中央处理器

运算器和控制器是整个计算机系统的核心部件，这两部分集成在一起合称为中央处理单元（Central Processing Unit，CPU），又称为中央处理器。

微型计算机的中央处理器又称为微处理器，它是整个微机系统的核心，可以直接访问内存储器。它安装在主板的 CPU 插座中，是由制作在一块芯片上的运算器、控制器、若干寄存器以及内部数据通路构成的。CPU 的内部结构如图 2-3 所示。

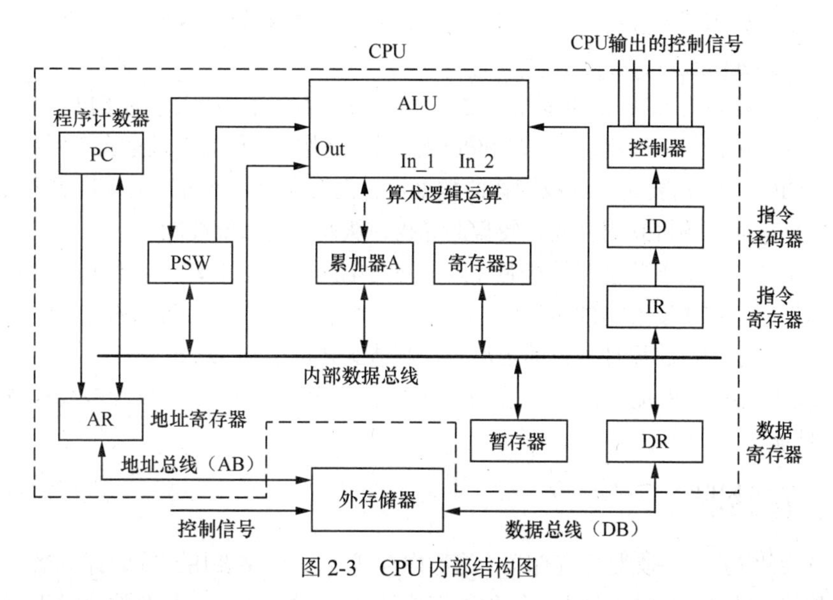

图 2-3　CPU 内部结构图

1. 运算器

运算器又称算术逻辑单元（Arithmetic Logic Unit，ALU），是计算机对数据进行加工处理的部件，它的主要功能是执行各种算术运算和逻辑运算。算术运算是指各种数值运算，包括加、减、乘、除等。逻辑运算是进行逻辑判断的非数值运算，包括与、或、非、比较、移位等。运算器在控制器的控制下实现其功能，运算结果由控制器指挥送到内存储器中。

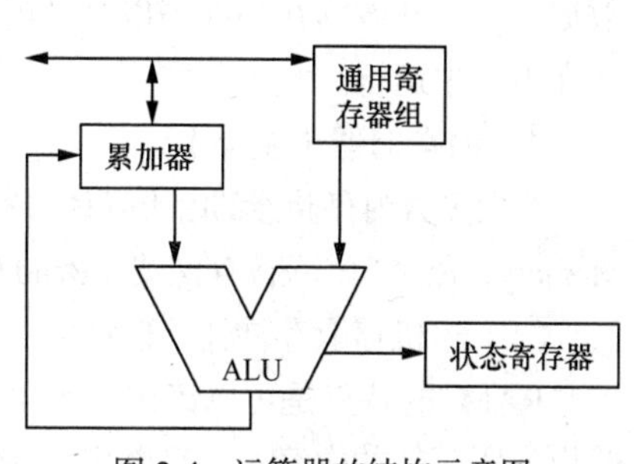

图 2-4　运算器的结构示意图

运算器的内部结构主要由算术逻辑单元、累加器、状态寄存器、通用寄存器等组成，如图 2-4 所示。

2. 控制器

控制器是计算机指挥和控制其他各部分工作的指挥中心，是计算机的神经中枢。它的基本功能就是从内存中取出指令和执行指令，对计算机各部件发出相应的控制信息，接收各部件反馈回来的信息，并根据指令的要求，使它们协调工作。

控制器由指令指针寄存器、指令寄存器、控制逻辑电路和时钟控制电路等组成。其中指令指针寄存器用于产生及存放一条待取指令的地址；指令寄存器用于存放指令，指令从内存取出后放入指令寄存器。

3. CPU 主要的性能指标

由于 CPU 的性能指标对整个计算机具有重大影响，因此，往往用 CPU 型号作为衡量微型机档次的标准。

CPU 主要性能指标有主频、字长、缓存、制造工艺等。

（1）主频。也叫时钟频率，单位是 MHz（或 GHz），用来表示 CPU 的运算、处理数据的速度。主频=外频 × 倍频系数。主频是微型计算机性能的一个重要指标，它的高低在一定程度上决定了计算机速度的高低。一般说来，主频越高，运算速度越快，性能也越好。

（2）字长。字长也是影响性能和速度的一个重要因素。字长首先是指操作数寄存器的长度，然后还要考虑出入处理器的数据宽度。字长越长，表示数的有效位数越多，精度也越高，目前微型机的字长已达到 64 位。

（3）缓存。缓存也是 CPU 的重要指标之一，而且缓存的结构和大小对 CPU 速度的影响非常大，CPU 内缓存的运行频率极高，一般是和处理器同频运作，工作效率远远大于系统内存和硬盘。实际工作时，CPU 往往需要重复读取同样的数据块，而缓存容量就可以大幅度提升 CPU 内部读取数据的命中率，而不用再到内存或者硬盘上寻找，从而提高系统性能。

（4）制造工艺。制造工艺主要是指芯片内电路与电路之间的距离。制造工艺的趋势是向密集度愈高的方向发展，密集度愈高的芯片电路设计，意味着在同样大小面积的芯片中，可以拥有密度更高、功能更复杂的电路设计。目前主流芯片制造工艺可达到 32nm。

因此，决定微型机的性能指标主要是 CPU 的主频和字长。另外，多核和多线程技术的应用提高了 CPU 的性能。

2.2.3 存储器

存储器分为两大类，一类是内存储器（简称内存或主存），主要用于临时存放当前运行的程序和所使用的数据；另一类是外存储器（简称外存或辅存），主要用于永久存放暂时不使用的程序和数据。程序和数据在外存中以文件的形式存储，一个程序需要运行时，首先从外存调入内存，然后在内存中运行。

1. 内存储器（主存）

绝大多数内存储器都由半导体材料构成。内存按其功能可分为随机存取存储器（Random Access Memory，RAM）、只读存储器（Read Only Memory，ROM）、高速缓冲存储器（Cache）等。

（1）随机存取存储器（RAM）

RAM 的特点是可以读出，也可以写入。读出时并不改变原来存储的内容，只有写入时才修改原来所存储的内容。一旦断电（关机），存储内容立即消失，即具有易失性。

RAM 又可分为静态随机存储器（Static RAM，SROM）和动态随机存储器（Dynamic RAM，DROM）两种。其中，DRAM 的特点是集成度高，主要用于大容量内存储器；SRAM 的特点是存取速度快，主要用于高速缓冲存储器。计算机内存条就是DRAM，如图2-5所示。相对于DRAM，SRAM具有存取速度快、集成度低、功耗低、价格高等特点。

（2）只读存储器（ROM）

ROM 的特点是只能读出原有的内容，不能由用户再写入新内容。存储的内容是由厂家一次性写入的，并永久保存下来。它一般用来存放专用的、固定的程序和数据，断电后信息不会丢失。

图2-5 动态随机存储器

ROM可分为可编程（Programmable ROM，PROM）、可擦除可编程（Erasable Programmable ROM，EPROM）、电擦除可编程（Electrically Erasable Programmable ROM，EEPROM）等。其中，PROM仅可对ROM写入一次；EPROM可以通过紫外光照射来擦除，这使它的内容可以反复更改；EEPROM是使用高电场方式完成擦除。

（3）高速缓冲存储器（Cache）

Cache是一种位于CPU与内存之间的存储器，即CPU的缓存，一般用SRAM芯片实现。它的存取速度比普通内存快得多，但容量有限。Cache主要用于提高CPU“读写”程序、数据的速度，从而提高计算机整体的工作速度和整个系统的性能。一般来说，CPU上的缓存（特别是二级缓存或三级缓存）越高，其处理速度就越快，当然价格也更高。

在计算机技术发展过程中，主存储器的存取速度一直比CPU的操作速度慢得多，这使CPU的高速处理能力不能充分发挥，整个计算机系统的工作效率受到影响。有很多方法可用来缓和中央处理器和主存储器之间速度不匹配的矛盾，如采用多个通用寄存器、多存储体交叉存取等，在存储层次上采用高速缓冲存储器也是常用的方法之一。

高速缓冲存储器的容量一般只有主存储器的几百分之一，但它的存取速度能与CPU相匹配。根据程序的局部性原理，正在使用的主存储器某一单元邻近的那些单元将被用到的可能性很大。因而，当CPU存取主存储器某一单元时，计算机硬件就自动将包括该单元在内的那一组单元内容调入高速缓冲存储器，CPU即将存取的主存储器单元很可能就在刚刚调入高速缓冲存储器的那一组单元内。于是，CPU就可以直接存取高速缓冲存储器。在整个处理过程中，如果CPU绝大多数存取主存储器的操作能被存取高速缓冲存储器代替，计算机系统处理速度就能显著提高。

（4）内存储器的性能指标

内存储器的主要性能指标有两个：存储容量和存取速度。

① 存储容量。是指一个存储器包含的存储单元总数，这一概念反映了存储空间的大小。目前常用的DDR3内存条存储容量一般为2 GB和4 GB。好的主板可以达到8 GB，服务器主板可以达到32 GB。

② 存取速度。一般用存取周期（也称读写周期）来表示。存取周期就是CPU从内存储器中存取数据所需的时间（读出或写入）。半导体存储器的存取周期一般为60~100 ns。

2. 外存储器（辅存）

由于信息处理的数据越来越多，内存容量有限，这就要求配置用于备份和补充的外存储器。外存储器一般容量大，但存取速度相对较低。目前，常用的外存储器有硬盘、移动硬盘、U盘和光盘等，如图2-6所示。由于外存储器设置在计算机外部，所以也可归属为计算机外部设备。

（1）硬盘。硬盘（Hard Disk）是微型计算机上主要的外部存储设备。它由磁盘片、读写控制电路和驱动机构组成。硬盘具有容量大、存取速度快等优点，操作系统、可运行的程序文件和用户的数据文件一般都保存在硬盘上。

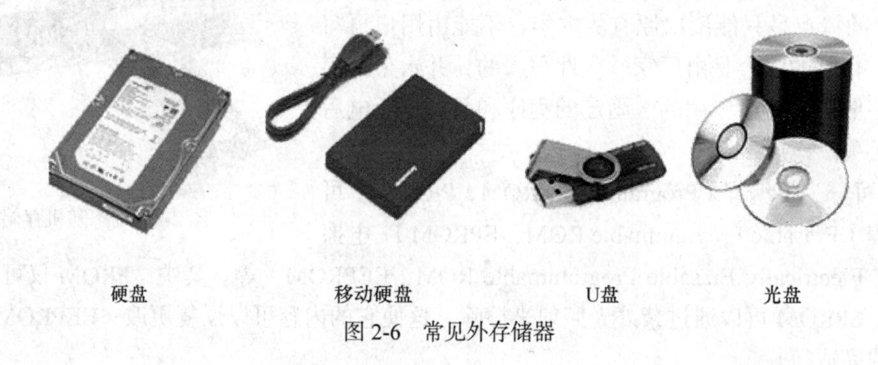

图 2-6 常见外存储器

一个硬盘内部包含多个盘片，这些盘片被安装在一个同心轴上，每个盘片有上下两个盘面，每个盘面被划分为磁道和扇区。磁盘是按扇区进行读写的。硬盘的每个盘面都有一个读写磁头，所有磁头保持同步工作状态，即在任何时刻，所有的磁头都保持在不同盘面的同一磁道上。硬盘读写数据时，磁头与磁盘表面始终保持很小的间隙，实现非接触式读写。维持这种微小的间隙，靠的不是驱动器的控制电路，而是硬盘高速旋转时带动的气流，由于磁头很轻，硬盘旋转时，气流使磁头漂浮在磁盘表面。硬盘内部结构如图 2-7 所示，因为它将盘片、磁头、电机驱动部件乃至读/写电路等做成一个不可随意拆卸的整体并密封起来，所以，硬盘的防尘性能好、可靠性高，对环境要求不高。

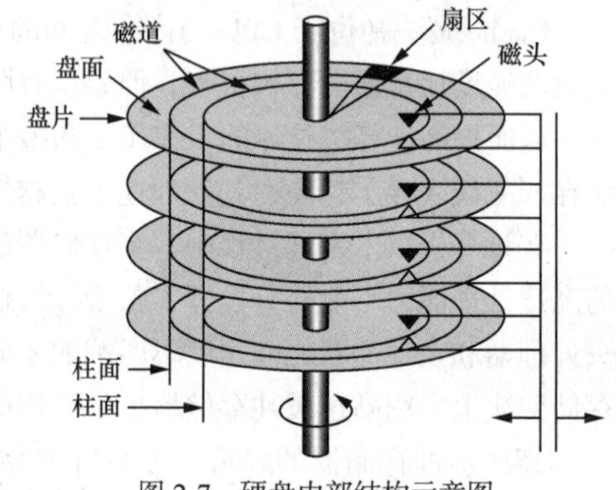

图 2-7 硬盘内部结构示意图

存储容量是硬盘的首要性能指标。目前常见的硬盘容量一般可达到 320 GB、500 GB、1 TB、2 TB、4 TB 等规格。硬盘容量的计算公式为：

硬盘容量 = 磁头数×柱面数（磁道数×扇区数×每扇区字节数）。

硬盘相对于 U 盘、光盘等外存储器，“读写”速度快，成本低，因此使用十分广泛，是计算机的标准配置。决定硬盘性能的关键参数还有转速、平均寻道时间等。

转速是指硬盘电机主轴的旋转速度。转速是决定硬盘内部传输率的关键因素之一，它的大小在很大程度上影响了硬盘的速度，同时转速的大小也是区分硬盘档次的重要标志之一。目前主流硬盘转速一般为 7 200 rpm 以上。

平均寻道时间是指硬盘在盘面上移动读写头至指定磁道寻找相应目标数据所用的时间，它描述硬盘读取数据的能力，单位为 ms。当单碟片容量增大时，磁头的寻道动作和移动距离减少，从而使平均寻道时间减少，数据读取速度加快。

最大内部数据传输率是指磁头至硬盘缓存间的最大数据传输率，一般取决于硬盘的盘片转速和盘片数据线密度（指同一磁道上的数据间隔度）。

（2）U 盘。U 盘是一种新型的移动存储产品，又称为闪速存储器（Flash）。其主要用于存储较小的数据文件，以便在计算机之间方便地交换文件。优盘不需要物理驱动器，也不需外接电源，可热插拔，使用简单方便。U 盘体积小，重量轻，抗震防潮，特别适合随身携带，是移动办公及文件交换理想的存储产品。

U 盘通过 USB 接口与计算机连接，USB 接口传输速率有以下几种：USB 1.1 接口传输速率为 12Mbit/s，USB 2.0 接口为 480 Mbit/s，USB 3.0 为 5.0Gbit/s。

随着数码产品的高速普及，近年来与 U 盘工作原理相同的各类闪速存储卡也进入了高速发展时期，得到越来越广泛的应用，相机、平板电脑、智能手机上都能使用闪速存储卡。闪速存储卡有很多种类，常见的有 CF 卡、SD 卡、MMC 卡、记忆棒、SM 卡、Micro SD 卡等。

（3）光盘存储器。光盘存储器是利用光学原理进行信息读写的存储器。光盘存储器主要由光盘、光盘驱动器（即 CD-ROM 驱动器）和光盘控制器组成。

光盘驱动器是读取光盘的设备，通常固定在主机箱内，常用的光盘驱动器有 CD-ROM 和 DVD-ROM，如图 2-8 所示。

图 2-8　光盘驱动器（光驱）

光盘（Compact Disk，CD）可分为只读型光盘、一次性写入光盘、可擦写型光盘等，最大容量大约是 700 MB。

只读型光盘（Compact Disk Read Only Memory，CD-ROM）是由生产厂家预先写入数据或程序，出厂后用户只能读取，而不能写入、修改。信息保存在由中心向外散开的螺旋形光道中，其中盘片上的平坦表面表示 0，凹坑表示 1。

一次性写入光盘（Compact Disk Recordable，CD-R）可由用户写入一次，多次读出。在光盘上加一层可一次性记录的染色层，然后在专用的光盘刻录机（也是一种光驱，主要具有写入数据的功能，普通光驱不具有此功能）中写入。

可擦写型光盘（Compact Disk ReWritable，CD-RW）可由用户反复多次写入，多次读出。在光盘上加一层可改写的染色层，然后在专用的光盘刻录机中写入。

光盘的主要特点是存储容量大、可靠性高，只要存储介质不发生问题，光盘上的信息就永远存在。光盘存储信息的光道的结构与磁盘磁道的结构不同，它的光道不是同心环光道，而是螺旋型光道。

数字多用途光盘（Digital Versatile Disk，DVD）是 CD 的后续产品，也可分为只读型 DVD（DVD-ROM）、一次性写入 DVD（DVD-R）、可擦写型 DVD（DVD-RW）等 3 种基本类型。最早出现的 DVD 叫数字视频光盘（Digital Video Disk），是一种只读型 DVD，必须由专用的影碟机播放。随着技术的不断发展及革新，IBM、HP、APPLE、SONY 等厂商于 1995 年 12 月共同制定统一的 DVD 规格，并且将原先的数字视频光盘（Digital Video Disk）改成现在的数字通用光盘（Digital Versatile Disk）以 MPEG-2 为标准，每张光盘可储存的最大容量可达 4.7 GB，双面容量为 8.5 GB。

蓝光光盘（Blue-ray Disk，BD）是新一代光盘格式，因采用比红色激光波长更短的蓝色激光读写而得名，用于高品质影音及高容量数据存储，单面单层蓝光光盘容量为 25 GB，双面容量为 50 GB。

衡量光盘驱动器传输速率的指标是倍速。光驱的读取速度以 150 kbit /s 的单倍速为基准。后来驱动器的传输速率越来越快，就出现了双倍速、4 倍速，直至现在的 48 倍速、50 倍速，甚至更高。

2.2.4　输入设备

输入设备负责将数字、程序、文字符号、图形、图像、声音等信息输送到计算机中。常用的输入设备有键盘、鼠标，如图 2-9 所示。另外还有扫描仪、摄像头、触摸屏、条形码阅读器、光学字符阅读器（OCR）、语音输入设备、书写输入设备、光笔、数码相机等。

图 2-9　常用输入设备—键盘和鼠标

1. 键盘

键盘（Key Board）是计算机中最基本的输入设备。它是人机交互的一个主要媒介，主要用于输入字符信息。键盘的种类繁多，目前常见的键盘有多媒体键盘、手写键盘、人体工程学键盘、红外线遥感键盘和无线键盘等。目前键盘接口规格主要有 PS/2 和 USB 两种。

不同生产厂商生产出的键盘型号各不相同，目前在微机上常用的是 107 键盘。按照功能的不同，可以将键盘分为 4 个键区：主键盘区、功能键区、编辑键区和数字键区。

2. 鼠标

鼠标器（Mouse）简称鼠标，是多窗口环境下不可或缺的输入设备，是目前除键盘之外最常见的一种基本输入设备。其主要作用是通过移动鼠标可快速定位屏幕上的对象，如光标、图标等，进而实现执行命令、设置参数和选择菜单等输入操作。

鼠标按工作原理的不同分为机械鼠标和光电鼠标。机械鼠标主要由滚球、辊柱和光栅信号传感器组成，当拖动鼠标时，带动滚球转动，滚球又带动辊柱转动，装在辊柱端部的光栅信号传感器采集光栅信号。光电鼠标器是通过检测鼠标器的位移，将位移信号转换为电脉冲信号，再通过程序的处理和转换来控制屏幕上光标箭头的移动。根据鼠标按键的数量可以将鼠标分为三键鼠标和两键鼠标。另外，鼠标还包括无线鼠标和轨迹球鼠标。

鼠标按接口类型可分为串行鼠标、PS/2 鼠标、总线鼠标、USB 鼠标 4 种。串行鼠标是通过串行口与计算机相连，有 9 针接口和 25 针接口两种。PS/2 鼠标通过一个六针微型 DIN 接口与计算机相连，它与键盘的接口非常相似，使用时注意区分。总线鼠标的接口在总线接口卡上。USB 鼠标通过一个 USB 接口，直接插在计算机的 USB 接口上。

3. 其他输入设备

输入设备除了最常用的键盘、鼠标外，还有扫描仪、条形码阅读器、光学字符阅读器、触摸屏、手写笔、语音输入设备（麦克风）和图像输入设备（数码相机、数码摄像机）等。

图形扫描仪是一种图形、图像输入设备，它可以直接将图形、图像或文本输入计算机中。如果是文本文件，扫描后经文字识别软件识别，还可以保存成文字。利用扫描仪输入图片在多媒体计算机中广泛使用，现已进入家庭。扫描仪通常采用 USB 接口，支持热插拔，使用方便。

条形码阅读器是一种能够识别条形码的扫描装置。当阅读器从左向右扫描条形码时，就把不同宽窄的黑白条纹翻译成相应的编码供计算机使用。许多商场和图书馆都用它来帮助管理商品和图书。

触摸屏由安装在显示器屏幕前面的检测部件和触摸屏控制器组成。当手指或其他物体触摸安装在显示器前端的触摸屏时，所触摸的位置由触摸屏控制器检测，并通过接口送到主机。触摸屏将输入和输出集中到一个设备上，简化了交互过程。与传统键盘和鼠标输入方式相比，触摸屏输入更直观。配合识别软件，触摸屏还可以实现手写输入。它在公共场所或展示、查询等场合应用比较广泛。触摸屏有很多种类，按安装方式可分为外挂式、内置式、整体式、投影仪式；按结构和技术分类可分为红外技术触摸屏、电容技术触摸屏、电阻技术触摸屏、表面声波触摸屏、压感触摸屏、电磁感应触摸屏等。

将数字处理和摄影、摄像技术结合起来的数码相机、数码摄像机能够将所拍摄的照片、视频图像以数字文件的形式传送给计算机，通过专门的处理软件进行编辑、保存、浏览和输出。

2.2.5 输出设备

输出设备负责将主机内的信息转换成数字、文字、符号、图形、图像、声音等形式输出。常用的输出设备有显示器、打印机，如图 2-10 所示。另外还有绘图仪、影像输出、语音输出、磁记录设备等。

显示器

打印机

图 2-10 常用输出设备——显示器、打印机

1. 显示器

显示器（Display）也称监视器，是微型计算机中最重要的输出设备之一，也是人机交互必不可少的设备。显示器用于显示的信息不再是单一的文本和数字，可显示图形、图像和视频等多种不同类型的信息。

目前常用的显示器包括阴极射线管（Cathode Ray Tube，CRT）显示器、液晶显示器（Liquid Crystal Display，LCD）、发光二极管（Light Emitting Diode，LED）显示器和等离子显示器（Plasma Display Panel，PDP）等。其中，LED 显示器与 LCD 显示器相比，在亮度、功耗、可视角度和刷新速率等方面都有更好的性能表现，具有色彩鲜艳、动态范围广、亮度高、寿命长、工作稳定可靠等优点，成为最具优势的新一代显示媒体。

显示器的主要性能指标有像素、分辨率、屏幕尺寸、点间距和灰度级等。

（1）像素。显示器屏幕显示出来的图像是由一个一个的发光点（荧光点）组成的，我们称这些发光点为像素。每一像素包含一个红色、绿色、蓝色的磷光体。

（2）分辨率：定义显示器画面解析度的标准，由屏幕中显示的像素数目决定。一般表示为水平分辨率（一个扫描行中像素的数目）和垂直分辨率（扫描线的数目）的乘积，如 1 024×768，表示水平方向最多可以包含 1 024 像素，垂直方向有 768 条扫描线。屏幕总像素数是它们的乘积。分辨率越高，画面包含的像素越多，图像就越细腻清晰。

（3）屏幕尺寸。是指显示器屏幕对角线的长度，单位为英寸 in。目前常用的是 17in、19in、22in、23.5in 等。

（4）点间距。是指显示器屏幕上像素间的距离。点间距越小，分辨率越高，图像越清晰。

（5）灰度级。是指像素的亮暗程度。彩色显示器的灰度级是指颜色的种类。灰度级越多，图像层次越逼真清晰。

微型计算机的显示系统由显示器和显示卡组成，显示卡简称显卡或显示适配器。因为显示器是通过显示卡与主机连接的，所以显示器必须与显示卡匹配。不同类型的显示器要配置不同的显示卡。显示卡主要由显示控制器、显示存储器和接口电路组成。显示卡的作用是在显示驱动程序的控制下，负责接收 CPU 输出的显示数据、按照显示格式进行变换并存储在显存中，再把显存中的数据以显示器要求的方式输出到显示器。

2. 打印机

打印机（Printer）也是计算机重要的输出设备之一，已成为办公自动化系统最基本的设备，主要用来打印输出计算机里的文件，如打印文字、打印图片。按照打印工作原理，可以将打印机分为点阵式打印机（Dot-Matrix Printer）、喷墨打印机（Inkjet Printer）和激光打印机（Laser Printer）3 种。

（1）点阵式打印机是利用机械和电路驱动原理，使打印针撞击色带和打印介质，进而打印出点阵，由点阵组成字符或图形来完成打印任务。点阵式打印机的优点是耗材便宜（打印色带），缺点是打印速度慢、噪声大、打印分辨率低。此外，点阵式打印机可以打印多层纸，因此，在票据打印中经常使用它。

（2）喷墨打印机是通过将墨滴喷射到打印介质上来形成文字或图像。由于喷嘴的数量较多，且墨点细小，能够打印做出比针式打印机更细致、混合更多种色彩的效果。喷墨打印机的优点是从低档到高档的都有，其价格可以适合各种层次的需要；打印效果优于针式打印机、无噪声，并且能够打印彩色图像。缺点是打印速度慢、耗材（墨盒）较贵。

（3）激光打印机是利用碳粉附着在纸上而成像的一种打印机。主要是利用激光打印机内的一个控制激光束的磁鼓，借着控制激光束的开启和关闭，当纸张在磁鼓间卷动时，上下起伏的激光束会在磁鼓产生带电核的图像区，此时打印机内部的碳粉会受到电荷的吸引而附着在纸上，形成文字或图形。由于碳粉属于固体，而激光束有不受环境影响的特性，所以激光打印机可以长年保持清晰细致的打印效果，在任何纸张上打印都可以得到好的效果。激光打印机是各种打印机中打印效果最好的，其打印速度快、噪音小，缺点是设备价格高、耗材贵、打印成本高。

打印机的主要技术指标有打印分辨率（dpi，点/英寸）、打印速度、最大打印尺寸等。

3. 其他输出设备

个人计算机上可以使用的其他输出设备主要有绘图仪、音频输出设备、视频投影仪等。其中绘图仪有平板绘图仪和滚动绘图仪两类，通常采用“增量法”在 x 和 y 方向产生位移来绘制图形；视频投影仪是微型计算机输出视频的重要设备，目前主要有 CRT 和 LCD 两种，LCD 投影仪具有体积小、重量轻、价格低、色彩丰富等特点。

2.2.6 计算机的结构

计算机硬件系统五大组件并非孤立存在，它们在处理信息的过程中需要相互连接和传输，计算机的结构反映了计算机各个组成部件之间的连接方式。

早期计算机主要采用直接连接的方式，运算器、存储器、控制器和外部设备等组成部件之间都有单独的连接线路。例如，IAS 计算机的各部件之间就是通过单独的连接线路相连，连接速度高，但不易扩展。直接连接的计算机结构如图 2-11 所示。

现代计算机普遍采用总线结构。总线（Bus）是计算机各种功能部件之间传送信息的公共通信干线，它是由导线组成的传输线束。按照计算机传输的信息种类，计算机的总线可以分为数据总线、地址总线和控制总线，分别用来传输数据、数据地址和控制信号。总线是一种内部结构，它是 CPU、内存、输入、输出设备传递信息的公用通道，主机的各个部件通过总线相连接，外部设备通过相应的接口电路再与总线相连接，从而形成了计算机硬件系统。基于总线的计算机结构如图 2-12 所示。

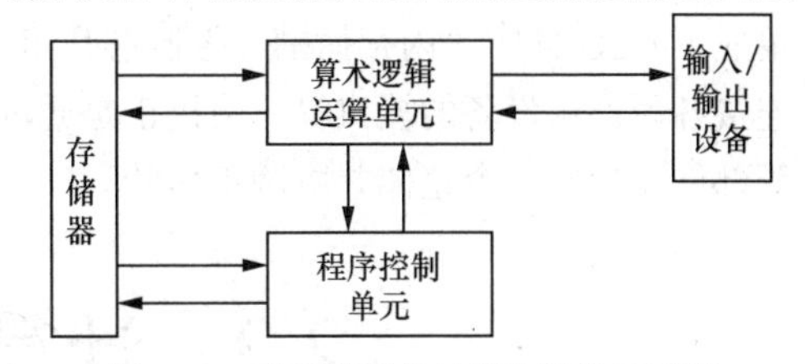

图 2-11　直接连接的计算机结构示意图

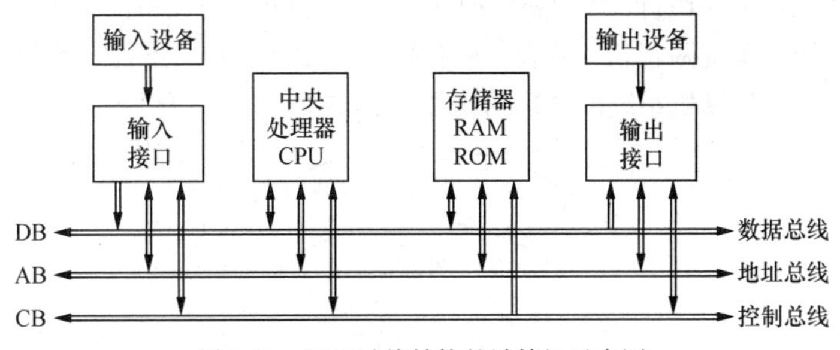

图 2-12　基于总线结构的计算机示意图

（1）数据总线（Data Bus）传送数据信息，是双向总线，CPU 既可通过数据总线从内存或输入设备读入数据，又可通过数据总线将 CPU 内部数据送至内存或输出设备。

（2）地址总线（Address Bus）是专门用来传送地址的，由于地址只能从 CPU 传向外部存储器或 I/O 端口，所以地址总线总是单向三态的，这与数据总线不同。地址总线的位数决定了 CPU 可直接寻址的内存空间大小。例如，8 位微机的地址总线为 16 位，其最大可寻址空间为 2^{16}=64 KB，16 位微型机的地址总线为 20 位，其可寻址空间为 2^{20}=1 MB。一般来说，若地址总线为 n 位，则可寻址空间为 2^n 字节。

（3）控制总线（Control Bus）用来传送控制信号和时序信号。控制信号中，有的是微处理器送往存储器和 I/O 接口电路的，如读/写信号、片选信号、中断响应信号等；也有是其他部件反馈给 CPU 的，如中断申请信号、复位信号、总线请求信号、设备就绪信号等。因此，控制总线的传送方向由具体控制信号而定，一般是双向的，控制总线的位数要根据系统的实际控制需要而定。

总线标准是指计算机部件各生产厂家都需要遵守的系统总线要求，总线标准使不同厂家生产的部件能够互换。微机系统采用的总线标准种类很多，目前常见的有以下几种。

（1）ISA（Industrial Standard Architecture）总线是 IBM 公司 1984 年为推出 PC/AT 而建立的系统总线标准，所以也叫 AT 总线，适应 8/16 位数据总线要求，目前已经被淘汰。

（2）PCI（Peripheral Component Interconnect）总线是由 Intel 公司推出的一种局部总线。它定义了 32 位数据总线，且可扩展为 64 位。PCI 总线性能先进、成本低、可扩充性好，是目前比较流行的总线之一。

（3）AGP（Accelerated Graphics Port）总线是在 PCI 总线基础上发展起来的，主要针对图形显示进行优化，专门用于图形显示卡。

（4）EISA 总线是对 ISA 总线的扩展。

由于采用了总线结构，并且各种外设均通过 I/O 设备接口与 CPU 相连，因此整个系统的结构显得简单清晰、易于扩展。

总线体现在硬件上就是计算机主板（Main Board）。主板是主机箱中最大的电路板，在主板上集成了 CPU 插座、内存插槽、控制芯片组、总线扩展槽、BIOS 芯片、键盘与鼠标插座以及用于连接各种外部设备的接口等。微机正是通过主板将 CPU、内存、显卡、声卡、网卡、键盘、鼠标等部件连接成一个整体并协调工作的。

2.3 计算机的软件系统

计算机软件系统是指为运行、管理和维护计算机而编制的各类程序、数据及相关文档的总称。计算机软件系统与硬件系统两者相互依存，软件依赖于硬件的物质条件，硬件也只有在软件支配下，才能有效地工作。计算机系统的层次结构如图 2-13 所示。

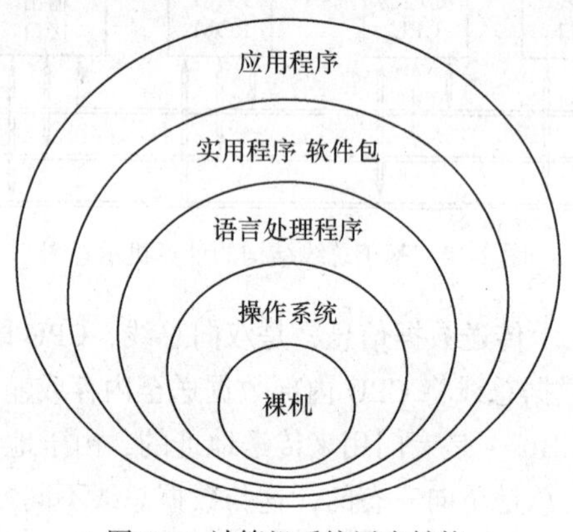

图 2-13 计算机系统层次结构

2.3.1 软件的概念

软件是用户与硬件之间的接口，用户通过软件使用计算机硬件资源，软件的主体是程序。程序是按一定顺序执行并能完成某一任务的指令集合。用于书写计算机程序的语言则称为程序设计语言。

1. 程序设计语言的分类

程序设计语言一般分为机器语言、汇编语言和高级语言 3 类。

（1）机器语言。用直接与计算机联系的二进制代码指令表达的计算机编程语言，称为机器语言。机器语言是第一代计算机语言，也是唯一能够由计算机直接识别和执行的语言。机器语言对于计算机而言不需要任何翻译，但不易记忆、难于修改。

（2）汇编语言。用能反映指令功能的助记符表达的计算机语言称为汇编语言，是第二代计算机语言。汇编语言是符号化的机器语言。用汇编语言写出的程序称为汇编语言源程序，只有用计算机配置好的汇编程序把它翻译成机器语言目标程序，机器才能执行。这个翻译过程称为汇编过程，如图 2-14 所示。汇编语言相较于机器语言在编写、修改、阅读方面均有很大改进，运行速度也快，但掌握起来比较困难。

（3）高级语言。机器语言和汇编语言都是面向机器的语言，虽然执行效率较高，但编写效率很低。高级语言是一种与具体的计算机指令系统表面无关、描述方法接近人们对求解过程或问题的表达方法（倾向自然性语言）、易于掌握和书写的语言，它具有共享性、独立性等特点。高级语言所用的一套符号、标记更接近人类自然语言和数学公式，便于理解记忆。常用的高级程序设计语言有 Visual Basic、C、C++、Java 等。

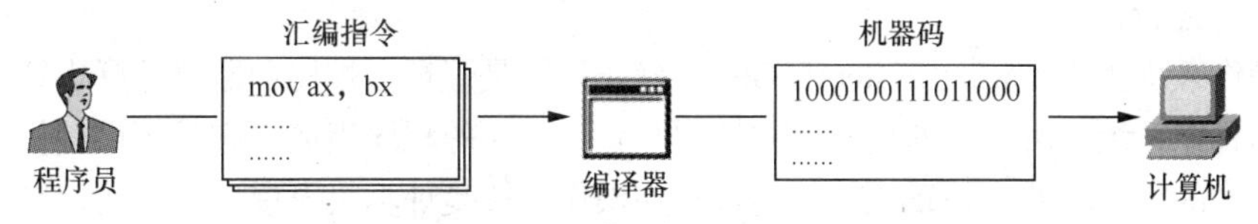

图 2-14 汇编语言的翻译过程

2. 高级语言的执行方式

用高级语言编辑输入的程序称为源程序。因为计算机只能接受以二进制形式表示的机器语言，所以任何高级语言源程序必须翻译成机器语言，才能在计算机中执行。翻译有编译和解释两种方式。

（1）编译。源程序经过编译程序的编译生成由二进制代码组成的目标程序，链接程序把这些目标程序组成一个可执行的程序，这种方式称为程序的编译执行方式，如图 2-15 所示。

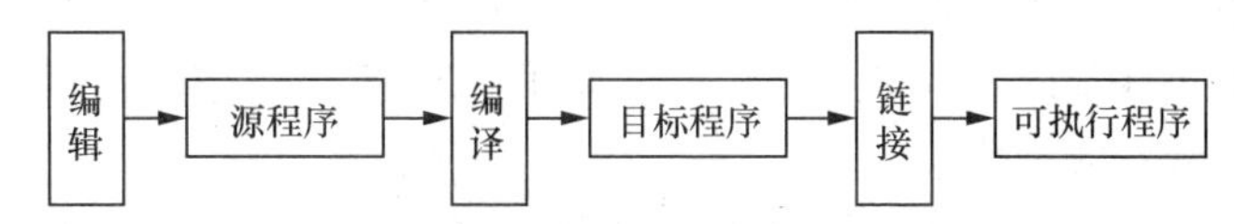

图 2-15 源程序链接成可执行程序的过程

（2）解释。是将源程序逐句翻译、逐句执行的方式。其不产生目标程序，翻译一行执行一行，边解释边执行。

2.3.2 软件系统的组成

计算机软件分为系统软件（System Software）和应用软件（Application Software）两大类，如图 2-16 所示。

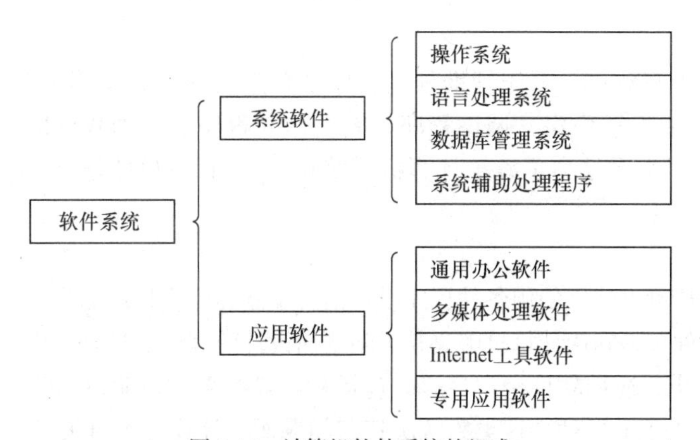

图 2-16 计算机软件系统的组成

1. 系统软件

系统软件（System Software）由一组控制计算机系统并管理其资源的程序组成，其主要功能包括启动计算机，存储、加载和执行应用程序，对文件进行排序、检索，将程序语言翻译成机器语言等。系统软件主要包括操作系统、语言处理系统、数据库管理系统和系统辅助处理程序等。其中最主要的是操作系统，它处在计算机系统中的核心位置，可以直接支持用户使用计算机硬件，也支持用户通过应用软件使用计算机。如果用户需要使用其他系统软件，如语言处理系统和工具软件，也要通过操作系统提供支持。系统软件是软件的基础，所有应用软件都是在系统软件上运行。

（1）操作系统（Operating System，OS）。操作系统是管理、控制和监督计算机软、硬件资源协调运行的程序系统，由一系列具有不同控制和管理功能的程序组成，它是直接运行在计算机硬件上的最基本的系统软件，是系统软件的核心。操作系统是计算机发展中的产物，它的主要目的有两个：一是方便用户使用计算机，是用户和计算机的接口，如用户键入一条简单的命令就能自动完成复杂的功能，这就是操作系统帮助的结果；二是统一管理计算机系统的全部资源，合理组织计算机工作流程，以便充分、合理地发挥计算机的效率。常用的操作系统有Windows、Linux、DOS、UNIX、Mac OS等。

（2）语言处理系统（翻译程序）。如果要在计算机上运行高级语言程序，就必须配备程序语言翻译程序。翻译程序本身是一组程序，不同的高级语言都有相应的翻译程序。BASIC、LISP等高级语言源程序使用时，需用相应的解释程序，解释方式在执行时，源程序和解释程序必须同时参与才能运行，因此效率低、执行速度慢。FORTRAN、COBOL、PASCAL和C等高级语言源程序使用时，需有相应的编译程序，由于编译方式得到的可执行程序可以脱离源程序和编译程序单独执行，因此效率高、执行速度快。

早期语言处理软件一般是由计算机硬件厂家随机器配置的。随着编程语言发展到高级语言，IBM公司宣布不再捆绑语言软件，因此语言系统就开始成为用户可选择的一种产品化的软件，它也是最早开始商品化和系统化的软件。

（3）数据库管理系统（Data Base Management System，DBMS）。数据库是指按照一定联系存储的数据集合。数据库管理系统则是能够对数据库进行加工、管理的系统软件。其主要功能是建立、删除、维护数据库，及对库中的数据进行各种操作。数据库系统主要由数据库（DB）、数据库管理系统（DBMS）以及相应的应用程序组成。数据库系统不但能够存放大量的数据，更重要的是能迅速、自动地对数据进行检索、修改、统计、排序、合并等操作，以得到所需的信息。

（4）系统辅助处理程序。系统辅助处理程序主要是指一些为计算机系统提供服务的工具软件和支撑软件，如编辑程序、调试程序、系统诊断程序等，如Windows中的磁盘碎片整理程序等。这些程序主要是为了维护计算机系统正常运行，方便用户在软件开发和实施过程中的应用。

2. 应用软件

应用软件是用户可以使用的用各种程序设计语言编制的应用程序的集合，包括应用软件包和用户程序。应用软件包是利用计算机解决某类问题而设计的程序的集合，供多用户使用。

在计算机软件中，应用软件种类最多，包括从一般的文字处理到大型的科学计算和各种控制系统的实现，有成千上万种。这类为解决特定问题而与计算机本身关联不多的软件统称为应用软件。常用的应用软件有通用办公处理软件、多媒体处理软件、Internet工具软件和专用应用软件等。

（1）通用办公软件。办公软件是日常办公需要的一些软件，它一般包括文字处理软件、电子表格处理软件、演示文稿制作软件等。常见的办公软件套件有微软公司的Microsoft Office和金山软件公司的WPS Office等。

（2）多媒体处理软件。多媒体技术已经成为计算机技术的一个重要方面，因此多媒体处理软件是应用软件领域中一个重要的分支。多媒体处理软件主要包括图形处理软件、图像处理软件、动画制作软件、音频视频处理软件、桌面排版软件等，如Adobe公司的Photoshop、Dreamweaver、Flash、Premiere和Page-Make，Ulead Systems公司的绘声绘影等。

（3）Internet工具软件。随着计算机网络技术的发展和Internet的普及，涌现了许许多多基于Internet环境的应用软件，如Web服务器软件、Web浏览器、文件传送工具FTP、远程访问工具Telnet、下载工具Flash-Get等。

（4）专用应用软件。各种各样的其他应用软件、各企业专用的信息管理系统等。

2.4 操作系统

操作系统是计算机最基本的系统软件，它直接运行在裸机上，管理计算机中的各种软硬件资源，并控制各类软件运行，是人与计算机之间通信的桥梁。

2.4.1 操作系统的概念

操作系统（Operating System， OS）是介于硬件和应用软件之间的系统软件，是对计算机硬件系统的第一次扩充。操作系统负责控制和管理计算机系统中的各种硬件和软件资源，合理地组织计算机系统的工作流程，为其他软件提供单向支撑，为用户提供使用方便、可扩展的工作平台和环境。

每台计算机都必须安装至少一个操作系统（可同时安装多个操作系统，但在启动计算机时需要选择“活动”操作系统）。由于应用软件和其他系统软件都与操作系统密切相关，因此任何软件都需要合适的操作系统支持，不同操作系统环境下各种软件的要求有所不同。例如，Microsoft Office 2010是Windows环境下的办公软件，在其他操作系统环境下不能运行。

操作系统中的重要概念有进程、线程、内核态和用户态。

1. 进程

进程（Process）是操作系统中的一个核心概念，进程一般是指“进行中的程序”，即进程=程序+执行。

进程是程序的一次执行过程，是系统进行调度和资源分配的一个独立单位。一个程序被加载到内存，系统就创建了一个进程，程序执行结束后，该进程也就消亡了。进程是动态的，而程序是静态的；进程有一定的生命期，而程序可以长期保存；一个程序可以对应多个进程，而一个进程只能对应一个程序。

程序常驻外存，只有执行时，才被加载到内存中，使用进程的目的是控制程序在内存中的执行过程、提高CPU的利用率。在Windows、UNIX、Linux等操作系统中，用户可以查看当前正在执行的进程（又称任务）。利用Windows的任务管理器，可以快速查看进程信息，或者强行终止某个进程。图2-17所示是通过Windows 7任务管理器（按Ctrl+Alt+Del组合键）看到的系统正在执行的应用程序和进程。

2. 线程

线程（Threads）是进程的“细分”，这并不是一个新的概念，实际上它是进程概念的延伸。线程是进程的一个实体，是CPU调度和分派的基本单位，它是比进程更小的能独立运行的基本单位。一个线程可以创建和撤销另一个线程，同一个进程中的多个线程之间可以并发执行。

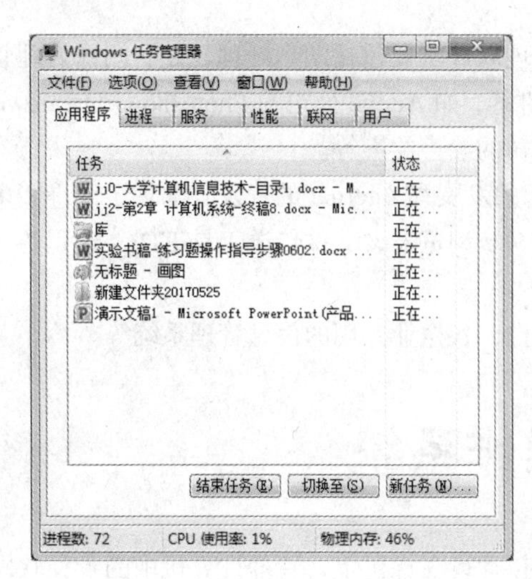

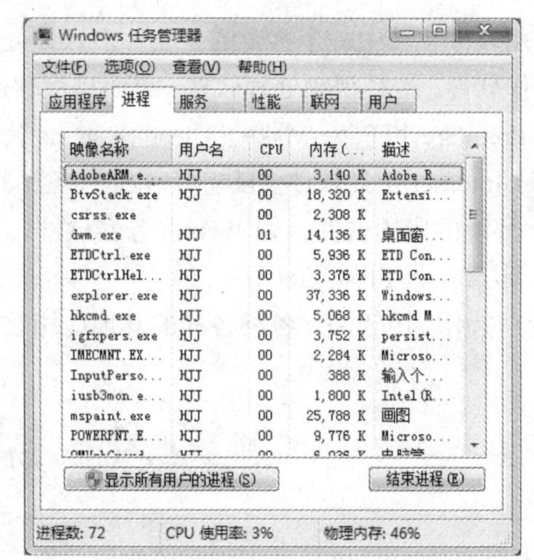

图 2-17 Windows 7 任务管理器

使用线程可以更好地实现并发处理和共享资源，提高 CPU 的利用率。CPU 是以时间片轮询的方式为进程分配处理时间的。如果 CPU 有 10 个时间片，需要处理 2 个进程，则 CPU 利用率为 20%。为了提高运行效率，现将每个进程又细分为若干线程（如当前每个线程都要多完成 3 件事情），则 CPU 会分别用 20%的时间来同时处理 3 件事情，从而 CPU 的使用率达到了 60%。

因为 CPU 的执行速度非常快，并给每一个线程分配极少的运行时间，时间一到，当前线程就交出所有权，所有线程被快速地切换执行，所以在执行过程中，用户认为这些线程是“并发”执行的。

3. 内核态和用户态

计算机世界中的各程序是不平等的，它们有特权态和普通态之分。特权态即内核态，拥有计算机中的所有软硬件资源，享有最大权限，一般关系到计算机根本运行的程序应该在内核态下执行（如 CPU 管理和内存管理）。普通态即用户态，其访问资源的数量和权限均受到限制，一般将仅与用户数据和应用相关的程序放在用户态中执行（如文件系统和网络管理）。

2.4.2 操作系统的功能和种类

1. 操作系统的功能

由于操作系统是对计算机系统进行管理、控制、协调的程序的集合，按这些程序所要管理的资源来确定操作系统的功能。操作系统的功能主要包括以下几个方面。

（1）处理机管理。处理机是计算机中的核心资源，所有程序的运行都要靠它来实现。具体地说，处理机管理要做如下事情：分配处理机的时间，记录和调度不同程序的运行，实现用户和程序之间的相互联系，解决不同程序在运行时相互发生的冲突。处理机管理是操作系统最核心的部分，它的管理方法决定了整个系统的运行能力和质量，代表操作系统设计者的设计观念。

（2）存储器管理。存储器用来存放用户的程序和数据，存储器越大，存放的数据越多。硬件制造者不断扩大存储的容量，还是无法跟上用户对存储容量的需求。再说存储器容量也不可能无限制地增长，但用户需求的增长是无限的。在多用户或者程序共用一个存储器时，自然而然会带来许多管理上的要求，这就是存储器管理要做的。存储器的管理要进行如下工作：以最合适的方案为不同的用户和不同的任务划分出分离的存储器区域，保障各存储器区域不受其他程序的干扰；在主存储器区域不够大的情况下，使用硬盘等其他辅助存储器来扩充主存储器的空间，自行整理存储器空间等。

（3）作业管理。当用户开始与计算机打交道时，第一个接触的就是作业管理部分，用户通过作业管理提供的界面对计算机进行操作。因此作业管理担负着两方面的工作：向计算机通知用户到来，记录和安排用户要求计算机完成的任务；向用户提供操作计算机的界面和对应的提示信息，接受用户输入的程序、数据及要求，同时将计算机运行的结果反馈给用户。

（4）信息管理。计算机中存放的、处理的、流动的都是信息。信息有不同的表现形态：可以是数据项、记录、文件、文件的集合等；有不同的存储方式，可以连续存放也可以分开存放；还有不同的存储位置，可以存放在主存储器上，也可以存放在辅助存储器上，甚至可以停留在某些设备上。不同用户的不同信息共存于有限的媒体上，如何对这些文件进行分类，如何保障不同信息之间的安全，如何将各种信息与用户进行联系，如何使信息不同的逻辑结构与辅助存储器上的存储结构对应，这些都是信息管理要做的事情。

（5）设备管理。计算机主机连接着许多设备，有专门用于输入/输出数据的设备，也有用于存储数据的设备，还有用于某些特殊要求的设备。而这些设备又来自于不同的生产厂家，型号五花八门，如果没有设备管理，用户一定会茫然不知所措。设备管理的任务就是为用户提供设备的独立性，使用户不管是通过程序逻辑，还是命令来操作设备时，都不需要了解设备的具体操作，设备管理在接到用户的要求以后，将用户提供的设备与具体的物理设备连接，再将用户要处理的数据送到物理设备上；记录、修改各种设备的信息；控制设备行为。

2. 操作系统的种类

操作系统的种类繁多，按照功能和特性可分为批处理操作系统、分时操作系统和实时操作系统等；按照同时管理用户数的多少，分为单用户操作系统和多用户操作系统；按照有无管理网络环境的能力，可分为网络操作系统和非网络操作系统。通常操作系统有以下 5 种主要类型。

（1）单用户操作系统（Single Usetr Operating System）。单用户操作系统的主要特征是计算机系统内一次只支持一个用户程序运行。这类系统的最大缺点是计算机系统的资源不能被充分利用。微机的 DOS（Disk Operating System）、早期的 Windows 操作系统都属于这类系统。

（2）批处理操作系统（Batch Processing Operating System）。批处理操作系统是 20 世纪 70 年代运行于大、中型计算机上的操作系统，当时由于单用户单任务操作系统的 CPU 使用效率低，I/O 设备资源未被充分利用，因而产生了多道批处理系统。多道与单道相对应，单道是批处理将多个程序组成一批，在监督程序的控制下串行执行；多道是指多个程序或多个作业同时存在和运行，故也称为多任务操作系统。IBM 的 DOS/VSE 就是这类系统。

（3）分时操作系统（Time-Sharing Operating System）。分时操作系统是在一台计算机周围挂上若干台近程或远程终端，每个用户可以在各自的终端上以交互的方式控制各自作业的运行。

在分时系统管理下，虽然各用户使用的是同一台计算机，但操作系统以时间片轮转的方式协调多个用户轮流分享 CPU，由于时间资源被划分成极短的时间片（毫秒量级）并轮流切换，所以提供给每个终端用户一种独占计算机的感觉。分时操作系统将机器等人转变为人等机器。

分时操作系统是多用户多任务操作系统，UNIX 是国际上最流行的分时操作系统。此外，UNIX 具有网络通信与网络服务的功能，也是广泛使用的网络操作系统。

（4）实时操作系统（Real-Time Operating System）。实时操作系统是保证在一定时间限制内完成特定任务的操作系统。在某些应用领域，要求计算机能迅速处理数据，这种有响应时间要求的快速处理过程叫做实时处理过程，配置实时操作系统的计算机系统称为实时系统。

实时操作系统根据对时间约束的严格程度，又分为软实时系统和硬实时系统。在规定时间内得不到响应的后果若可承受，则称为软实时系统。例如，网络中的超时失败仅是轻微地降低系统吞吐量。硬实时系统有一个刚性的不可改变的时间限制，超时失败会带来不可承受的灾难，如导弹防御系统。

（5）网络操作系统（Network Operating System）。网络的出现产生了提供网络通信和网络资源共享功能的操作系统，称为网络操作系统。网络操作系统和分布式操作系统的区别在于，网络操作系统是在已有操作系统基础上增加网络功能，分布式操作系统是在设计时就考虑将多台计算机虚拟成一台计算机，将一个复杂任务划分成若干简单子任务，分别让多台计算机并行执行。

2.4.3 常用操作系统

在计算机的发展过程中，出现过许多不同的操作系统，其中常用的有 DOS、MacOS、Windows、Linux、Free BSD、UNIX/Xenix、OS/2 等。从应用的角度来看，可将常用的典型操作系统划分为服务器操作系统、PC 操作系统、实时操作系统和嵌入式操作系统等 4 类。

1. 服务器操作系统

服务器操作系统是指安装在大型计算机上的操作系统，如 Web 服务器、应用服务器和数据库服务器等。服务器操作系统主要分为四大流派：Windows、UNIX、Linux、Netware。

Windows NT 是美国微软公司首个基于图形用户界面的完整支持多道程序的网络操作系统，用户界面生动友好、操作简便。Windows NT 的最新版为 Windows Server 2012（Windows8 的服务器版）。

UNIX 是 AT&T 公司 1971 年在 PDP-11 上运行的操作系统。它具有多用户、多任务的特点，支持多种处理器架构。最初的 UNIX 是用汇编语言编写的，后来又用 C 语言重写，使 UNIX 的代码更加简洁紧凑，并且易移植、易阅读、易修改，为 UNIX 的发展奠定了坚实基础。但 UNIX 缺乏统一的标准，且操作复杂、不易掌握，可扩充性不强，这些都限制了 UNIX 的普及应用。

Linux 是一种开放源码的类 UNIX 操作系统。用户可以通过 Internet 免费获取 Linux 源代码，并对其进行分析、修改和添加新功能。Linux 是一个领先的操作系统，世界上运算速度最快的 10 台超级计算机上运行的都是 Linux 操作系统。不少专业人员认为 Linux 安全、稳定，对硬件系统不敏感。但 Linux 图形界面不够友好，这是影响它推广的重要原因，且 Linux 开源带来的无特定厂商技术支持等问题也是阻碍其发展的另一因素。

Netware 是 Novell 公司推出的网络操作系统。Netware 最重要的特征是基于基本模块设计思想的开放式系统结构。Netware 是一个开放的网络服务器平台，用户可以方便地对其进行扩充。Netware 系统对不同的工作平台（如 DOS、OS/2、Macintosh 等）、不同的网络协议环境，如 TCP/IP 以及各种工作站操作系统提供了一致的服务。但 Netware 的安装、管理和维护比较复杂，操作基本依赖于命令输入方式，并且对硬盘识别率较低，很难满足现代社会对大容量服务器的需求。

2. PC 操作系统

PC 操作系统是指安装在个人计算机上的操作系统，如 DOS、Windows、MacOS。

DOS（Disk Operating System）最初是微软公司为 IBM-PC 开发的操作系统，是第一个个人微型计算机操作系统。它是单用户命令行界面操作系统。DOS 功能简单、硬件平台要求低，但存储能力有限，而且命令行操作方式要求用户必须记住各种命令，使用起来很不方便。

Windows 是由微软公司（Microsoft）开发的第一代窗口式多任务系统，最初仅是覆盖在 DOS 系统上的一个图形用户界面，不能称为一个真正的操作系统，不支持多道程序，但通过该界面，用户可以对计算机进行简单高效的操作，把计算机的使用提高到了一个新的阶段。Windows NT

才属于完整的支持多道程序的操作系统。Windows XP 采用 Windows 2000/NT 内核，运行非常可靠稳定，功能极其强大，用户界面焕然一新。Windows 7 集成了 DirectX 11 和 Internet Explorer 8，具有超级任务栏，已超越 Windows XP 成为世界上占有率最高的操作系统。

Mac OS 是由苹果公司（Apple）自行设计开发的，专用于 Macintosh 等苹果机，一般情况下无法在非苹果系列的普通 PC 上安装。Mac OS 是基于 UNIX 内核的操作系统，也是首个在商业领域成功应用的图形用户界面操作系统，它具有较强的图形处理能力，广泛用于桌面出版和多媒体应用等领域。Macintosh 的缺点是与 Windows 缺乏较好的兼容性，因此影响了它的普及。目前最新版本为 Mac OS 10.12。

3. 实时操作系统

实时操作系统是保证在一定时间限制内完成特定任务的操作系统，如 VxWorks。

VxWorks 操作系统是美国风河（Wind River）公司于 1983 年设计开发的一种嵌入式实时操作系统，是嵌入式开发环境的关键组成部分。VxWorks 支持几乎所有现代市场上的嵌入式 CPU，因其良好的可靠性、卓越的实时性、高性能的内核、友好的用户开发环境，被广泛应用于通信、军事、航空、航天等高精尖技术及实时性要求极高的领域中，如卫星通信、军事演习、弹道制导、飞机导航等。

4. 嵌入式操作系统

嵌入式操作系统（Embedded Operation System，EOS）是指用于嵌入式系统的操作系统，其负责嵌入式系统的全部软、硬件资源的分配、任务调度以及控制、协调并发活动。它与应用紧密结合，具有实时高效性和很强的专用性，可根据系统需求、硬件的相关依赖性，对软件模块进行合理的裁减利用。目前在嵌入式领域广泛使用的操作系统有嵌入式 Linux、Palm OS、Windows Embedded 等，以及应用在智能手机和平板电脑的 Android（安卓）、iOS、Symbian（塞班）等。

2.5 Windows 7 操作系统

Windows 操作系统是当前应用范围最广、使用人数最多的个人计算机操作系统。Windows 7（简称 Win 7）操作系统是 Microsoft 公司在之前的 Windows 版本基础上，改进而推出的新一代操作系统，为用户提供了易于使用和快速操作的应用环境。

2.5.1 Windows 7 概述

Windows 7 在硬件性能要求、系统性能、可靠性等方面，都颠覆了以往的 Windows 操作系统，是微软开发得非常成功的一款产品。

1. Windows 7 新特性

Windows 7 在功能和性能上比之前的版本有了很大的改进，其新特性主要有以下几个方面。

（1）安装和设置。在安装过程中减少了重启次数以及用户交互。与 Windows 旧版本的安装相比，时间短、设置简单。

（2）全新的任务栏。任务栏不仅可以显示当前窗口中的应用程序，还可以显示其他已经打开的标签，包括开始菜单、Internet Explorer 8、Windows 资源管理器、Windows Media Player 等。

（3）任务缩略图。当用户将鼠标停留在任务栏的某个运行程序上时，将显示一个预览对话框，以便于用户了解最小化程序的当前运行状态。

（4）桌面新特性。支持 Desktop Slideshow 幻灯片壁纸播放功能，在桌面上单击鼠标右键，选择“个性化”选项，即可选择要设置的桌面壁纸、主题、自定义主题等操作。

（5）全新的 IE 8 浏览器 Windows 7 自带的 IE 8 浏览器在 IE 7 的基础上增添了网络互动功能、网页更新订阅功能、实用的崩溃恢复功能，改进的仿冒网页过滤器以及新的 InPrivate 浏览模式。

（6）无线网络使用。只要单击通知区域中的网络图标，用户就会得到附近可访问的无线网络列表，再选择相应的网络连接即可。

（7）操作中心。将原来的“安全中心”用“操作中心”取代。操作中心除了原有安全中心的功能以外，还有系统维护、计算机问题诊断等实用信息；并且“操作中心”包含对十大 Windows 功能的提示。

（8）数据备份和系统修复。Windows 7 系统允许将数据备份存储到任何可访问的网络驱动器中。

（9）家庭网络。家庭网络是一个本地网络共享工具，当用户在某台计算机上创建家庭网络时，Windows 7 会自动为该网络建立一个密码，当其他 Windows 7 用户要加入家庭网络时，只需提供正确的密码便可加入，访问或共享其内容。

（10）库。库是 Windows 7 众多新特性的又一项。库是包含了系统中的所有文件夹集合的一个文件管理库，它可将分散在不同位置的照片、视频或文件集中存储，方便用户查找和使用。Windows 7 库中默认提供的库类型有 4 种，即“视频” “图片” “文档”和“音乐”。

（11）触摸功能。Windows 7 提供了不需要第三方支持的触摸屏功能。与鼠标相比，触摸技术更快、更方便、更直观，用户只需要通过手指触摸来指示系统做什么。但是，实现或者体验 Windows 7 触摸屏的关键是，用户需要整合计算机硬件配置以及显示器等来支持该功能。

（12）PowerShell 2.0。PowerShell 是一种脚本语言，用户可通过编写脚本管理或设置系统中任何需要自动化完成的工作，在 Windows 7 中，已捆绑 PowerShell 2.0 作为系统的一部分。

2. Windows 7 的硬件基本要求

安装 Windows 7 有两种配置要求，如表 2-1 所示。其中推荐配置是指能够顺利完成 Windows 7 的安装，且在该配置下能够流畅运行大部分应用程序，并获得良好的用户体验；最低配置是指能够顺利完成 Widows 7 的安装，且也能够获得较好的用户体验，该配置为安装 Windows 7 需要的硬件配置底线。

表 2-1 Windows 7 安装配置要求

硬件设备	推荐配置	最低配置
处理器	1GHz 32 位或 64 位处理器	800MHz 32 位或 64 位处理器
内存	1 GB 的 RAM（32 位）或 2GB 的 RAM（64 位）	512MB 的 RAM
可用硬盘空间	16 GB（32 位）或 20GB（64 位）可用硬盘空间	6～10GB 可用硬盘空间
显示适配器	支持 DirectX 9 图形，具有 128 MB 内存	至少拥有 32MB 显示缓存并兼容 Directx9 的显示卡
显示器	分辨率在 1 024 像素×768 像素及以上，或可支持触摸技术的显示设备	

2.5.2 使用和设置 Windows 7

让计算机使用更简单是微软开发 Windows 7 的重要目标之一，其易用性主要体现在桌面功能的操作方式上。在 Windows 7 中，一些沿用多年的基本操作方式得到了彻底改进，如任务栏、窗口控制方式的改进，半透明的 Windows Aero 外观也为用户带来了实用的操作体验。

1. Windows 7 桌面的组成

Windows 7 的桌面有很强的可视化效果，而且功能方面也进行了归类，便于用户查找和使用。启动 Windows 7 后，出现的桌面如图 2-18 所示，主要包括桌面图标、桌面背景和任务栏。

图 2-18 Windows 7 桌面

桌面图标主要包括系统图标和快捷图标，它们和 Windows XP 图标的组成一样，操作方式也一样。桌面背景可以根据用户的喜好设置。任务栏有很多的变化，主要由“开始”按钮、快速启动区、语言栏、系统提示区和显示桌面按钮组成。

2. 桌面的个性化设置

Windows 7 是一个崇尚个性的操作系统，它不仅提供各种精美的桌面壁纸，还提供更多的外观选择、不同的背景主题和灵活的声音方案，让用户可以根据自己的需求设置个性化的桌面。Windows 7 通过 Windows Aero 和 DWM 等技术的应用，使桌面呈现出半透明的 3D 效果。

（1）桌面外观设置。用鼠标右键单击桌面空白处，在弹出的快捷菜单中选择“个性化”命令（见图 2-19），打开“个性化”窗口，如图 2-20 所示，Windows 7 在“Aero 主题”下预置了多个主题，直接单击所需主题即可改变当前的桌面外观。

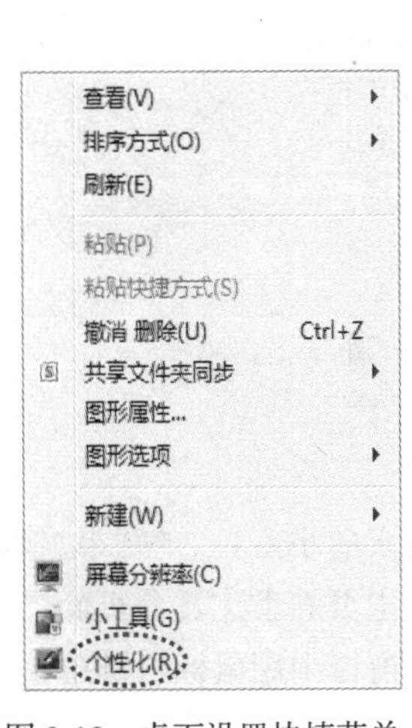

图 2-19 桌面设置快捷菜单

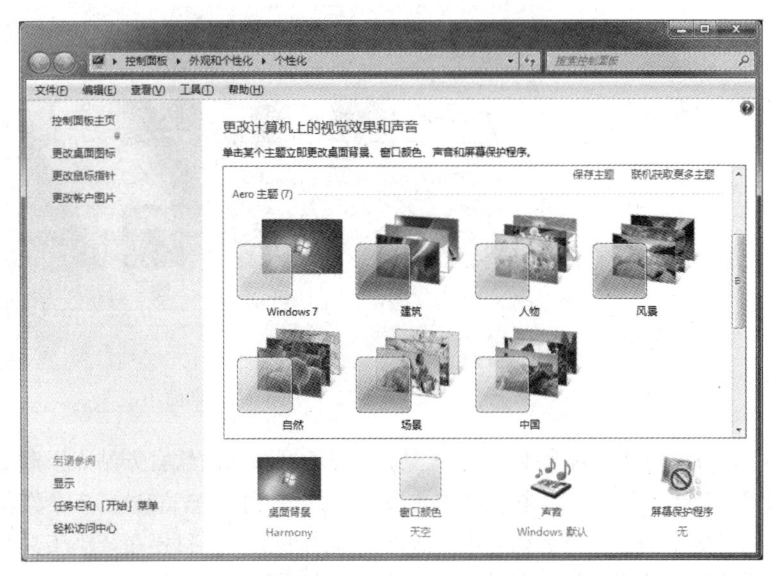

图 2-20 个性化桌面设置

（2）桌面背景设置。如果需要自定义个性化桌面背景，可以在“个性化”窗口下方单击“桌面背景”图标，打开“桌面背景”窗口，如图 2-21 所示，选择单张或多张系统内置图片，单击“保存修改”按钮即可完成操作。

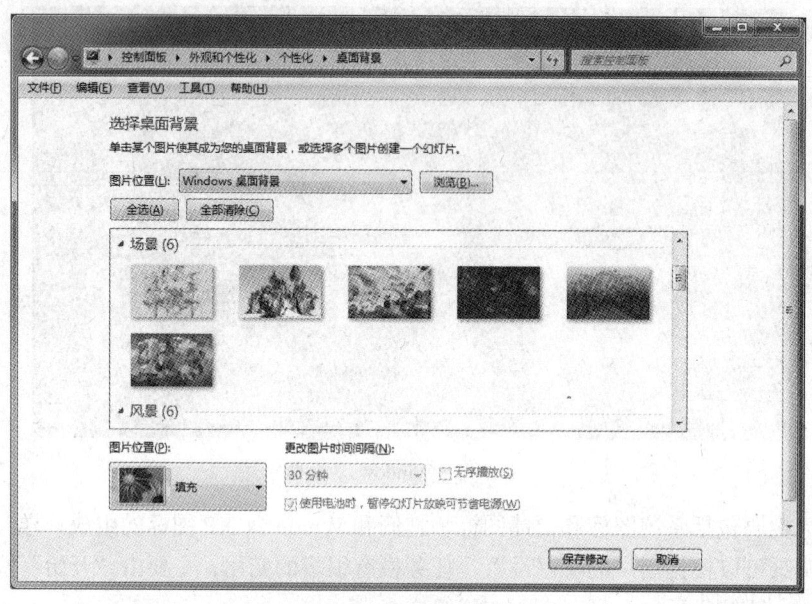

图 2-21　设置桌面背景

如果选择了多张图片作为桌面背景，图片会定时自动切换。可以在“更改图片时间间隔”下拉菜单中设置切换间隔时间，也可以选择“无序播放”选项随机播放图片，还可以通过“图片位置”设置图片显示效果。

（3）桌面小工具的使用。Windows 7 提供了时钟、天气、日历等一些实用的小工具。用鼠标右键单击桌面空白处，在弹出的快捷菜单中选择“小工具”，打开“小工具”窗口（见图 2-22），直接将要使用的小工具拖动到桌面即可。

图 2-22　Windows 7 桌面小工具

Windows 7 内置了 10 个小工具，用户还可以从微软官方站点下载更多的小工具。在“小工具”窗口中单击右下角的“联机获取更多小工具”，打开 Windows 7 个性化主页的小工具分页面，可以获取更多的小工具。如果想彻底删除某个小工具，只要在“小工具”窗口中用鼠标右键单击某个需要删除的小工具，在弹出的快捷菜单中选择“卸载”即可。

2.6　管理文件和文件夹资源

2.6.1　文件和文件夹管理的概念

1. 文件和文件夹

文件和文件夹是计算机管理数据的重要方式。文件是以单个名称在计算机上以二进制形式存储的信息集合，是操作系统管理信息和独立进行存取的基本（或最小）单位。文件夹是图形用户界面中程序和文件的容器，用于存放文件、快捷方式和子文件夹，由一个“文件夹”的图标和文件夹名表示。文件通常放在文件夹中，文件夹中除了文件外，还可有子文件夹，子文件夹中又可以包含文件。

文件的名字一般由主文件名和扩展名组成，主文件名和扩展名之间用圆点“.”分开。组成文件名的字符包括 26 个英文字母、数字（0～9）和一些特殊符号，汉字也可以用作文件名。文件名不能包含以下字符：正斜杠（/）、反斜杠（\）、大于号（>）、小于号（<）、星号（*）、问号（？）、引号（"）、竖线（|）、冒号（:）和分号（；）。文件的扩展名也称“类型名”或“后缀”，一般由 3～4 个字符组成。文件类型可标识打开该文件的程序，例如，具有“.txt”扩展名的文件是“文本文档”类型，可使用任何文本编辑器打开。

当查找文件、文件夹、打印机、计算机或用户时，可以使用通配符星号“*”和问号“?”来代替一个或多个字符。其中，星号“*”代表名称为 0 个或多个字符（例如，A*.docx.表示以 A 字母开头的所有 Word 文件，而*.*代表所有类型的所有文件）；问号？代表名称为 0 个或 1 个字符（例如，B??.docx 表示以 B 开头，主文件名最长为 3 个字符的所有 Word 文件）。

文件和文件夹都具有“属性”，用于指出文件或文件夹是否为只读、隐藏、存档（备份）、压缩或加密，以及是否允许索引文件内容等。选定文件或文件夹后右击鼠标，在弹出的快捷菜单中选择“属性”命令，打开文件或文件夹“属性”对话框（如图 2-23 所示的是文件夹“属性”对话框）。

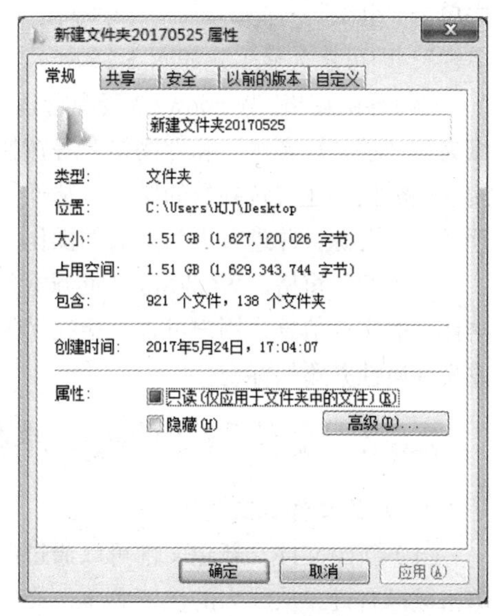

图 2-23　文件夹“属性”对话框

2. 资源管理器设置

资源管理器是 Windows 系统提供的资源管理工具，用户可以使用它查看计算机中的所有资源，特别是它提供的树型文件系统结构，能够让用户更清楚、更直观地认识计算机中的文件和文件夹。Windows 7 资源管理器以新界面、新功能带给用户新体验。

打开资源管理器的操作方法如下。

在任务栏中单击“Windows 资源管理器”按钮，或在“开始”按钮上单击鼠标右键，在弹出的快捷菜单中选择“打开 Windows 资源管理器”菜单命令，打开 Windows 7 资源管理器窗口，如图 2-24 所示。Windows 7 资源管理器窗口主要由地址栏、搜索栏、菜单栏、工具栏、导航窗格、细节窗格和工作区等组成。

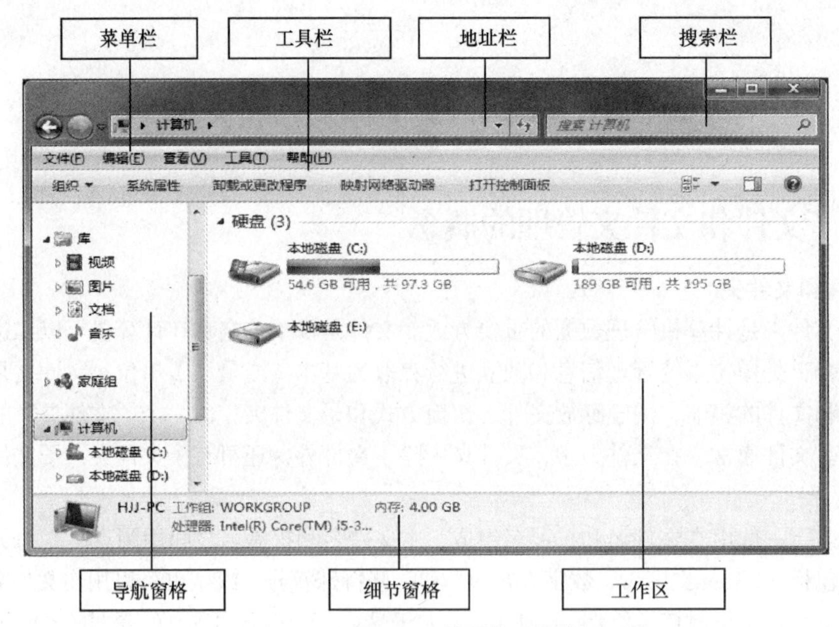

图 2-24 Windows 7 资源管理器窗口

（1）地址栏。Windows 7 资源管理器的地址栏采用了新的导航功能，使用级联按钮取代传统的纯文本方式，它将不同层级路径由不同按钮分割，用户单击按钮即可实现目录跳转。

（2）搜索栏。Windows 7 将搜索栏集成到了资源管理器的各种视图（窗口右上角）中，不但方便随时查找文件，更可以指定文件夹进行搜索。

（3）菜单栏。在打开的窗口中按<Alt>键，菜单栏将显示在工具栏上方。若要隐藏菜单栏，可单击任何菜单项或者再次按<Alt>键。若要永久显示菜单栏，在工具栏中单击“组织”→“布局”→“菜单栏”命令，选中“菜单栏”，即可永久显示，如图 2-25 所示。

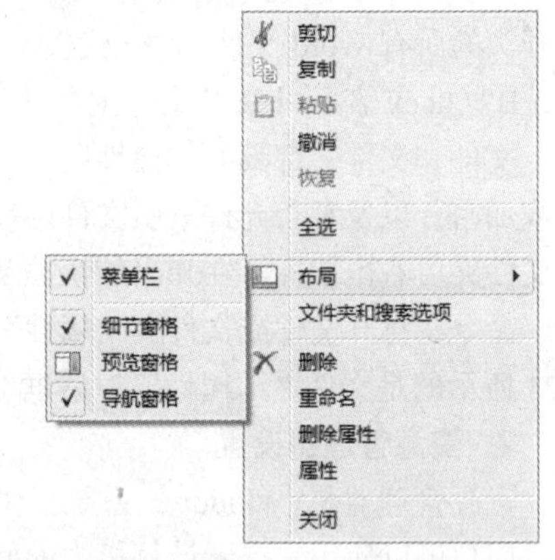

图 2-25 “组织”→“布局”命令下拉子菜单

（4）导航窗格。Windows 7 资源管理器内提供了“收藏夹”“库”“计算机”和“网络”等按钮，用户可以使用这些链接快速跳转到目的结点，从而更好地组织、管理及应用资源，并进行更为高效的操作。

（5）细节窗格。Windows 7 资源管理器提供更加丰富详细的文件信息，用户可以直接在“细节窗格”中修改文件属性并添加标记。

2.6.2 文件和文件夹基本操作

1. 新建文件或文件夹

（1）新建文件。新建文件可以通过两种方法实现。一种是在需要新建文件的窗口区域空白处单击鼠标右键，从弹出的快捷菜单选择“新建”→“Microsoft Word 文档”选项（也可以选择其他类型文件，如“文本文档”等），如图 2-26 所示。此时窗口区域自动新建一个名为“新建 Microsoft Word 文档”的文件，将其更名后，按<Enter>键，即可完成新文件的创建和命名。另一种是在应用程序窗口中新建文件。

（2）新建文件夹。新建文件夹的方法也有两种：一种是单击鼠标右键，在弹出的快捷菜单中新建文件夹，操作方法与新建文件相似，如图 2-26 所示。另一种可以通过“工具栏”上的“新建文件夹”命令新建文件夹。

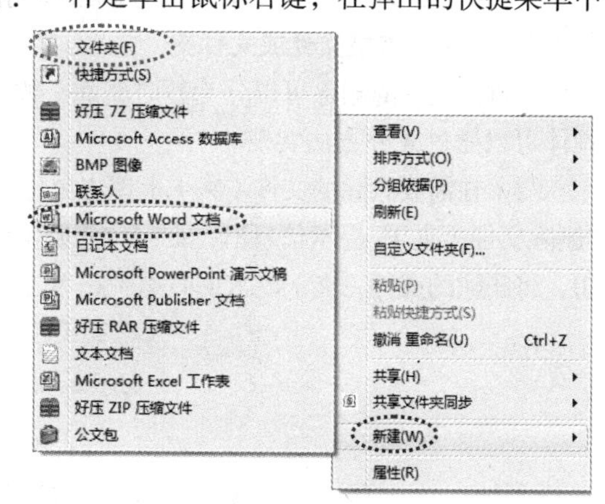

图 2-26 新建文件

2. 选定文件或文件夹

（1）选定单个文件（夹）。将鼠标指针指向要选定的文件（夹）单击。

（2）选定多个连续的文件（夹）。单击要选定的第一个文件（夹），按住<Shift>键，再单击要选定的最后一个文件（夹），则可选定多个连续的文件（夹）。

（3）选定多个不连续的文件（夹）。单击要选定的第一个文件（夹），按住<Ctrl>键，再依次单击其他要选定的文件（夹），则可选定多个不连续的文件（夹）。

（4）全部选定。执行资源管理器中的“编辑”菜单→“全选”命令，或者按<Ctrl+A>组合键，可选定全部文件（夹）。

3. 创建文件或文件夹的快捷方式

在需要创建快捷方式的文件（夹）上单击鼠标右键，从弹出的快捷菜单中选择“创建快捷方式”命令即可。

创建好的快捷方式，可以存放到桌面上或者其他文件夹中，具体操作与文件（夹）的复制或移动相同。

4. 重命名文件或文件夹

重命名文件（夹）可以通过 3 种方法实现。

（1）先选定再单击需要重命名的文件（夹），此时文件（夹）名称处于可编辑状态，直接输入新的文件（夹）名称即可。

（2）在需要重命名的文件（夹）上单击鼠标右键，从弹出的快捷菜单中选择“重命名”命令，然后输入新文件（夹）名。

（3）选定需要重命名的文件（夹），单击“工具栏”上的“组织”命令，在下拉菜单中选择“重命名”命令来实现重命名。

5. 移动或复制文件或文件夹

移动或复制文件或文件夹有以下 4 种方法。

（1）选定需要移动或复制的文件（夹），按下鼠标左键拖动，进入目标位置后释放，即可实现同一磁盘文件（夹）的移动和不同磁盘文件（夹）的复制。按住<Ctrl>键的同时按下鼠标左键拖动，进入目标位置后释放，即可实现同一磁盘文件（夹）的复制。按住<Shift>键的同时按下鼠标左键施动，进入目标位置后释放，即可实现不同磁盘文件（夹）的移动。

（2）选定需要移动或复制的文件（夹），按<Ctrl+X>组合键剪切，进入目标位置，按<Ctrl+V>组合键可移动文件（夹）。按<Ctrl+C>组合键复制，进入目标位置，按<Ctrl+V>组合键可复制文件（夹）。

（3）在需要移动或复制的文件（夹）上单击鼠标右键，在弹出的快捷菜单中选择“剪切”“复制”“粘贴”命令来移动或复制文件（夹）。

（4）选定需要移动或复制的文件（夹），单击“工具栏”上的“组织”命令，在下拉菜单中选择“剪切”“复制”“粘贴”命令来移动或复制文件（夹）。

6. 删除和恢复文件或文件夹

文件（夹）的删除可以分为暂时删除（暂存到回收站里）和彻底删除（回收站不存储）两种，具体可以通过 4 种方法实现。

（1）在需要删除的文件（夹）上单击鼠标右键，在弹出的快捷菜单中选择“删除”命令，出现“删除文件（夹）”提示信息框，询问“您确实要把此文件（夹）放入回收站吗？”，单击“是”按钮，将删除的文件（夹）放入回收站中；单击“否”按钮，则取消此次删除操作，如图 2-27 所示。

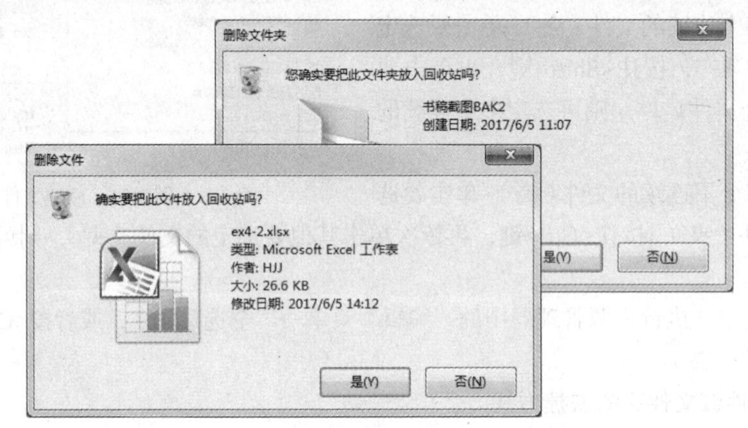

图 2-27　“删除文件（夹）”提示信息框

（2）选定需要删除的文件（夹），单击“工具栏”上的“组织”命令，在下拉列表中选择“删除”命令删除文件（夹）。

（3）选定需要删除的文件（夹），按<Delete>也可以删除文件（夹）。

（4）选定需要删除的文件（夹），按住鼠标左键拖动到“回收站”图标上也能删除文件（夹）。

通过删除操作放入回收站的文件（夹），都可以从回收站中恢复。具体操作为：双击桌面上的“回收站”图标，在打开的“回收站”窗口中选中要恢复的文件（夹），单击鼠标右键，在弹出的快捷菜单中选择“还原”，或者单击“工具栏”上的“还原此项目”命令按钮即可，如图 2-28 所示。

图 2-28　在回收站中恢复已删除的文件（夹）

在“回收站”窗口中单击“清空回收站”按钮，可以彻底删除回收站中的所有项目。

注意：如果文件（夹）被彻底删除，则通过“回收站”无法恢复，但通过专门的数据恢复软件（如 FinalData 等）可以全部或部分恢复。

7. 隐藏文件或文件夹

（1）设置文件（夹）的隐藏属性。在需要隐藏的文件（夹）上单击鼠标右键，在弹出的快捷菜单中选择“属性”命令，在打开的“文件（夹）属性”对话框（见图 2-29 所示）中选定“隐藏”复选框，单击“确定”按钮，即可设置对所选文件（夹）的隐藏属性。

（2）在文件夹选项中设置不显示隐藏文件。如果在文件夹选项中设置了显示隐藏文件，那么隐藏的文件将会以半透明状态显示，此时还是可以看到文件（夹），起不到保护的作用，所以要在文件夹选项中设置不显示隐藏文件。

具体操作方法如下：

单击文件夹窗口工具栏“组织”按钮，从弹出的下拉列表中选择“文件夹和搜索选项”选项，或者直接单击“工具”菜单→“文件夹选项”命令，打开“文件夹选项”对话框。切换到“查看”标签，在“高级设置”列表框中选中“不显示隐藏的文件、文件夹或驱动器”单选按钮，单击“确定”按钮，即可将设置为隐藏属性的文件（夹）隐藏起来，如图 2-30 所示。

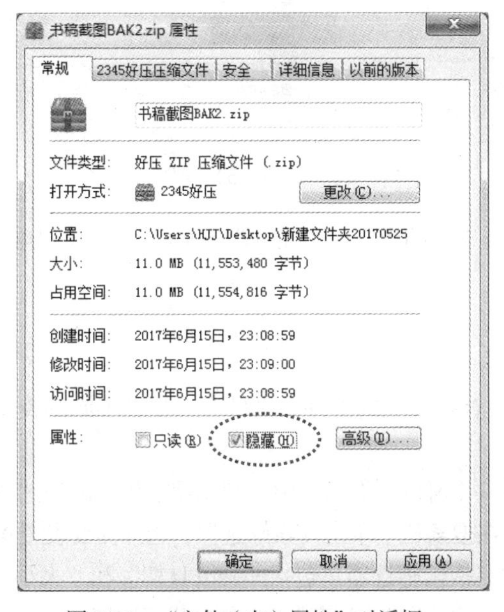

图 2-29 “文件（夹）属性”对话框

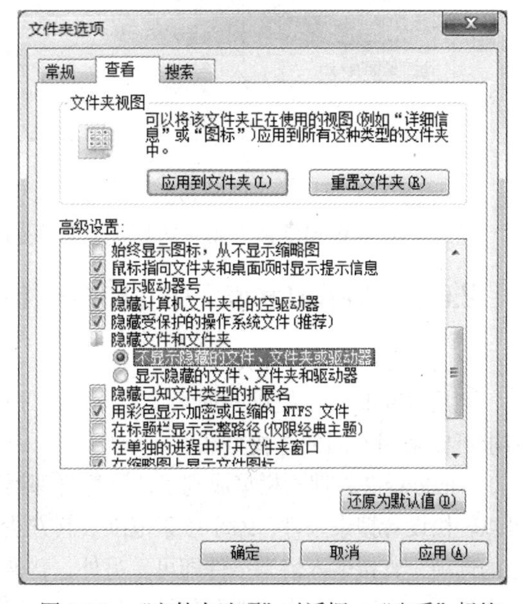

图 2-30 “文件夹选项”对话框→“查看”标签

8. 压缩和解压缩文件或文件夹

为了节省磁盘空间，用户可以对一些文件（夹）进行压缩，压缩文件占据的存储空间较少，而且压缩后可以更快速地传输到其他计算机上，以实现不同用户之间的共享。与 Windows Vista 一样，Windows 7 操作系统也内置了压缩文件程序，用户无需借助第三方压缩软件（如 WinRAR 等）就可以压缩和解压缩文件（夹）。

选中要压缩的文件（夹），单击鼠标右键，在弹出的快捷菜单中选择“发送到”→“压缩（zipped）文件夹”命令，或者在弹出的快捷菜单中直接选择“添加到‘……zip’”命令，如图 2-31 所示。系统弹出“正在压缩…”对话框，绿色进度条显示压缩的进度；“正在压缩…”对话框自动关闭后，可以看到窗口中已经出现了对应文件（夹）的压缩文件（夹），可以对其重命名。

要向压缩文件中添加文件（夹），可以选中要添加的文件（夹），按住鼠标左键，拖动到压缩文件中即可。要解压缩文件，可以选中需要解压缩的文件，单击右键，在弹出的快捷菜单（如图 2-32 所示）中选择“解压到当前文件夹”命令或选择“解压到自动创建的以压缩文件名命名的文件夹”命令即可在当前文件夹解压缩。也可以选择“解压到……”命令，更换目录解压缩。

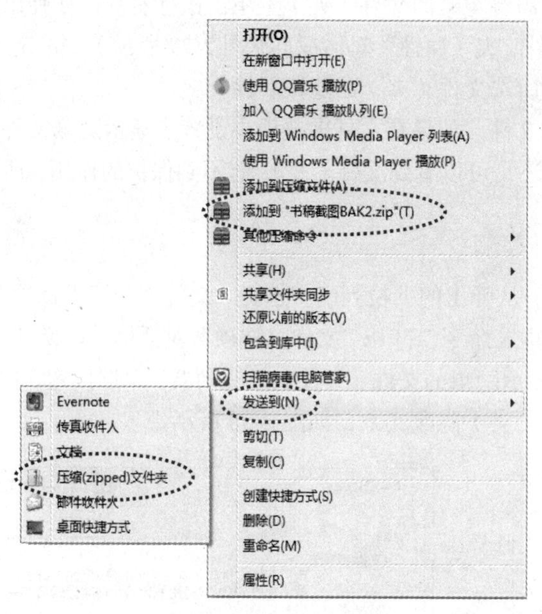

图 2-31　压缩文件（夹）

图 2-32　解压缩

注意：利用 WinRAR 等第三方压缩软件压缩文件（夹）的操作与系统内置压缩软件的操作类似。

2.6.3　Windows 7 中的搜索和库

1．搜索文件或文件夹

利用 Windows 7 提供的搜索功能可以在计算机中查找所需的文件或文件夹。根据不同的查找需求可以采用不同的查找方法。

Windows 7 将搜索栏集成到了“资源管理器”窗口（窗口右上角）中，利用搜索栏中的筛选器可以轻松设置搜索条件，缩小搜索范围。其方法是：在搜索栏中单击搜索筛选器，选择需要设置参数的选项，直接输入恰当条件即可。另外，普通文件夹搜索筛选器只包括“修改日期”和“大小”两个选项，而库的搜索筛选器包括“种类”“类型”“名称”“修改日期”和“标记”等多个选项。

Windows 7 搜索栏除了筛选器外，还可以通过运算符（包括空格、AND、OR、NOT、>或<）组合出任意多的搜索条件，使得搜索过程更加灵活、高效。例如，输入“计算机 AND 系统”，表示查找同时包含“计算机”和“系统”这两个词语的文件，AND 方式与直接输入“计算机 系统”所得的结果相同。输入“计算机 NOT 系统”，表示查找包含“计算机”，但不包含“系统”的文件。输入“计算机 OR 系统”，表示查找包含“计算机”或者包含“系统”的文件。注意，在使用关系运算符协助搜索时，运算符必须大写。

如果不记得文件的名称，可以使用模糊搜索功能，其方法是：用通配符“*”来代替任意数量的任意字符，使用“？”来代表某一位置上的任意一个字母或数字。例如，输入“*.exe”，表示搜索当前位置下所有类型为 exe 的可执行文件，如图 2-33。输入“abc?.docx”，表示搜索当前位置下前三个字母为“abc”、第 4 位是任意字符的 docx 类型的文件。

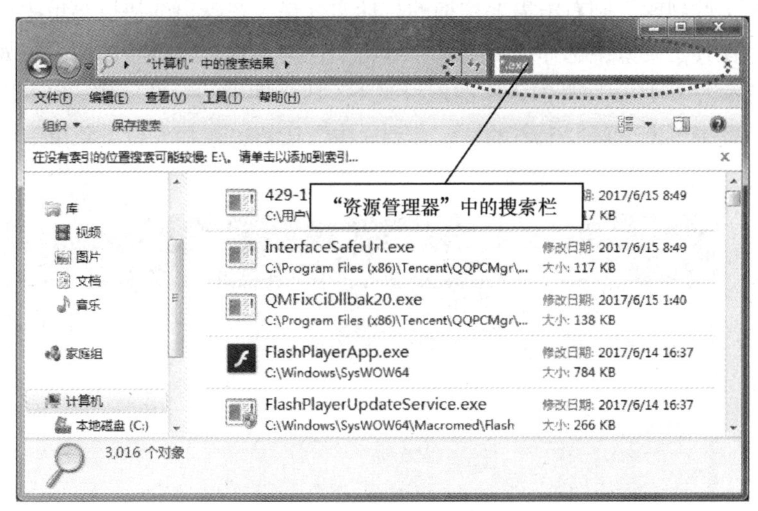

图 2-33　使用“资源管理器”中的搜索栏

Windows 7 的“开始”菜单中提供的“检索程序和文件”搜索框，可以使查找文件一键完成。“开始”菜单上的搜索主要用于查找程序、控制面板和 Windows 7 小工具，使用前提是知道程序全称或名称关键字。在“检索程序和文件”中输入关键字“计算机”，可直接在搜索结果中打开所需程序，如图 2-34 所示。

图 2-34　使用“开始”菜单中的搜索框

2. 使用 Windows 7 的库

“库”是 Windows 7 系统众多新特性的亮点之一。其功能是将各个不同位置的文件资源组织在一个个虚拟的“仓库”中，这样可以极大地提高用户的使用效率。Windows 7 中默认提供的库有 4 种，即“视频”“图片”“文档”和“音乐”。

库的使用彻底改变了文件管理方式，从死板的文件夹方式变为灵活方便的库方式。库和文件夹有很多相似之处，如库中也可以包含各种子库和文件。但库和文件夹有本质区别，在文件夹中保存的文件或子文件夹都存储在该文件夹内，而库中存储的文件来自四面八方。确切地说，库并不存储文件本身，而仅保存文件快照（类似于快捷方式）。

如果要添加文件到库，则右击需要添加的目标文件夹，在弹出的快捷菜单中选择“包含到库中”命令，如果在其子菜单中选择一种类型，则将文件夹加入对应类型的库中；如果在其子菜单中选择“创建新库”，则将文件夹加入库的根目录下，成为库中的新增类型。也可以选中需要添加的目标文件夹，直接单击窗口左上方的“包含到库中”按钮，在其下拉子菜单中设置，如图 2-35 所示。

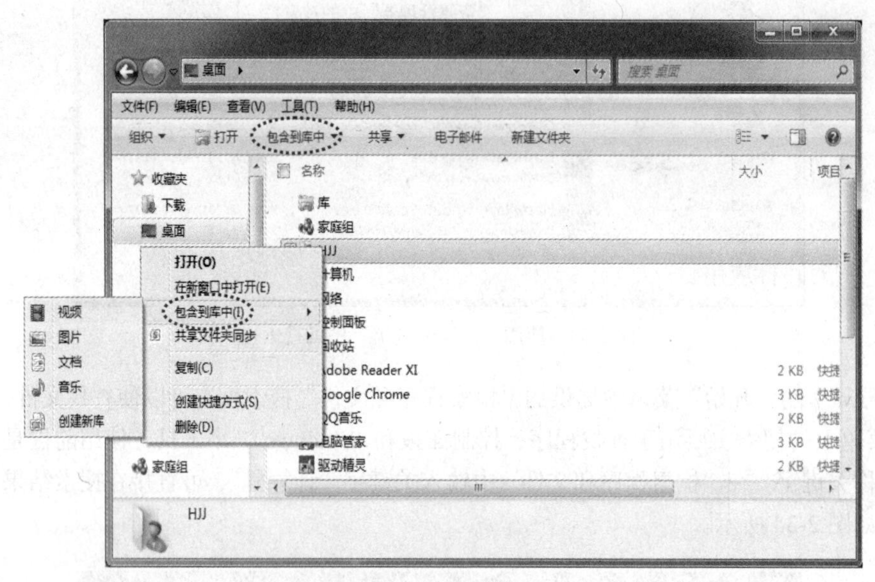

图 2-35　添加文件到库

如果要增加库中的类型，则在“库”根目录下右击窗口空白区域，在弹出的快捷菜单中选择“新建”→“库”命令，输入库名，即可创建一个新的库。或在“库”根目录下直接单击窗口左上方的“新建库”按钮即可，如图 2-36 所示。

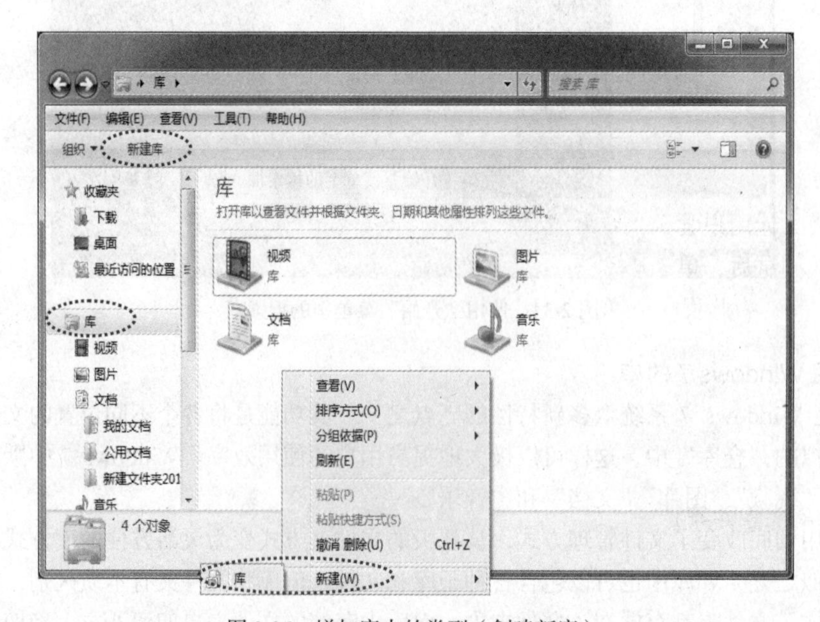

图 2-36　增加库中的类型（创建新库）

2.7　管理程序和硬件资源

2.7.1　软件兼容性问题

使用 Windows 7 时，用户最关心的问题就是以往使用的应用程序以及计算机中的硬件是否可以继续正常运行。因此，Windows 7 软硬件的兼容性非常重要。

1. 自动解决软件兼容性问题

Windows 7 的系统代码是建立在 Vista 基础上的，如果安装和使用的应用程序是针对旧版本 Windows 开发的，为避免直接使用出现不兼容问题，需要选择兼容模式，可以通过自动和手动两种方式解决兼容性问题。

如果用户对目标应用程序不甚了解，则可以让 Windows 7 自动选择合适的兼容模式来运行程序，具体操作步骤如下。

（1）用右键单击应用程序或其快捷方式图标，在弹出的快捷菜单中选择“兼容性疑难解答”命令，打开“程序兼容性”对话框，如图 2-37 所示。

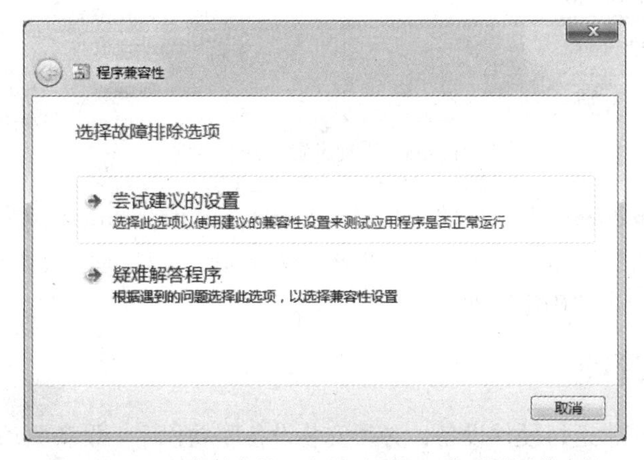

图 2-37　“程序兼容性”向导对话框—自动设置兼容性

（2）在“程序兼容性”对话框中，单击“尝试建议的设置”命令，系统会根据程序自动提供一种兼容性模式让用户尝试运行。单击“启动程序”按钮测试目标程序是否能正常运行。

（3）完成测试后，单击“下一步”按钮，在“程序兼容性”对话框中，如果程序已经正常运行，则单击“是，为此程序保存这些设置”命令，否则单击“否，使用其他设置再试一次”命令。

（4）若系统自动选择的兼容性设置能保证目标程序正常运行，则在“测试程序的兼容性设置”对话框中单击“启动程序”按钮，检查程序是否正常运行。

如果程序实在太老，兼容模式也无法解决问题，则可以尝试使用 Windows 7 中的“Windows XP 模式”来运行程序。

2. 手动解决软件兼容性问题

手动解决软件兼容性问题具体操作步骤如下。

（1）用鼠标右键单击应用程序或其快捷方式图标，在弹出的快捷菜单中选择“属性”命令，打开“属性”对话框，切换到“兼容性”标签。

（2）选择“以兼容模式运行这个程序”复选框，在下拉列表中选择一种与应用程序兼容的操作系统版本，如图 2-38 左图所示。通常基于 Windows XP 开发的应用程序选择“Windows XP（Service Pack2）”即可正常运行。

（3）默认情况下，上述修改仅对当前用户有效，若希望对所有用户账号均有效，则需要单击“兼容性”标签下的“更改所有用户的设置”按钮，打开如图 2-38 右图所示对话框中的“所有用户的兼容性”标签，进行设置兼容模式即可。

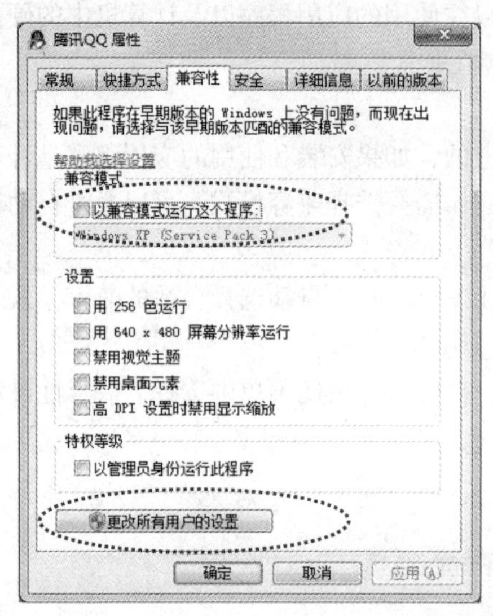

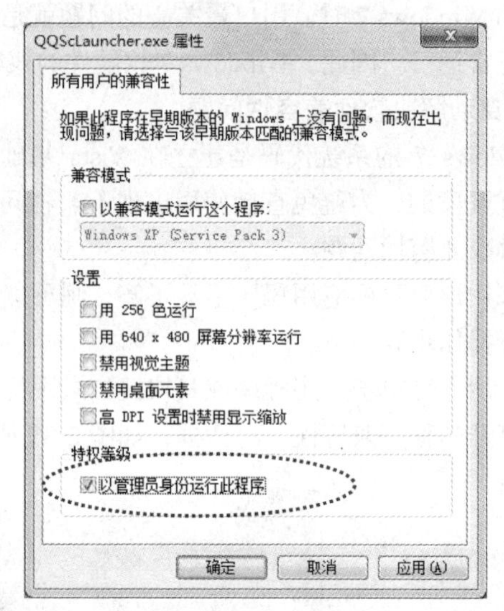

图 2-38　手动设置软件兼容性

（4）如果当前 Windows 7 默认的账户权限（User Account Control, UAC）无法执行上述操作，则在“所有用户的兼容性”标签下的“特权等级”栏中选择“以管理员身份运行此程序”复选框，提升执行权限，然后单击“确定”即可。

2.7.2　硬件管理

要想在计算机上正常运行硬件设备，必须安装设备驱动程序。设备驱动程序是可以实现计算机与设备通信的特殊程序，它是操作系统和硬件之间的桥梁。在 Windows XP 及以前的各版本中，设备驱动程序都运行在系统内核模式下，这就使得存在问题的驱动程序很容易导致系统运行故障甚至崩溃。而在 Windows 7 中，驱动程序不再运行在系统内核模式下，而是加载在用户模式下，这样可以解决由于驱动程序错误而导致的系统运行不稳定问题。

Windows 7 通过“设备与打印机”界面管理所有与计算机连接的硬件设备。与 Windows XP 中各硬件以盘符图标形式显示不同，在 Windows 7 中，几乎所有硬件设备都是以自身实际外观显示的，便于用户操作。

以下是添加本地打印机的操作步骤。

（1）选择“开始”菜单→“控制面板”→“设备和打印机”选项，打开“设备和打印机”窗口，单击其中的“添加打印机”按钮，如图 2-39 所示。

（2）打开“添加打印机”对话框，可以选择“添加本地打印机”或“添加网络、无线或 Bluetooth 打印机”选项（例如，选择“添加本地打印机”），如图 2-40 所示。单击“下一步”按钮，打开“选择打印机端口”对话框。

图 2-39 “设备和打印机”窗口

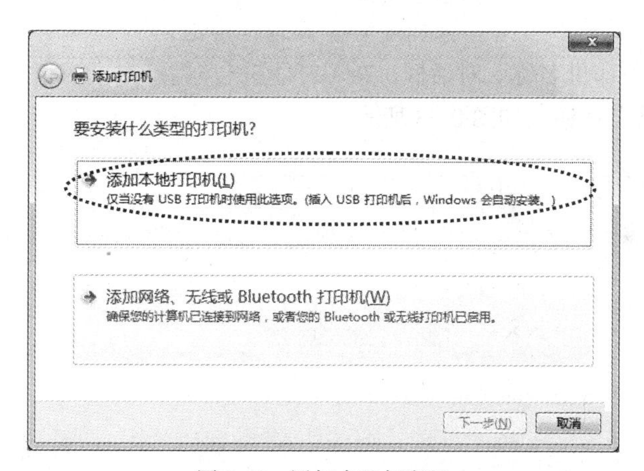

图 2-40 添加本地打印机

（3）在“选择打印机端口”的对话框中，选中“使用现有的端口”单选项，在其后面的下拉列表框中选择打印机连接的端口（一般使用默认端口设置），单击“下一步”按钮，如图 2-41 所示。

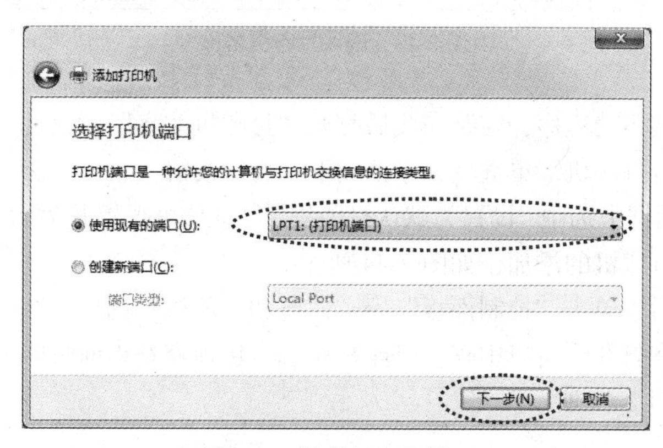

图 2-41 选择打印机端口

（4）打开“安装打印机驱动程序”对话框，在“厂商”列表框中选择打印机的生产厂商，在“打印机”列表框中选择打印机的型号，单击“下一步”按钮，如图 2-42 所示。

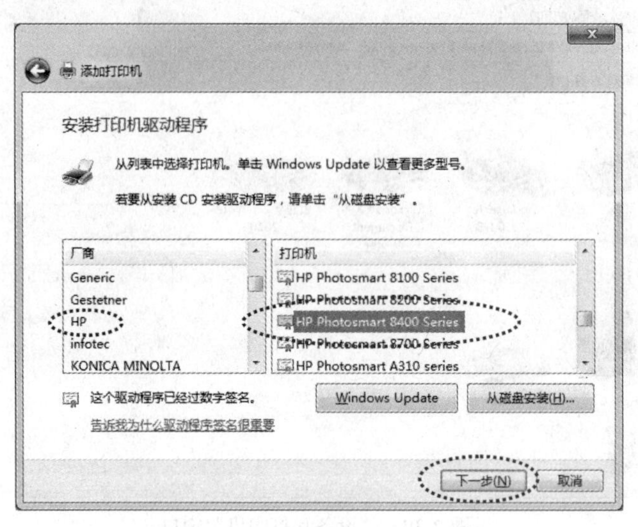

图 2-42　选择厂商及打印机型号

（5）打开“键入打印机名称”对话框，在“打印机名称”文本框中输入名称（一般使用默认名称），单击“下一步”按钮，如图 2-43 所示。

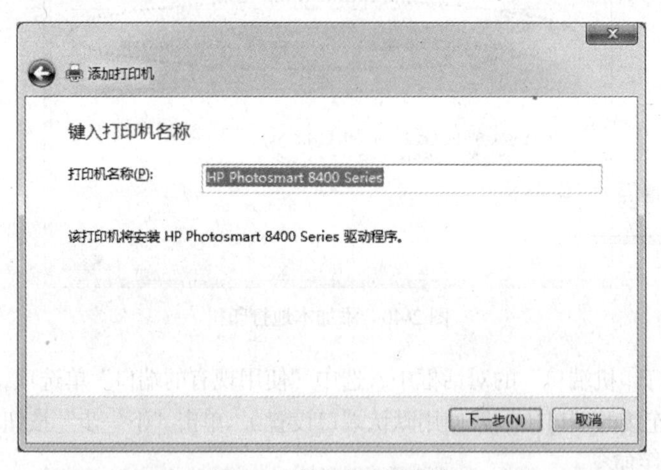

图 2-43　键入打印机名称

（6）系统开始安装驱动程序，安装完成后打开“打印机共享”对话框。如果不需要共享打印机则选中“不共享这台打印机”单选项，单击“下一步”按钮。

（7）在打开的对话框中选中“设置为默认打印机”复选框可设置其为默认的打印机，单击“完成”按钮，即可完成打印机的添加，如图 2-44 所示。

打印机安装完成后，单击“控制面板”→“设备和打印机”选项，在打开的窗口中双击安装的打印机图标，即可在打开的窗口中查看打印机状态，包括查看当前打印内容、设置打印属性和调整打印选项等，如图 2-45 所示。

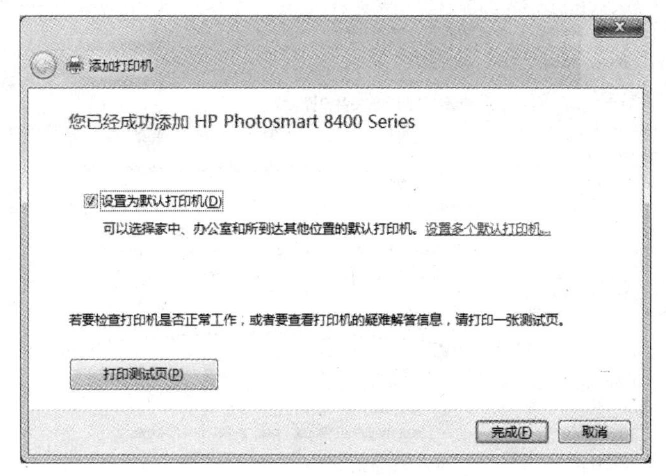

图 2-44　成功完成打印机的添加

图 2-45　查看打印机状态

2.7.3 Windows 7 网络配置和应用

Windows 7 中，几乎所有与网络相关的操作和控制程序都在“网络和共享中心”面板中，通过简单的可视化操作命令，用户可以轻松连接到网络。

1. 连接到宽带网络（有线网络）

连接到宽带网络（有线网络）的操作步骤如下。

（1）选择“开始”菜单→“控制面板”→“网络和共享中心”选项，打开“网络和共享中心”窗口。

（2）在“更改网络设置”下单击“设置新的连接或网络”命令（见图 2-46），在打开的对话框中选择“连接 Internet”命令。

（3）在“连接到 Internet”对话框中选择“宽带（PPPoE）”命令，在随后弹出的对话框中输入 ISP 提供的“用户名”“密码”以及自定义的“连接名称”等信息，单击“连接”按钮。

使用时，只需单击任务栏通知区域的网络图标，选择自建的宽带连接即可。

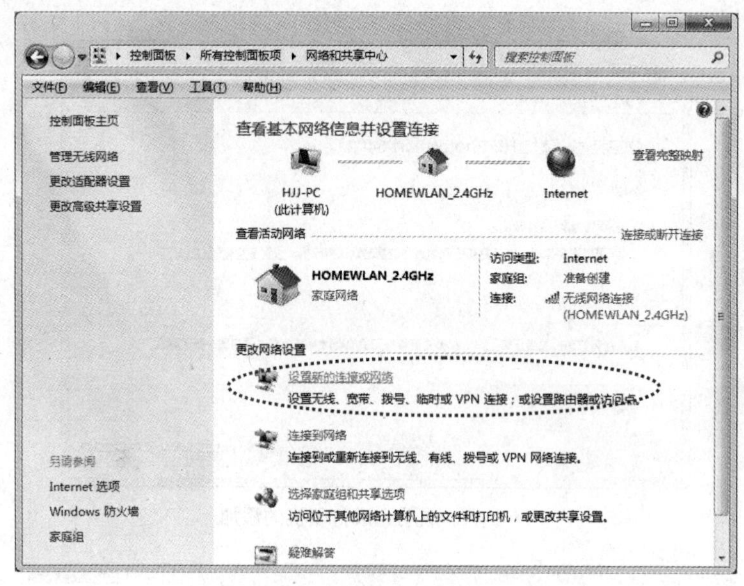

图 2-46 “网络和共享中心”窗口

2. 连接到无线网络

如果安装 Windows 7 系统的计算机是笔记本电脑或者具有无线网卡，则可以通过无线网络连接上网，具体操作为：单击任务栏通知区域的网络图标，在弹出的“无线网络连接”面板中双击需要连接的网络，如图 2-47 所示。如果无线网络设有安全加密，则需要输入安全关键字即密码。

图 2-47 连接到无线网络

2.7.4 系统维护和优化

相对于 Windows XP，Windows 7 通过改进内存管理、智能划分 I/O 优先级以及优化固态硬盘等方法，极大地提高了系统性能，带给用户全新的体验。通过一些简单的系统优化操作也可以提高系统性能。

1. 减少 Windows 启动加载项

使用“控制面板”中的“系统配置”功能管理开机启动项，具体操作步骤如下。

（1）选择“开始”菜单→“控制面板”→“管理工具”选项，打开“管理工具”窗口，如图 2-48 所示。

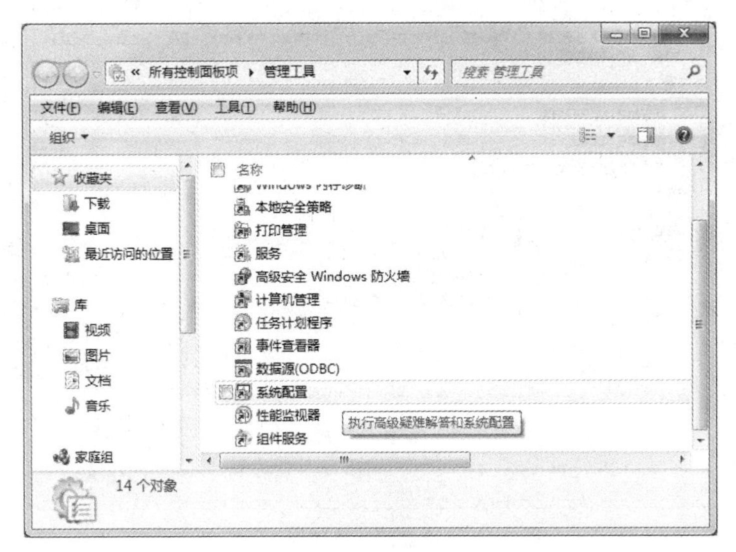

图 2-48　“管理工具”窗口

（2）在“管理工具”窗口中选择“系统配置”选项，打开“系统配置”对话框的“启动”标签，如图 2-49 所示。在显示的启动项目中可以取消不希望登录后自动运行的项目。

注意：尽量不要关闭关键性的自动运行项目，如系统程序、病毒防护软件等。

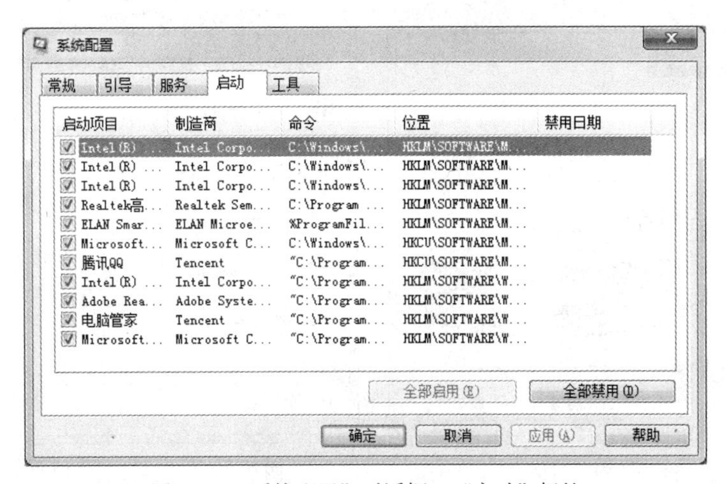

图 2-49　“系统配置”对话框→“启动”标签

2. 提高磁盘性能

磁盘碎片的增加是导致系统运行变慢的重要因素，在 Windows XP 系统中用户需要手动整理磁盘碎片，而在 Windows 7 中，磁盘碎片的整理工作可由系统自动完成。也可根据需要手动进行整理，具体操作步骤如下。

（1）单击“开始”菜单→“搜索栏”，输入“磁盘”，在检索结果中单击“程序”项下的“磁盘碎片整理程序”命令，打开“磁盘碎片整理程序”窗口，如图 2-50 所示。

（2）如果在“磁盘碎片整理程序”窗口中单击“配置计划”按钮，则在打开的“修改计划”

对话框中可设置系统自动整理磁盘碎片的“频率”“日期”“时间”和“磁盘”，如图 2-51 所示。

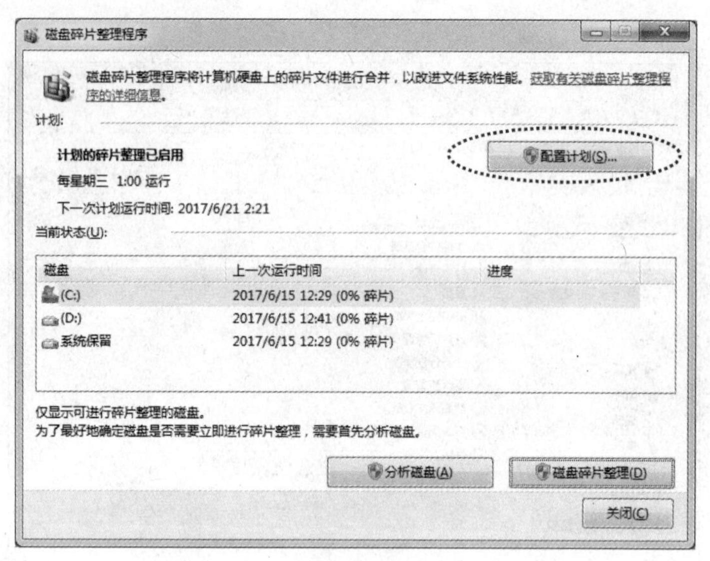

图 2-50 “磁盘碎片整理程序”窗口

（3）如果在“修改计划”对话框中单击“选择磁盘”按钮，则在打开的“选择计划整理的磁盘”对话框中可选择一个或多个需要整理的目标盘符，还可以选中“自动对新磁盘进行碎片整理”复选框，如图 2-52 所示。

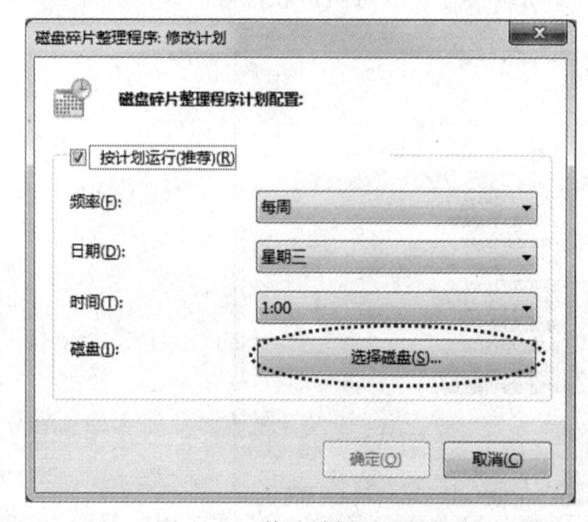

图 2-51 “修改计划”对话框

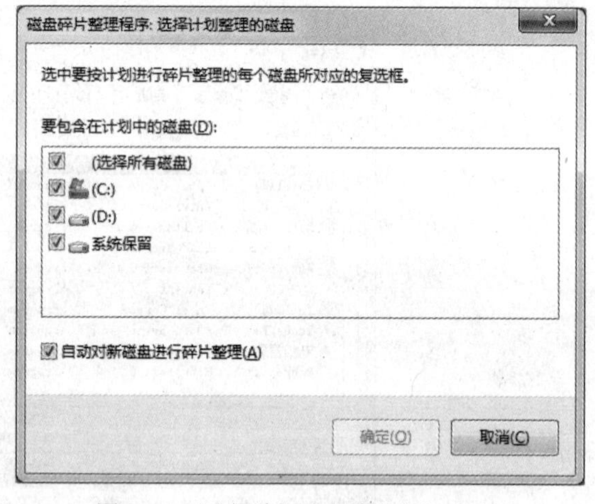

图 2-52 “选择计划整理的磁盘”对话框

练习题 2

【操作题】

Windows 操作题 1。

打开实验素材\EX2\EX2-1 文件夹，按要求顺序进行以下操作。

（1）在 EX2\EX2-1 文件夹下新建一个名为 BOOK.DOCX 的空新文件，并设置属性为“只读”。

（2）在 BEN 文件夹中，新建一个 CONG 文件夹。

（3）为 GRAET\ABC 文件夹建立名为 KABC 的快捷方式，并存放在 EX2-1 文件夹下。

（4）将 LAY\ZHE\XIAO.DOC 文件复制到同一文件夹下，并命名为 JIN.DOC。

（5）搜索 EX2\EX2-1 中的 WAYA.C 文件，然后将其删除。

Windows 操作题 2。

打开实验素材\EX2\EX2-2 文件夹，按要求顺序进行以下操作。

（1）在 XIN 文件夹中分别建立名为 HUA 的文件夹和一个名为 ABC.DBF 的文件。

（2）搜索 EX2\EX2-2 文件夹下以 A 字母打头的 DLL 文件，然后将其复制到 HUA 文件夹下。

（3）为 HLPSYS 文件夹下的 XYA 文件夹建立名为 XYB 的快捷方式，存放在 EX2\EX2-2 文件夹下。

（4）将 PAX 文件夹中的 EXE 文件夹取消隐藏属性。

（5）将 ZAY 文件夹移动到 QWE 文件夹中，重命名为 XIN。

Windows 操作题 3。

打开实验素材\EX2\EX2-3 文件夹，按要求顺序进行以下操作。

（1）在 SHEART 文件夹中，新建一个名为 RESTICK 的文件夹。

（2）在 GAH 文件夹中，新建一个名为 BAO.TXT 的文件。

（3）将 COOK\FEW\ARAD.WPS 文件复制到 ZUME 文件夹中。

（4）将 COOK\FEW 文件夹中的 ARAD.WPS 的属性设置为隐藏。

（5）搜索 EX2\EX2-3 文件夹下第三个字母是 B 的所有文本文件，将其移动到 SHEART\TXT 文件夹中。

（6）为 GAH 文件夹建立命名为 GT 的快捷方式，存放到 EX2\EX2-3\COOK 文件夹中。

【选择题】

（1）下列关于计算机系统的叙述中，最完整的一项是________。

A. 计算机系统就是计算机上配置的操作系统

B. 计算机系统就是指主机、鼠标器、键盘和显示器

C. 计算机系统由硬件系统和安装在其上的操作系统组成

D. 计算机系统由硬件系统和软件系统组成

（2）计算机硬件的五大基本部件包括控制器、存储器、输入设备、运算器和________。

A. 显示器　　B. 磁盘　　C. 输出设备　　D. 鼠标器

（3）下列关于 CPU 的叙述中，正确的是________。

A. CPU 能直接读取硬盘上的数据　　B. CPU 主要用来执行算术运算

C. CPU 能直接与内存交换数据　　D. CPU 主要包括存储器和控制器

（4）CPU 除了包括内部总线和必要的寄存器外，另外两大部件分别是运算器和________。

A. 存储器　　B. Cache　　C. 控制器　　D. 编辑器

（5）一条指令必须包含操作码和________。

A. 操作数　　B. 指令集合　　C. 地址码　　D. 地址数

（6）运算器的完整功能是进行________。

A. 算术运算　　B. 算术运算和逻辑运算

C. 逻辑运算和微积分运算　　D. 逻辑运算

（7）计算机字长是________。

A. 处理器处理数据的宽度　　B. 存储一个字符的位数
C. 存储一个汉字的位数　　D. 屏幕一行显示字符的个数

（8）CPU 的主要性能指标是________。
A. 可靠性　　B. 发热量和冷却效率
C. 耗电量和效率　　D. 字长和时钟主频

（9）下列设备组中，完全属于外部设备的一组是________。
A. 激光打印机、移动硬盘、鼠标器　　B. U 盘、内存储器、硬盘
C. SRAM 内存条、CD-ROM、扫描仪　　D. CPU、键盘、显示器

（10）下列关于磁道的说法中，正确的是________。
A. 由于每一磁道的周长不同，所以每一磁道的存储容量也不同
B. 磁道的编号是最内圈为 0，并次序由内向外逐渐增大，最外圈的编号最大
C. 盘面上的磁道是一条阿基米德螺线
D. 盘面上的磁道是一组同心圆

（11）在 CD 光盘上标记有“CD-RW”字样，“RW”标记表明该光盘是________。
A. 其驱动器单倍速为 1 350 KB/s 的高密度可读写光盘
B. 只能读出，不能写入的只读光盘
C. 可多次擦除型光盘
D. 只能写入一次，可以反复读出的一次性写入光盘

（12）下列描述中，正确的是________。
A. U 盘既可以用作外存，也可以用作内存
B. 硬盘是辅助存储器，不属于外设
C. 摄像头属于输入设备，而投影仪属于输出设备
D. 光盘驱动器属于主机，而光盘属于外设

（13）下列关于软件的叙述中，正确的是________。
A. 计算机软件分为系统软件和应用软件两大类
B. Windows 就是广泛使用的应用软件之一
C. 软件就是程序
D. 软件可以随便复制使用，不用购买

（14）一个完整的计算机软件应包含________。
A. 数据库软件和工具软件　　B. 程序、相应数据和文档
C. 系统软件和应用软件　　D. 编辑软件和应用软件

（15）为解决某一特定问题而设计的指令序列称为________。
A. 文档　　B. 语言
C. 程序　　D. 系统

（16）计算机系统软件中最核心的是________。
A. 软件系统　　B. 操作系统
C. 系统诊断程序　　D. 语言处理系统

（17）下列各软件中，不是系统软件的是________。
A. 操作系统　　B. 数据库管理系统
C. 指挥信息系统　　D. 语言处理系统

（18）下列各组件中，全部属于系统软件的一组是________。

A. UNIX、WPS Office 2016、MS DOS

B. 物流管程序、Sybase、Windows 10

C. Oracle、FORTRAN 编译系统、系统诊断程序

D. AutoCAD、Photoshop、Power Point 2010

（19）在第一代计算机时期，编写程序主要使用的是________。

A. 汇编语言　　B. 机器语言

C. 符号语言　　D. 高级语言

（20）与高级语言相比，汇编语言编写的程序通常________。

A. 移植性更好　　B. 可读性更好

C. 更短　　D. 执行效率更高

（21）编译程序将高级语言程序翻译成与之等价的机器语言程序，该程序称为________。

A. 目标程序　　B. 工作程序

C. 临时程序　　D. 机器程序

（22）下面关于解释程序和编译程序的论述中，正确的是________。

A. 编译程序和解释程序均能产生目标程序

B. 编译程序和解释程序均不能产生目标程序

C. 编译程序能产生目标程序而解释程序不能

D. 编译程序不能产生目标程序而解释程序能

（23）高级程序设计语言的特点是________。

A. 高级语言与具体的机器结构密切相关

B. 高级语言数据结构丰富

C. 用高级语言编写的程序计算机可以立即执行

D. 高级语言接近算法语言不易掌握

（24）下列各种程序设计语言中，不属于高级程序设计语言的是________。

A. Visual Basic　　B. Visual C++

C. C 语言　　D. 汇编语言

（25）在编制对运行速度有较高要求的计算机程序时，建议采用________。

A. Visual Basic　　B. 汇编语言

C. FoxPro　　D. HTML

（26）下列各组软件中，全部属于应用软件的是________。

A. 导弹飞行系统、军事信息系统、航天信息系统

B. 音频播放系统、语言编译系统、数据库管理系统

C. Word 2010、PhotoShop、Windows 7

D. 文字处理程序、军事指挥程序、UNIX

（27）下面关于操作系统的叙述中，正确的是________。

A. 操作系统是计算机软件系统中的核心软件

B. Windows 是可安装于 PC 的唯一操作系统

C. 操作系统属于应用软件

D. 操作系统的五大功能是：启动、打印、显示、文件存取和关机

（28）微机上广泛使用的 Windows 是________。

A. 批处理操作系统　　B. 实时操作系统

C. 单任务操作系统　　D. 多任务操作系统

（29）操作系统将 CPU 的时间资源划分成极短的时间片，轮流分配给各终端用户，使终端用户单独分享 CPU 的时间片，有独占计算机的感觉，这种操作系统称为________。

A. 批处理操作系统　　B. 实时操作系统

C. 分时操作系统　　D. 分布式操作系统

（30）下列叙述中，正确的选项是________。

A. 计算机能直接识别并执行用高级语言编写的程序

B. CPU 可以直接存取硬盘中的数据

C. 操作系统中的文件管理系统是以用户文件名来管理用户文件的

D. 高级语言的编译程序属于应用软件

选择题答案：

（1～10）DCCCA　BADAD　（11～20）CCABC　BCCBD

（21～30）ACBDB　AADCC

第3章 文字处理 Word 2010

Word 2010 是 Microsoft 公司推出的 Office 2010 组件中最重要的成员之一，是功能强大的文字处理软件。Word 2010 不仅可以实现简单的图文编辑，还能运用它的高级功能快速高效地制作各类具有专业水准的文档。Word 2010 以其友好的用户界面、简单易用的操作工具、完备的管理功能和所见即所得的个性化操作等诸多优点，成为文档处理的主流软件。

3.1 Word 2010 基础

3.1.1 Word 2010 的启动

启动 Word 2010 的方法很多，下面介绍几种常用的方法。

（1）选择“开始”菜单→“所有程序”→“Microsoft Office”→“Microsoft Office Word 2010”命令。

（2）如果在桌面上已经创建了 Word 2010 的快捷方式，则双击快捷方式图标。

（3）双击“Windows 资源管理器”窗口中的 Word 文档文件（其扩展名为.docx），Word 2010 会启动并打开相应的文件。

3.1.2 窗口的组成

启动 Word 2010 应用程序后，系统会以“页面视图”模式打开 Word 文档操作界面窗口，如图 3-1 所示。

Word 2010 应用程序窗口主要由标题栏、快速访问工具栏、选项卡、功能区、文档编辑区、状态栏、视图切换按钮和显示比例滑块等部分组成。

1. 标题栏

标题栏位于 Word 窗口顶端，显示 Word 应用程序正在操作的文档名和应用程序名，默认名称为“文档 1-Microsoft Word”。

2. 快速访问工具栏

快速访问工具栏位于标题栏最左侧，集成一组独立的命令按钮，默认状态下包括“保存”“撤销”“重复”命令按钮。它是一个可以自定义的工具栏，可以单击此工具栏右侧的“自定义快速访问工具栏”按钮，在弹出的菜单中根据需要添加或更改按钮。

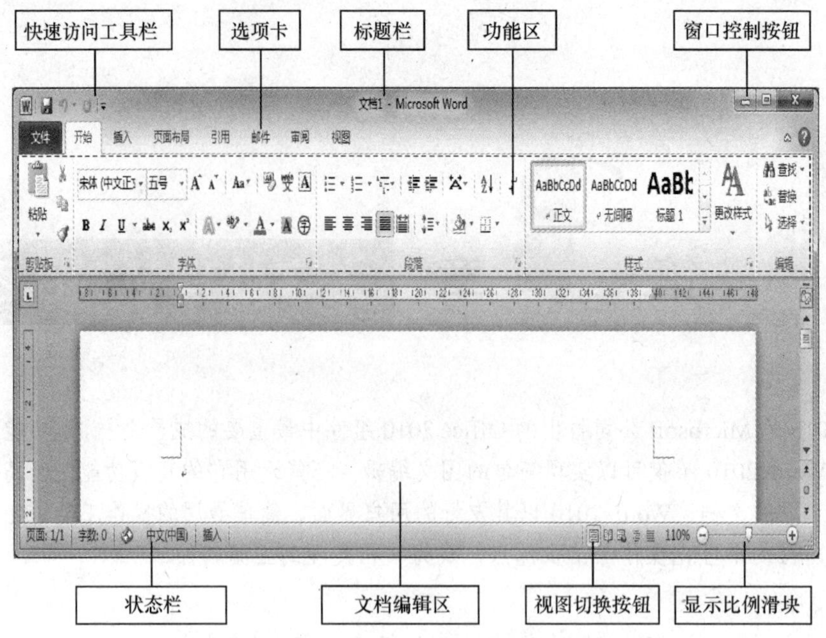

图 3-1 Word 2010 应用程序窗口

3. 选项卡

选项卡位于标题栏下方，Word 2010 用选项卡取代以前版本的菜单栏，通常包括“文件”“开始”“插入”“页面布局”“引用”“邮件”“审阅”“视图”等类型。单击不同的选项卡，切换到相应的功能区面板，显示其标签下的命令按钮组。

4. 功能区

功能区位于选项卡的下面，用于显示与选项卡对应的多个命令组，命令组中包含具体的命令按钮，每个按钮执行一项具体功能。

（1）“文件”选项卡位于所有选项卡的最左侧，单击该选项卡会弹出下拉菜单，提供文件操作的常用命令，如“保存”“另存为”“打开”“关闭”“信息”“最近所用文件”“新建”“打印”等。在“最近所用文件”命令中，可以查看最近使用的 Word 文档列表。单击历史 Word 文档名称右侧的固定按钮，可以将该记录位置固定，不会被后续历史 Word 文档替换。选择“选项”可以设定相应默认值。

（2）“开始”选项卡包括“剪贴板”“字体”“段落”“样式”和“编辑”等命令组，包含有关文字编辑和排版格式设置的各种功能。

（3）“插入”选项卡包括“页”“表格”“插图”“链接”“页眉和页脚”“文本”“符号”等命令组，主要用于在文档中插入各种元素。

（4）“页面布局”选项卡包括“主题”“页面设置”“稿纸”“页面背景”“段落”“排列”等命令组，用于设置文档页面样式。

（5）“引用”选项卡包括“目录”“脚注”“引文与书目”“题注”“索引”和“引文目录”等命令组，用于在文档中插入目录、引文、题注等索引功能。

（6）“邮件”选项卡包括“创建”“开始邮件合并”“编写和插入域”“预览结果”和“完成”等命令组，该功能区专门用于在文档中进行邮件合并方面的操作。

（7）“审阅”选项卡包括“校对”“语言”“中文简繁转换”“批注”“修订”“更改”“比较”和

“保护”等命令组，主要用于对文档进行审阅、校对和修订等操作，适用于多人协作处理大文档。

（8）“视图”选项卡包括“文档视图”“显示”“显示比例”“窗口”和“宏”等命令组，主要用于设置 Word 操作窗口的查看方式、操作对象的显示比例等，以便于获得较好的视觉效果。

另外，当文档中插入对象（如表格、形状、图片等）时，则会在标题栏及下方自动显示“加载项”选项卡（又称为上下文选项卡）并提供该选项卡下的命令组。例如，在文档中插入图片，当选择图片时标题栏下方会出现“图片工具—格式”加载项选项卡。

功能区将应用程序窗口中的所有功能选项巧妙地集中在一起，以便于查找使用。但是当暂时不需要功能区中的功能选项并希望拥有更多的工作空间时，可以双击活动选项卡隐藏功能区，此时命令组会消失。需要再次显示时，再次双击活动选项卡，命令组就会重新出现。

5. 文档编辑区

文档编辑区是 Word 窗口最主要的组成部分，是对文档进行输入文字、插入图形或图片，以及编辑对象格式等操作的工作区域。新建的 Word 文档中，编辑区是空白的，仅有一个闪烁的光标（称为插入点）。插入点就是当前编辑的位置，它将随着输入字符位置的改变而改变。

Word 2010 的文档编辑区除了可以编辑文档之外，还有水平标尺、垂直标尺、水平滚动条和垂直滚动条等辅助功能。

可以在 Word 中打开多个文档，每个文档有一个独立的窗口，并在 Windows 任务栏中有一个对应的文档按钮。

6. 状态栏

状态栏位于窗口底部，用于显示正在编辑的文档的即时状态内容，包括页数/总页数、文档的字数、校对文档错误内容、语言设置、插入/改写状态设置。

7. 视图切换按钮

视图切换区位于状态栏右侧，用于显示 Word 的 5 种视图模式，包括“页面视图”“阅读版式视图”“Web 版式视图”“大纲视图”和“草稿”等，可以根据需要切换不同的视图模式，查看或编辑文档。

（1）页面视图。“页面视图”是系统默认的视图模式，也是编辑文档常用的视图模式，工作界面显示水平和垂直标尺、页面边距、页眉和页脚、图形对象、分栏设置等文档元素，是与打印结果最相近的视图模式。

（2）阅读版式视图。“阅读版式视图”以图书分栏样式显示文档内容，“文件”选项卡及功能区元素被隐藏起来，只能利用屏幕上方的“工具”按钮对文档进行操作。

（3）Web 版式视图。“Web 版式视图”以网页的形式将 Word 2010 文档的全部内容显示在一页中，窗口中只有水平标尺，Web 版式视图适用于发送电子邮件和创建网页。

（4）大纲视图。在“大纲视图”中，Word 文档内容全部显示为各级标题的层次结构，可以升级或降级、展开或折叠各级目录标题，大纲视图广泛应用于 Word 长文档的快速浏览和设置。

（5）草稿。“草稿”取消了页面边距、分栏、页眉页脚和图片等元素，仅显示标题和正文，是最节省计算机硬件资源的视图方式。

8. 显示比例滑块

显示比例控制栏用于更改正在编辑的文档的显示比例。拖动“显示比例”中的游标调整文档的缩放比例，或者单击“缩小”按钮和“放大”按钮，调整文档缩放比例。

9. 窗口控制按钮

窗口控制按钮位于窗口顶部右端，包括“最小化”“最大化”“向下还原”和“关闭”等按钮图标。

3.1.3 文档视图模式

Word 2010 提供了多种视图模式供用户选择，包括“页面视图”“阅读版式视图”“Web 版式视图”“大纲视图”和“草稿”5 种视图模式。不同的视图模式分别从不同的角度、按不同的方式显示文档。可通过“视图”选项卡→“文档视图”命令组中的视图按钮切换视图模式，也可以在 Word 文档窗口右下方视图区域切换视图模式，如图 3-2 所示。

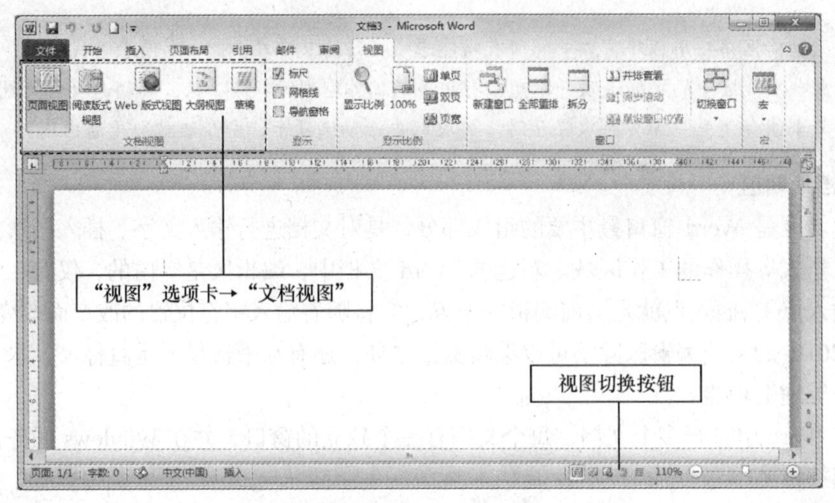

图 3-2 视图的切换方法

1. 页面视图

“页面视图”是系统默认视图模式，也是编辑文档常用的视图模式。在页面视图方式下，可直观地看到文字、图形、表格、页眉页脚、脚注、尾注、分栏设置等文档元素，是与打印结果最相近的视图模式。

单击“视图”选项卡→“文档视图”命令组→“页面视图”命令按钮，或者单击“状态栏”→“页面视图”按钮，即可切换至“页面视图”模式，如图 3-3 所示。

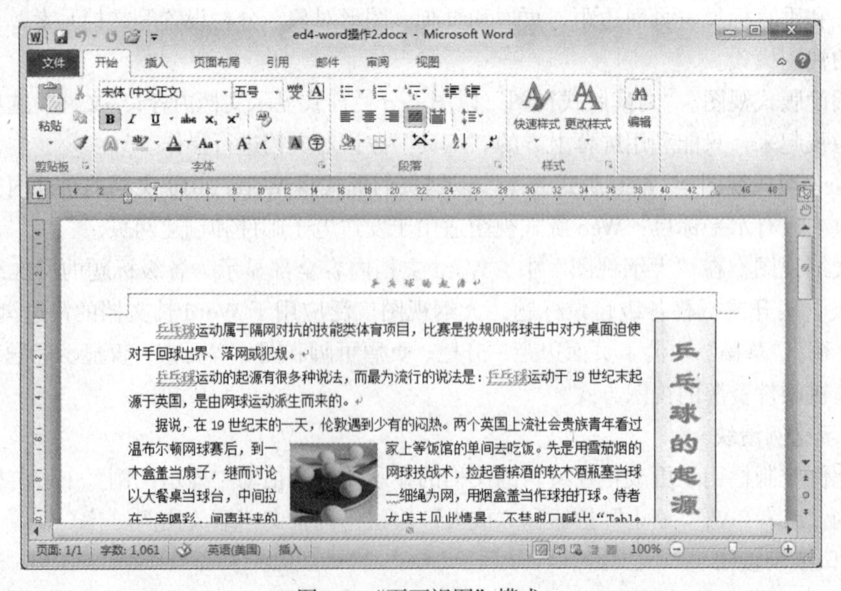

图 3-3 “页面视图”模式

2. 阅读版式视图

“阅读版式视图”以图书分栏样式显示文档内容，是经过优化设计的视图版式。在阅读版式视图方式下，“文件”选项卡及功能区元素被隐藏起来，只能利用屏幕上方的“工具”按钮对文档进行操作。可以利用最大的空间来阅读或者批注文档，还可以选择以打印页上的显示效果查看文档。

单击“视图”选项卡→“文档视图”命令组→“阅读版式视图”命令按钮，或者单击“状态栏”→“阅读版式视图”按钮，即可切换至“阅读版式视图”模式，如图 3-4 所示。

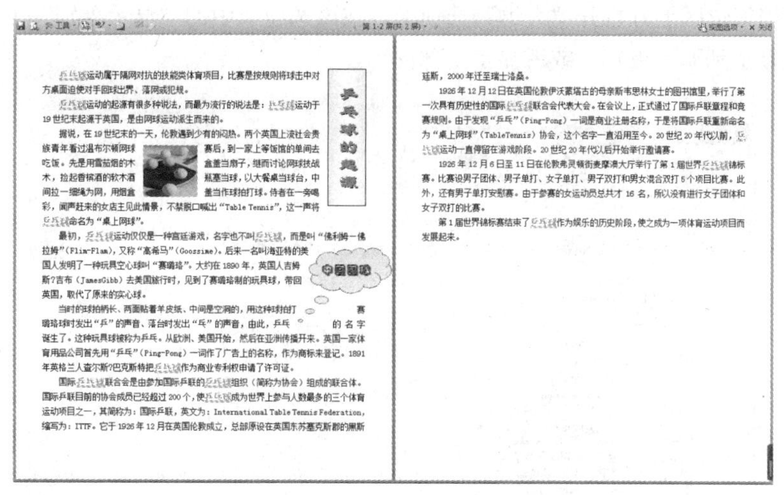

图 3-4 “阅读版式视图”模式

3. Web 版式视图

“Web 版式视图”以网页的形式将 Word 2010 文档的内容全都显示在一页中，窗口中只有水平标尺，Web 版式视图适用于发送电子邮件和创建网页。Web 版式视图中可以显示页面背景，每行文本的宽度会自动适应文档窗口的大小。该视图与文档存为 Web 页面并在浏览器中打开看到的效果一致，是最适合在屏幕上查看文档的视图。

单击“视图”选项卡→“文档视图”命令组→“Web 版式视图”命令按钮，或者单击“状态栏”→“Web 版式视图”按钮，即可切换至“Web 版式视图”模式，如图 3-5 所示。

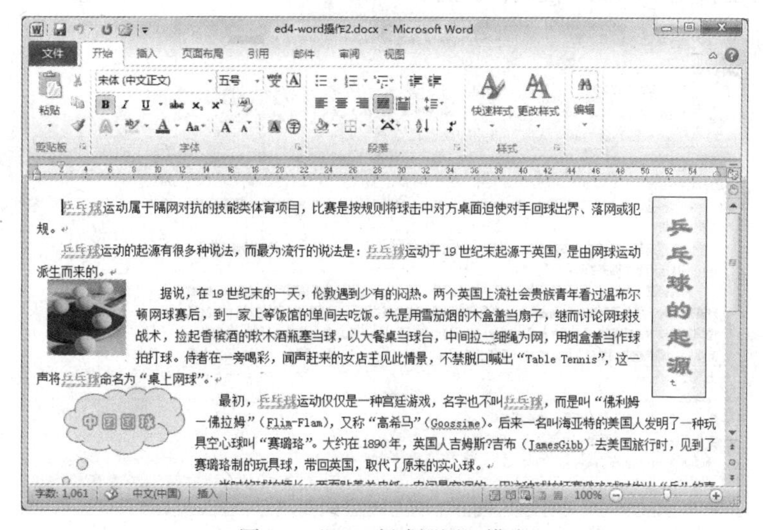

图 3-5 “Web 版式视图”模式

4. 大纲视图

在“大纲视图”中，除了显示文本、表格和嵌入文本的图片外，还可显示为各级标题的层次结构。可以拖动标题来移动、复制和重新组织文本；还可以折叠或展开各级目录标题来查看主要标题或者正文内容，从而能够方便地显示、修改和创建文档的大纲。

单击“视图”选项卡→“文档视图”命令组→“大纲视图”命令按钮，或者单击“状态栏”→“大纲视图”按钮，即可切换至“大纲视图”模式，如图 3-6 所示。转入大纲视图模式后，系统会自动在文档编辑区上方打开“大纲”选项卡。在该选项卡中的“显示级别”下拉列表中，可决定文档标题显示到哪一级别，或者显示全部内容。

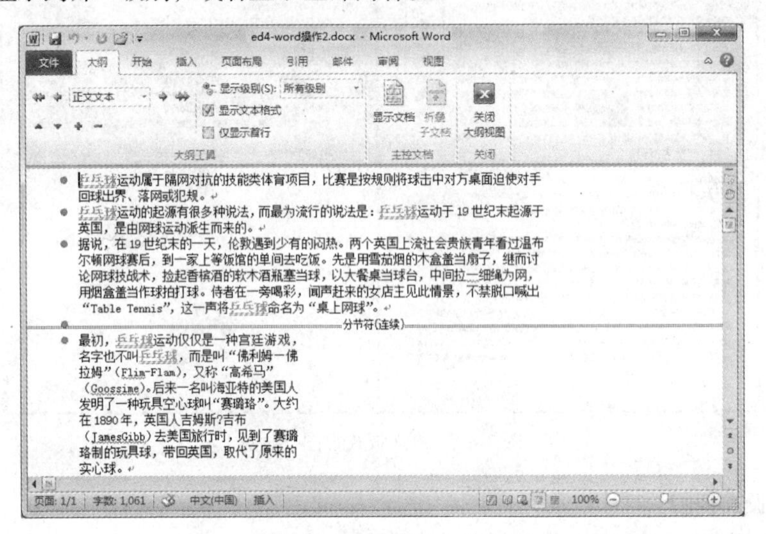

图 3-6 “大纲视图”模式

5. 草稿

“草稿”取消了页面边距、分栏、页眉页脚和图片等元素，仅显示标题和正文。草稿与 Web 版式一样，都可以显示页面背景，但不同的是它仅能将文本宽度固定在窗口左侧。

单击“视图”选项卡→“文档视图”命令组→“草稿”命令按钮，或者单击“状态栏”→“草稿”按钮，即可切换至“草稿”模式，如图 3-7 所示。

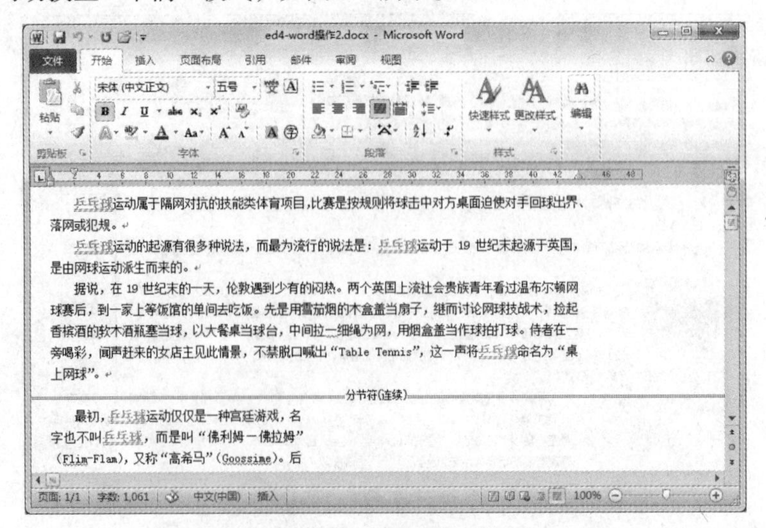

图 3-7 “草稿”模式

3.1.4 Word 2010 的退出

Word 2010 常用的退出方法有以下几种。

（1）单击标题栏上的“关闭”按钮☒。

（2）执行“文件”→“退出”命令。

（3）双击标题栏左侧的控制菜单按钮。

（4）在标题栏上单击鼠标右键，在弹出的快捷菜单中单击“关闭”命令。

（5）按<Alt+F4>组合键。

在退出 Word 2010 时，如果对当前文档进行了编辑修改且还没有执行保存操作，系统将弹出一个提示信息框提示是否保存。

3.2 文档的创建、打开和保存

运用 Word 2010 文档创建工具，用户不但可以创建简单易用的文档，还可以创建形式多样的复杂文档，将文档保存为 Word 模板、PDF、RTF 格式、纯文本、网页等类型，还可以打开已创建的文档进行编辑操作等。

3.2.1 新建文档

在 Word 2010 中，可以创建两种形式的新文档，一种是没有任何内容的空白文档，另一种是根据模板创建的文档，如传真、信函和简历等。

1. 创建空白文档

启动 Word 2010 应用程序之后，系统会自动创建一个新的默认文件名为“文档 1”的空白文档。除了自动创建新文档的方法外，在编辑文档的过程中还需要另外创建一个或多个新文档时，可以采用以下几种方法。

（1）单击“文件”选项卡→“新建”命令→“可用模板”→“空白文档”→“创建”按钮，即可创建一个空白文档，如图 3-8 所示。

（2）单击“自定义快速访问工具栏”按钮，在弹出的下拉菜单中选择“新建”项，之后可以单击快速访问工具栏中新添加的“新建”按钮创建空白文档。

（3）按<Ctrl+N>快捷键，可直接创建一个空白文档。

Word 对“文档 1”以后新建的文档以创建的顺序依次命名为“文档 2”“文档 3”、……每个新建文档对应有一个独立的文档窗口，任务栏中也有一个相应的文档按钮与之对应。当新建多于一个文档时，这些文档按钮便以叠置的按钮组形式出现。将光标移至按钮（或按钮组）上停留片刻，按钮（或按钮组）便会展开为各自的文档窗口缩略图，单击文档窗口的缩略图可在文档间切换。

2. 根据模板创建文档

Word 2010 提供了许多已经设置好的文档模板，选择不同的模板可以快速创建各种类型的文档，如信函和传真等。模板中已经包含了特定类型文档的格式和内容等，只需根据个人需求稍做修改，即可创建一个精美的文档。选择图 3-8 中“可用模板”列表中的合适模板，单击“创建”

按钮，或者在“Office.com 模板”区域中选择合适的模板，再单击“下载”按钮均可以创建一个基于特定模板的新文档。

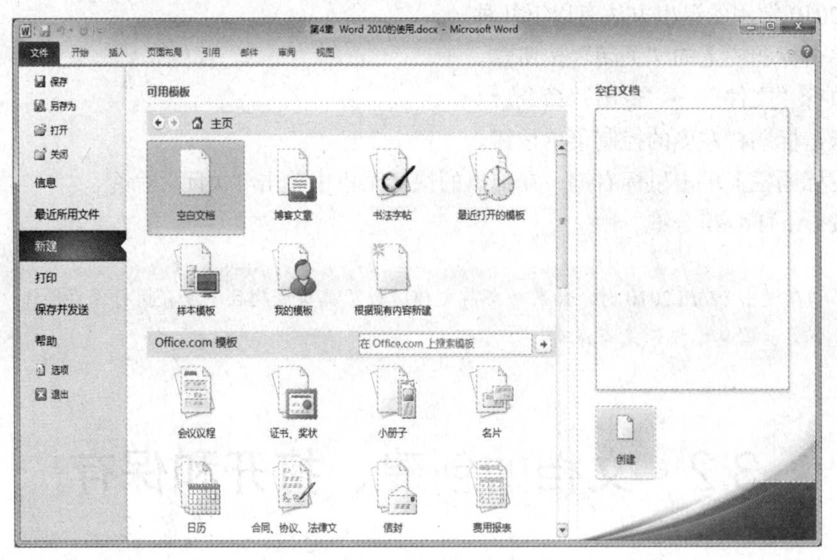

图 3-8 创建空白文档

3.2.2 打开文档

Word 2010 提供了打开新文档、打开最近使用过的文档、打开计算机中已存储的文档等多种打开文档的方法，操作方法如下。

（1）在“Windows 资源管理器”窗口中，双击要打开的文件。

（2）在 Word 文档窗口中，执行“文件”→“打开”命令，在弹出的“打开”对话框中选择要打开的文件，双击该文件或者单击“打开”按钮即可，如图 3-9 所示。

图 3-9 “打开”对话框

（3）单击“自定义快速访问工具栏”按钮，在弹出的下拉菜单中选择“打开”项，之后单击快速访问工具栏中新添加的“打开”按钮即可。

（4）在“文件”选项卡的后台视图中，单击“最近所用文件”命令，右窗格即刻显示最近使用过的文档名称，从中选择需要打开的文档即可。

3.2.3 保存文档

1. 保存新文档

创建好的新文档首次保存时，单击“快速访问工具栏”→“保存”按钮、选择“文件”选项卡→“保存”项、按 F12 键，或者按<Ctrl+S>快捷键，均会弹出“另存为”对话框，如图 3-10 所示。

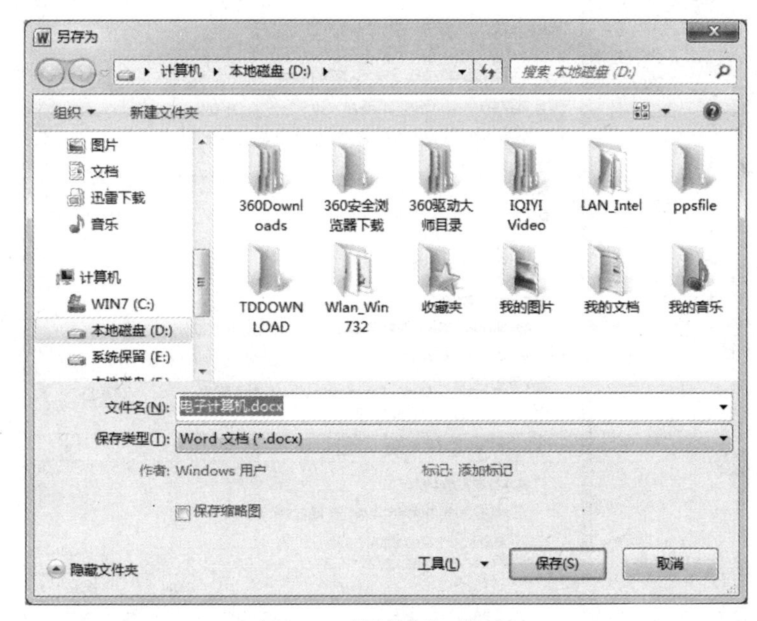

图 3-10 “另存为”对话框

在“保存位置”下拉列表框中选择保存文件的驱动器和文件夹确定文档要保存的位置；在“文件名”文本框中输入文档的名称，若不重新输入名称，则 Word 自动将文档的第一句话作为文档的名称；在“保存类型”下拉列表框中选择所需的文件类型。Word 2010 默认类型为“Word 文档(*.docx)”；最后单击“保存”按钮，文档即被保存在指定的位置上。

2. 保存已命名的文档

对于已经命名并保存过的文档，进行编辑修改后可以再次保存。要保存已命名的文档，可以单击“文件”选项卡→“保存”命令、单击“快速访问工具栏”中的“保存”按钮，或者按<Ctrl+S>快捷键。

保存已命名的文档将不弹出“另存为”对话框，其保存的文件路径、文件名、文件类型与第一次保文档时的设置相同。

3. 换名保存文档

若要为一篇正在编辑的文档更改名称或保存位置，但又希望保留修改之前的原始资料，可以单击“文件”选项卡→“另存为”命令，此时也会弹出如图 3-10 所示的“另存为”对话框，根据需要选择新的存储路径或者输入新的文档名称即可。选择“保存类型”下拉列表框中的选项还可以更改文档的保存类型，选择“Word 97-2003 文档”选项可将文档保存为 Word 的早期版本类型，选择“Word 模板”选项可将该文档保存为模板类型。

4. 设置文档自动保存

在文档的编辑过程中，建议设置定时自动保存功能，以防不可预期的情况发生使文件内容丢失。操作步骤如下。

执行“文件”→“选项”，打开“Word 选项”对话框（见图 3-11），在“保存”选项卡中可设置“保存自动恢复信息时间间隔”，然后单击“确定”按钮。

图 3-11 “Word 选项”对话框

5. 保护文档

有时需要为文档设置必要的保护措施，以防止重要的文档被轻易打开。可以给文档设置“打开文件时的密码”“修改文件时的密码”，具体操作步骤如下。

单击“文件”→“另存为”，弹出“另存为”对话框，在“工具”下拉列表框中选择“常规选项”命令，弹出“常规选项”对话框，从中设置密码，如图 3-12 所示。

分别在对话框中的“打开文件时的密码”和“修改文件时的密码”文本框中输入密码，单击“确定”按钮，弹出“确认密码”对话框，再次输入打开及修改文件时的密码后单击“确定”按钮，最后返回单击“另存为”对话框，

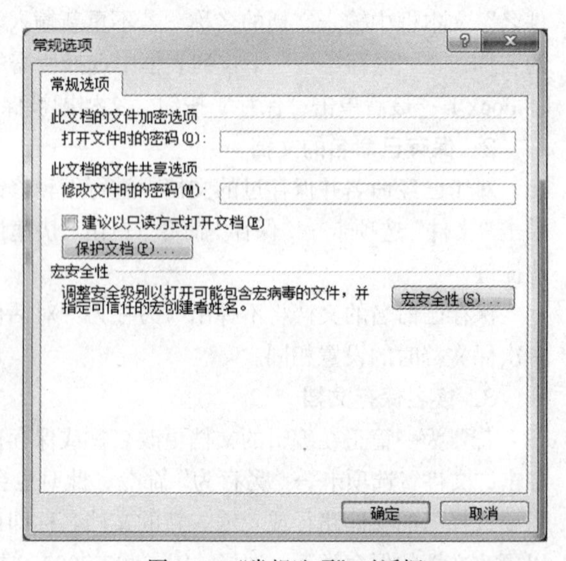

图 3-12 “常规选项”对话框

单击“保存”按钮即可。

设置完成后，再打开文件时，会弹出如图 3-13 所示的打开文件“密码”对话框，输入正确的密码后，弹出如图 3-14 所示的修改文件“密码”对话框，只有输入正确的修改文件密码，才可以修改打开的文件，否则只能以只读方式打开。

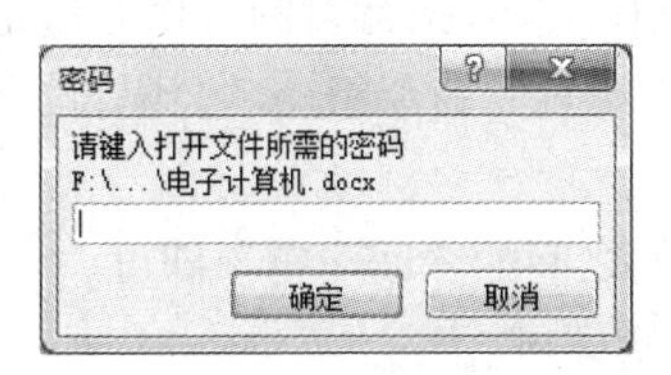

图 3-13　打开文件“密码”对话框

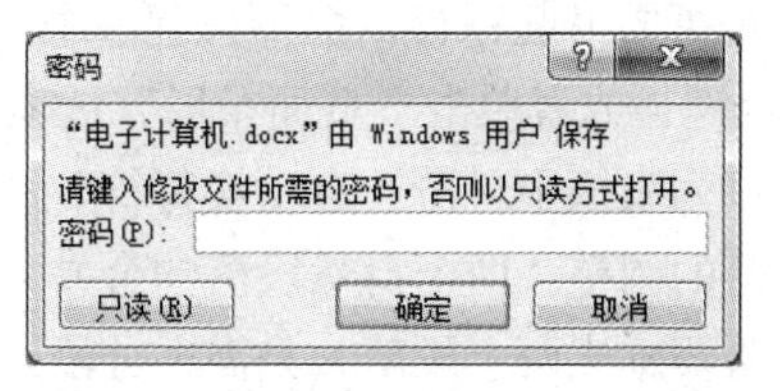

图 3-14　修改文件“密码”对话框

对文件设置打开及修改密码，不能阻止文件被删除。

3.3　文档的录入与编辑

在创建或者打开文档之后，需要录入或编辑文本，Word 中的文本包括中英文字符、数字、符号等。对文档的编辑包括选定、插入、删除、移动、复制、查找、替换、撤销或重复等操作。

3.3.1　输入文本

新建一个空白文档后，可以直接在文本编辑区中输入文本，输入的内容显示在光标插入点处。插入点是指文档编辑区中的一个闪烁的黑色竖条“|”，它表明输入字符将出现的位置。输入文本时，插入点自动后移。

Word 有自动换行的功能，当输入到每行的末尾时，不必按<Enter>键，Word 会自动换行，需要新设一个段落时，才按<Enter>键。按<Enter>键标识一个段落的结束，新段落的开始。

Word 支持“即点即输”功能，即可以在文档任意位置快速定位插入点和设置对齐格式，输入文字，插入表格、图片和图形等内容。“即点即输”功能的设置方法是：单击“文件”选项卡→“选项”按钮，在打开的“Word 选项”对话框中选中“高级”命令，在“编辑选项”区域中选中“启用即点即输”。

1. 普通文本的输入

Word 文档中最基本的输入内容是中英文字符、数字和一些符号。在文档中输入文本时，应注意如下方面的问题。

（1）选择合适的输入法。

<Ctrl + Space>快捷键：中/英文输入法切换。

<Ctrl + Shift>快捷键：各种输入法之间的切换。

<Shift + Space>快捷键：全/半角之间的切换。

（2）输入空格、回车符和换行符。

空格在文档中占的宽度不但与字体和字号大小有关，也与“半角”或“全角”输入方式有关。“半角”方式下空格占一个字符位置，“全角”方式下空格占两个字符位置。

回车符是在每个自然段结束时按下<Enter>键显示的符号“↵”，称为段落标记，它能使文本强制换行并且开始新的一段。执行“文件”→“选项”命令，打开“Word 选项”对话框，单击其中的“显示”选项，然后在该对话框右侧选中（或取消）“段落标记”复选框操作，即可在文档中显示（或隐藏）回车符。

换行符是指要另起一行，但不另起一个段落时的操作。输入换行符的常用方法是：按<Shift + Enter>组合键，或者单击“页面布局”选项卡→“页面设置”命令组→“分隔符”命令按钮，在弹出的下拉列表框中单击“自动换行符”命令。

（3）段落的调整。两个自然段落的合并只需删除它们之间的“回车符”即可。

一个段落要分成两个段落，只需在分段处按<Enter>键即可。

段落格式具有“继承性”，结束一个段落按<Enter>键后，下一段落会自动继承上一个段落的格式（标题样式除外）。因此，如果文档各个段的格式修饰风格不同时，最好在整个文档输入完后再设置格式。

（4）文档中红色与绿色波浪线的含义。

当 Word 处在检查“拼写和语法”状态时，用红色波浪线表示可能的拼写错误，用绿色波浪线表示可能的语法错误。

启动或关闭检查“拼写和语法”的操作为：单击“审阅”选项卡→“语言”命令组→“语言”命令按钮，在打开的菜单中执行“设置校对语言”命令，在随之打开的“语言”对话框中，选中或取消选中“不检查拼写或语法”复选框，即可关闭或启动“拼写和语法”检查。

隐藏或显示检查“拼写和语法”时出现的波浪线的操作是：执行“文件”选项卡中的“选项”命令，在打开的“Word 选项”对话框中单击“校对”选项，然后选中或取消选中“只隐藏此文档中的拼写错误”和“只隐藏此文档中的语法错误”这两个复选框。

此外，文档中还有一些其他颜色的下画线，如有蓝色下画线的文本表示超级链接，有紫色下下画线的文本表示使用过的超级链接等。

2. 输入特殊字符

在输入过程中常会遇到一些特殊的符号，使用键盘无法录入，这时可以单击“插入”选项卡→“符号”命令组→“符号”命令按钮，在弹出的下拉列表框中选择相应的符号，如图 3-15 所示。如果要输入的符号不在“符号”下拉列表框中显示，则可以单击下拉列表框中的“其他符号”选项，在打开的“符号”对话框中选择需要的符号，如图 3-16，最后单击“插入”按钮即可。

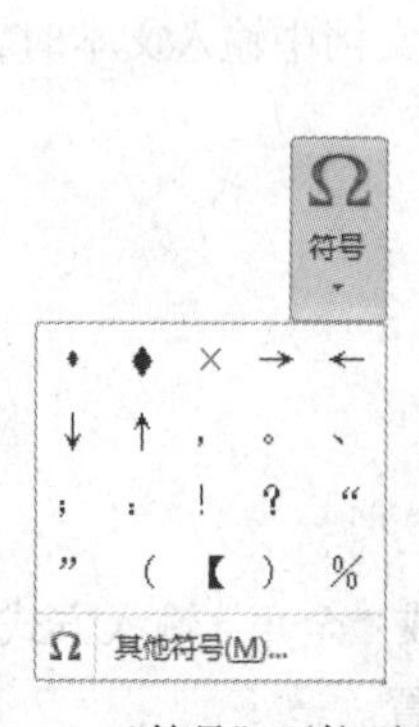

图 3-15 “符号”下拉列表框

图 3-16 “符号”对话框

3. 日期和时间的输入

在 Word 2010 中，可以直接插入系统的当前日期和时间，操作步骤如下。

（1）将插入点定位到要插入日期或时间的位置。

（2）单击“插入”选项卡→“文本”命令组→“日期和时间”命令，弹出“日期和时间”对话框，如图 3-17 所示。

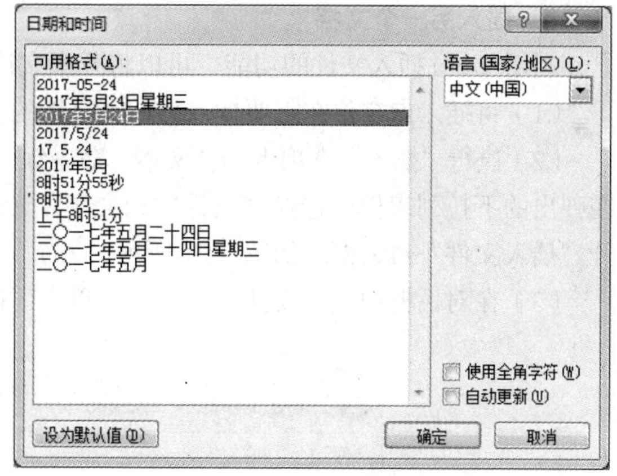

图 3-17　“日期和时间”对话框

（3）在对话框中选择语言后，在“可用格式”列表中选择需要的格式，如果要使插入的时间能随系统时间自动更新，选中对话框中的“自动更新”复选框，单击“确定”按钮即可。

4. 插入脚注和尾注

脚注和尾注是对文档中的引用、说明或备注等附加的注解。

在编写文章时，常常需要对一些从别人的文章中引用的内容、名词或事件附加注解，这称为脚注或尾注。Word 提供了插入脚注和尾注的功能，可以在指定的文字处插入注释。脚注和尾注都是注释，脚注一般位于页面底端或文字下方。尾注一般位于文档结尾或节的结尾。

（1）插入脚注或尾注。

① 将插入点定位在需要添加脚注或尾注的文字之后。

② 执行“引用”选项卡→“脚注”命令组→“脚注和尾注”命令，或者单击“引用”选项卡→“脚注”命令组右下角的“对话框启动器”按钮，打开“脚注和尾注”对话框，如图 3-18 所示。

③ 在对话框中选定“脚注”或“尾注”单选按钮，设定注释的编号格式、自定义标记、起始编号和编号方式等。

④ 单击“确定”按钮。这时插入点自动移动到注释窗格处，在注释窗格输入相关脚注和尾注的内容即可，如图 3-19 所示。

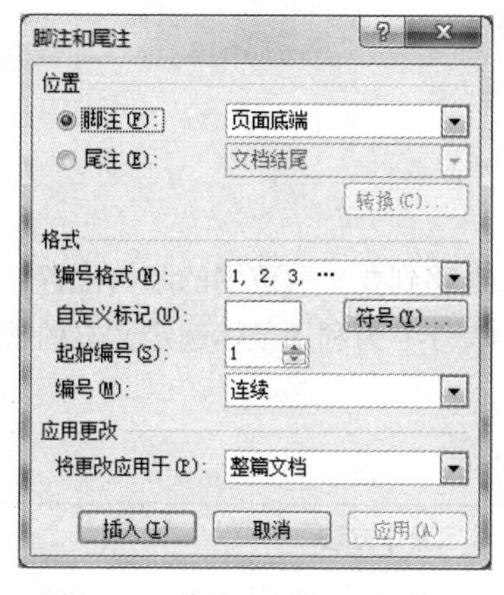

图 3-18　“脚注和尾注”对话框

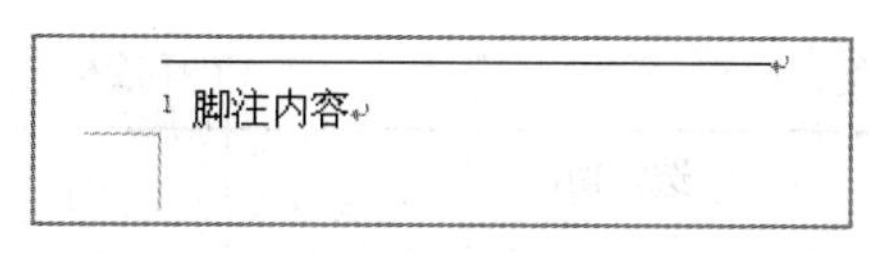

图 3-19　注释窗格输入脚注和尾注的内容

（2）编辑脚注或尾注。双击某个脚注或尾注的引用标记，打开脚注或尾注窗格，然后在窗格中编辑脚注或尾注。

（3）删除脚注或尾注。双击某个脚注或尾注的引用标记，打开脚注或尾注窗格，在窗格中选定脚注或尾注号，然后按（Delete）键。也可在正文处选中引用标记，然后按（Delete）键。

提示 在某些命令组的右下角有一个小箭头按钮，该按钮称为“对话框启动器”。单击该按钮，将会看到与该命令组相关的更多选项，这些选项通常以 Word 早期版本中的对话框形式出现。

5. 插入另一个文档

利用 Word 插入文件的功能，可以将几个文档链接成一个文档，具体步骤如下。

（1）将插入点定位在需要插入另一个文档的位置。

（2）执行“插入”选项卡→“文本”命令组→“对象”命令按钮，在弹出的下拉列表框中选择“文件中的文字”命令（见图 3-20），打开“插入文件”对话框，如图 3-21 所示。

图 3-20 “对象”下拉列表框

（3）在对话框中选定要插入的文档，单击“插入”按钮即可。

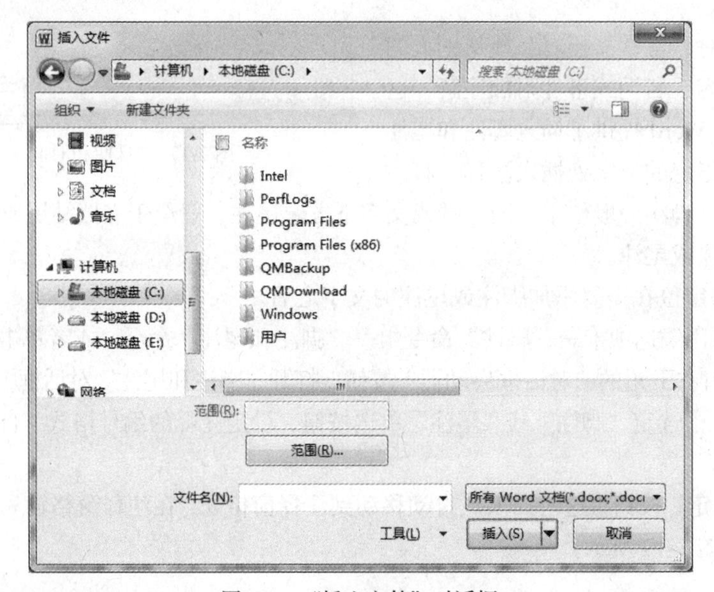

图 3-21 “插入文件”对话框

3.3.2 选定文本

1. 利用鼠标选定文本

使用鼠标选定文本是最常用的方法。一般是将光标插入点移到要选取范围的起始位置，按住鼠标左键（向前或向后）不放并拖动到要选取的范围为止。表 3-1 为利用鼠标选定文本的常用操作方法。

表 3-1 利用鼠标选定文本的常用操作方法

选定功能	鼠标操作方法
选定一个词	双击该词的任意位置
选定一个句子（中文内容以句点作为结束）	按住<Ctrl>键的同时，单击句子中的任意位置
选定一行	将鼠标指针移到该行最左边，当指针变为↗时单击

续表

选定功能	鼠标操作方法
选定多行	将鼠标指针移到首行最左边，当指针变为时，按住鼠标左键拖动
选定一个段落	将鼠标指针移到段落的最左边，当指针变为时，双击鼠标左键；也可在段落中直接三击鼠标左键
选定整个文档	将鼠标指针移到文档最左边的任一位置，当指针变为时，连击鼠标左键 3 次
选定文档中的矩形区域	按住<Alt>键，按住鼠标左键拖动
选定文档中的任意连续区域	单击起始位置，按住<Shift>键并移动鼠标至终止位置后单击
选定文档中的任意不连续区域	按住<Ctrl>键，并拖动选择多个不连续的区域

2. 利用键盘选定文本

对于习惯使用键盘的用户，Word 提供了选取操作的快捷键。主要是利用<Ctrl>、<Shift>和↑、↓、←、→4 个方向键来操作。一般是将光标移到欲选取的起始位置，按下<Shift>键不放，再用↑、↓、←、→或其他键来实现选定操作。表 3-2 为选定文本的快捷键。

表 3-2　　利用键盘选定文本的快捷键

键盘快捷键	选定功能
Shift + ←	选定当前光标左侧的一个字符
Shift + →	选定当前光标右侧的一个字符
Shift + ↑	选定到上一行同一位置之间的所有字符
Shift + ↓	选定到下一行同一位置之间的所有字符
Shift + Ctrl + ←	选定当前光标左侧的一个词组
Shift + Ctrl + →	选定当前光标右侧的一个词组
Shift + Home	选定一行（从插入点到所在行的行首）
Shift + End	选定一行（从插入点到所在行的行尾）
Shift + Page Up	选定上一屏
Shift + Page Down	选定下一屏
Ctrl + Shift + Home	选定从当前光标到文档首
Ctrl + Shift + End	选定从当前光标到文档尾
Ctrl + A	选定整个文档

3. 利用功能区命令按钮选定文本

执行“开始”选项卡→“编辑”命令组→“选择”命令，在弹出的下拉列表框中选择相应操作，如图 3-22 所示。

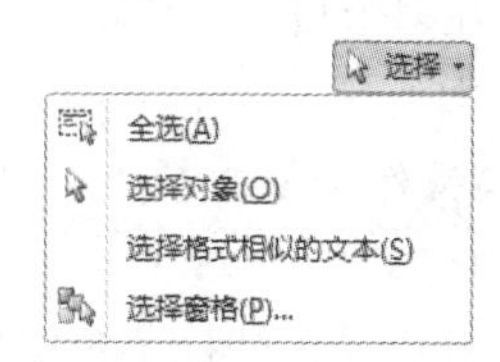

图 3-22　“选择”下拉列表框

提示

在选定文本之后，如果要取消这次操作，在文档的任意位置单击即可。

3.3.3 插入与删除文本

1. 插入文本

“插入”方式下，只要将插入点移到需要插入文本的位置，输入新文本即可。插入时，插入点右边的字符或文字随着新的字符或文字的输入逐一向右移动。若在“改写”方式下，则插入点右边的字符或文字将被新输入的字符或文字替代。按<Insert>键可以在“插入/改写”方式之间切换，系统默认的输入方式是“插入”方式。

2. 删除文本

如果要删除单个的字符或汉字，则可以将插入点置于字符或文字的右边，按<BackSpace>键，或者将插入点置于字符或文字的左边，按<Delete>键。

如果要删除几行或一大块文本，则需要先选定要删除的该块文本，然后按<Delete>键，或单击“开始”选项卡→“剪贴板”命令组→“剪切”命令按钮。

如果插入或删除之后想恢复删除的文本，那么只要单击“快速访问工具栏”的“撤销”按钮即可。

3.3.4 移动或复制文本

1. 拖动鼠标来移动或复制文本

在同一个文档中移动或复制文本时，可使用鼠标拖动的方法。由于使用拖动方法复制或移动文本时不经过“剪贴板”，因此，这种方法要比通过剪贴板交换数据简单一些。其具体操作步骤如下。

（1）选定需要移动或复制的文本内容。

（2）按住鼠标左键拖动文本（如果把选中的内容拖到窗口的顶部或底部，Word 将自动向上或向下滚动文档），将其拖动到目标位置上后释放鼠标，即可将文本移动到新的位置。

（3）如果需要复制文本，在按住<Ctrl>键的同时，拖动鼠标到目标位置后，松开鼠标及<Ctrl>键，即可复制所选的文本。

2. 用快捷键实现移动或复制文本

用快捷键移动或复制文本的具体操作步骤如下。

（1）选定需要移动或复制的文本内容。

（2）按<Ctrl + X>快捷键（或者按<Ctrl + C>快捷键），剪切（或复制）文本。

（3）将插入点定位到目标位置。目标位置可以是在当前文档中，也可以在其他文档中。

（4）按<Ctrl + V>快捷键，即可将所选定的文本移动（或复制）到目标位置。

同样重复步骤（4）的操作，可以在多个目标位置粘贴同样的文本。

3. 用快捷菜单实现移动或复制文本

用快捷菜单移动或复制文本的具体操作步骤如下。

（1）选定需要移动或复制的文本内容。

（2）在所选文本上单击鼠标右键，在弹出的快捷菜单中选择“剪切”命令（或“复制”命令）。

（3）将插入点定位到目标位置。目标位置可以是在当前文档中，也可以在其他文档中。

（4）在快捷菜单中选择"粘贴"命令，即可将所选定的文本移动（或复制）到目标位置。

同样重复步骤（4）的操作，可以在多个目标位置粘贴同样的文本。

4. 用剪贴板命令组按钮实现移动或复制文本

用剪贴板命令组按钮移动或复制文本的具体操作步骤如下。

（1）选定需要移动或复制的文本内容。

（2）选择"开始"选项卡→"剪贴板"命令组→"剪切"命令按钮（或"复制"命令按钮），如图 3-23 所示。

图 3-23 "开始"选项卡→"剪贴板"命令组

（3）将插入点定位到目标位置。目标位置可以是在当前文档中，也可以是在其他文档中。

（4）单击"剪贴板"命令组→"粘贴"命令按钮，即可将所选定的文本移动（或复制）到目标位置。

重复步骤（4）的操作，可以在多个目标位置粘贴同样的文本。

3.3.5 查找与替换文本

当需要浏览、修改文档中的某些文本或内容时，可采用系统提供的查找和替换功能。查找与替换功能的主要对象有文字、词或句子、特殊字符等。

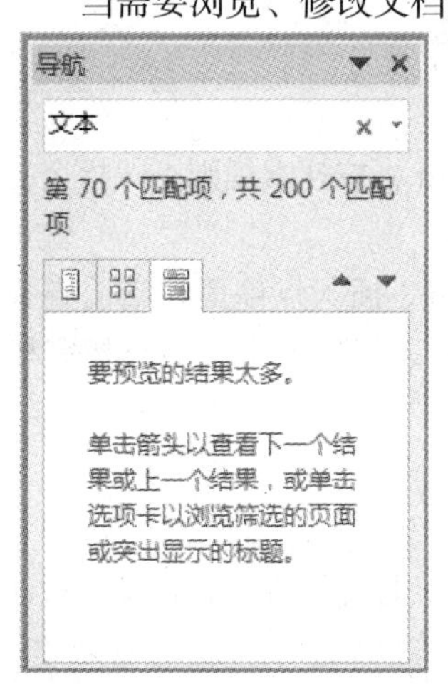

图 3-24 "导航"输入框

1. 用"导航"输入框查找

用"导航"输入框查找文本，操作步骤如下。

（1）单击"开始"选项卡→"编辑"命令组→"查找"命令按钮，在下拉列表框中选择"查找"命令，文档窗口左侧出现"导航"输入框，如图 3-24 所示。

（2）在"导航"栏中，输入需要查找的内容（如"文本"），文档中的对应字符自动被突出标注，并显示文档中的所有匹配项。

2. 用"查找和替换"对话框查找

用"查找和替换"对话框查找文本，操作步骤如下。

（1）单击"开始"选项卡→"编辑"命令组→"替换"命令按钮，在打开的"查找和替换"对话框中选择"查找"标签；或者单击"开始"选项卡→"编辑"命令组→"查找"右侧下拉按钮，在弹出的下拉列表框中选择"高级查找"命令，打开"查找和替换"对话框的"查找"标签，如图 3-25 所示。

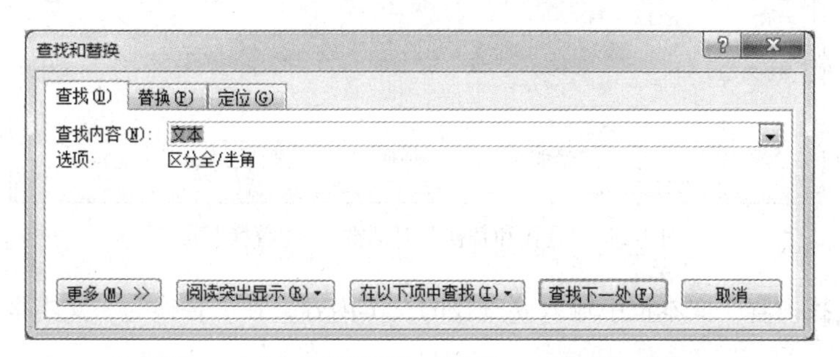

图 3-25 "查找和替换"对话框 —"查找"标签

（2）可直接在"查找内容"编辑框中输入文字或通配符来查找。

（3）单击“更多”按钮，会显示出更多搜索选项。此时“不限定格式”按钮呈暗灰色禁用状态，而“格式”和“特殊格式”按钮可用，如图 3-26 所示。

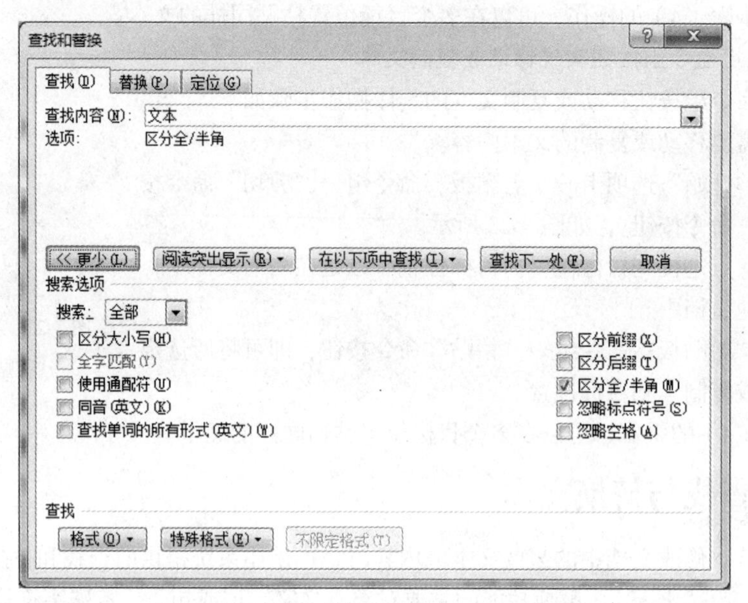

图 3-26 “查找和替换”对话框 — 高级查找

（4）设定搜索内容和搜索规则后，单击“查找下一处”按钮。Word 将按搜索规则查找指定的文本，并用蓝色底纹显示找到的一个符合查找条件的内容。

（5）如果此时单击“取消”按钮，则关闭“查找和替换”对话框，插入点停留在当前查找到的文本处。如果还需继续查找，可重复单击“查找下一处”按钮，直到整个文档查找完毕为止。

3. 替换文本

用“查找和替换”对话框替换文本，操作步骤如下。

（1）单击“开始”选项卡→“编辑”命令组→“替换”命令按钮，打开“查找和替换”对话框的“替换”标签，如图 3-27 所示。

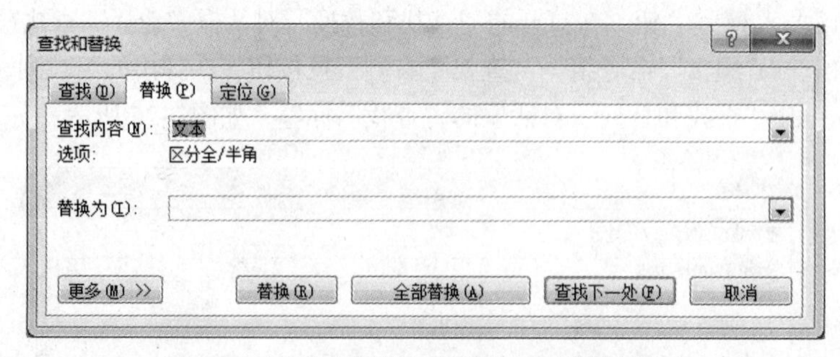

图 3-27 “查找和替换”对话框 —“替换”标签

（2）在“查找内容”文本框中输入要查找的文本内容，在“替换为”文本框中输入要替换的文本内容。

（3）单击“更多”按钮，会显示出更多搜索选项，如图 3-28 所示。在“搜索选项”下指定搜索范围。

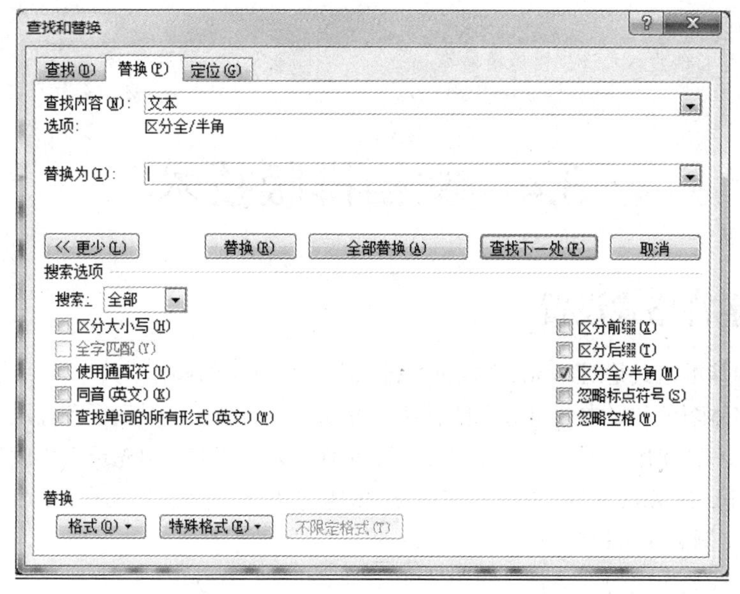

图 3-28　“查找和替换”对话框 —高级查找

（4）单击“替换”或“全部替换”按钮后，Word 按照搜索规则开始查找和替换。如果单击“全部替换”按钮，则 Word 自行查找并替换符合查找条件的所有内容，直到完成全部替换操作。如果单击“替换”按钮，则用蓝色底纹逐个显示符合查找条件的内容，并在替换时让用户确认，用户可以有选择地替换，对于不需要替换的文本，可以单击“查找下一处”按钮，跳过此处。

（5）替换完毕后，Word 会出现一个替换结束信息提示框，表明已经完成文档的替换，单击“确定”按钮，关闭提示框，如图 3-29 所示。

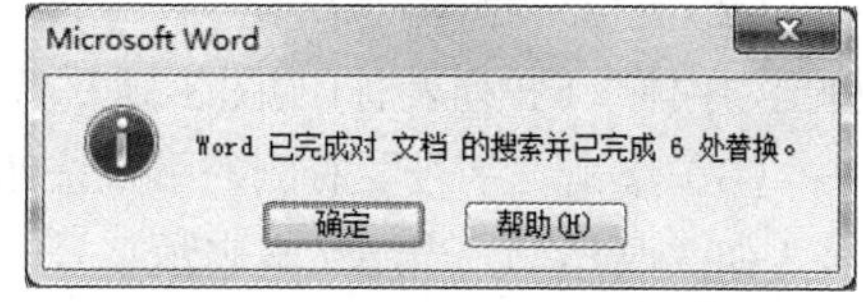

图 3-29　替换结束信息提示框

3.3.6　撤销和重复

1. 撤销操作

撤销是取消上一步在文档中所做的修改。撤销有以下几种方法。

（1）单击“快速访问工具栏”→“撤销”按钮，可撤销上一步操作，继续单击该按钮，可撤销多步操作。

（2）单击“撤销”按钮右侧下拉按钮，在打开的列表框中可选择撤销到某一指定的操作。

（3）按<Ctrl+Z>（或<Alt+BackSpace>）组合键，可撤销上一步操作，继续按该组合键，可撤销多步操作。

2. 恢复操作

恢复操作和撤销操作是相对应的，恢复操作是把撤销操作再重复回来，操作方法有以下几种。

（1）单击“快速访问工具栏”→“恢复”按钮，可恢复被撤销的上一步操作，继续单击该按钮，可恢复被撤销的多步操作。

（2）按<Ctrl+Y>组合键，可恢复被撤销的上一步操作，继续按该组合键，可恢复被撤销的多步操作。

保存文档后，无法执行撤销操作。

3.4 文档排版技术

3.4.1 字符格式设置

设置文本的基本格式是对 Word 文档进行排版美化最基本的操作，其中包括设置文本的字体、字号、字形、字体颜色和文本效果等字体属性。可以通过功能区、对话框和浮动工具栏 3 种方式设置文本格式。不管使用哪种方式，都需要在设置前先选定文本，即先选中再设置。

在默认情况下，在 Word 中输入的字符格式为“宋体”“五号”“黑色”，可以根据实际需要重新设置。

1. 字体、字形和字号设置

设置字符格式最快捷的方法就是使用功能区中“开始”选项卡→“字体”命令组中的相关命令。“字体”命令组功能区如图 3-30 所示。

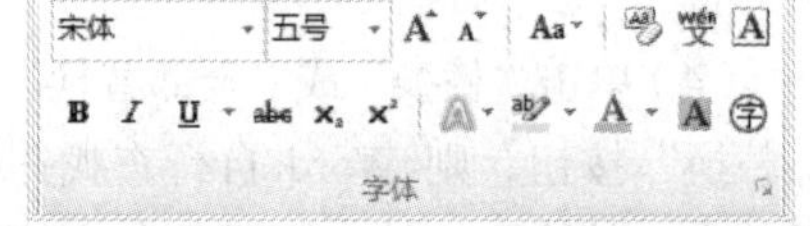

图 3-30 “开始”选项卡→“字体”命令组

使用功能区命令按钮快速设置字体、字形和字号，操作步骤如下。

（1）选中要设置字体格式的文本内容。

（2）单击“字体”命令组→“字体”右侧的下拉按钮，弹出“字体”下拉列表框（见图 3-31），选择一种字体（如“楷体”），被选中的文本就会以新的字体显示。

（3）单击“字号”右侧的下拉按钮，弹出“字号”下拉列表框（见图 3-32），设置文本的字号（如“四号”）。当用文本表示字号时，“初号”字最大，“八号”字最小。用数值表示字号时，数值越大，字号越大。也可以通过“增大字号”A和“减小字号”按钮A来改变所选字符的字号。

图 3-31 “字体”下拉列表框

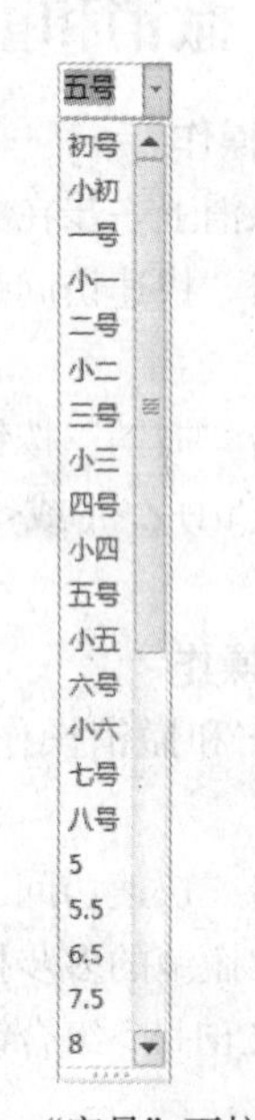

图 3-32 “字号”下拉列表框

（4）Word 中的字形格式设置包括加粗、倾斜、加粗和倾斜 3 种情况，同样可通过与上述相同的方法进行设置。即单击“加粗”“倾斜”按钮，可以将选定的字符设置成粗体、斜体。“加粗”和“倾斜”允许联合使用，当“加粗”和“倾斜”按钮同时按下时，显示的是“加粗和倾斜”格式。

当将鼠标指针在下拉列表框的“字体”或“字号”选项上移动时，所选字符的显示形式也会随之发生改变，这是 Word 2010 提供的在实施格式修改之前预览显示效果的功能。

使用“字体”对话框设置字体、字形和字号，具体操作步骤如下。

（1）选中要设置字体格式的文本内容。

（2）单击“开始”选项卡→“字体”命令组右下角的“对话框启动器”按钮，打开“字体”对话框的“字体”标签，如图 3-33 所示。

（3）在“中文字体”下拉列表框中选择所需的中文字体。

（4）在“西文字体”下拉列表框中选择所需的英文字体。

（5）在“字形”或“字号”列表框中选定所需的字形和字号。其中“字形”包括“常规”“倾斜”“加粗”“加粗 倾斜”等选项。

（6）单击“确定”按钮即可。

2. 字符间距设置

使用“字体”对话框设置字符间距，具体操作步骤如下。

（1）选中要设置字符间距的文本内容。

（2）单击“开始”选项卡→“字体”命令组右下角的“对话框启动器”按钮，在打开的“字体”对话框中选择“高级”标签，如图 3-34 所示。

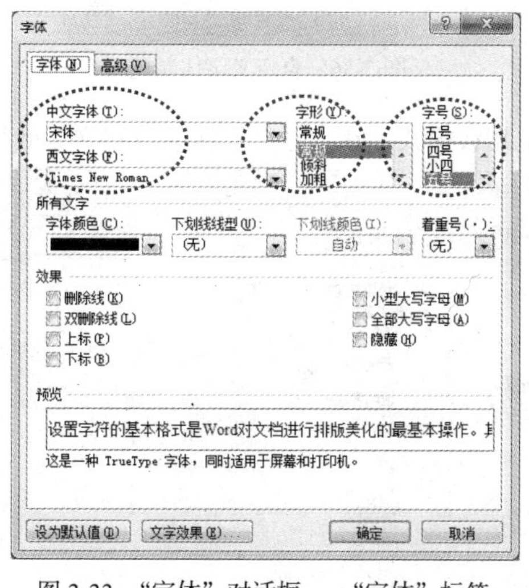

图 3-33　“字体”对话框 —“字体”标签

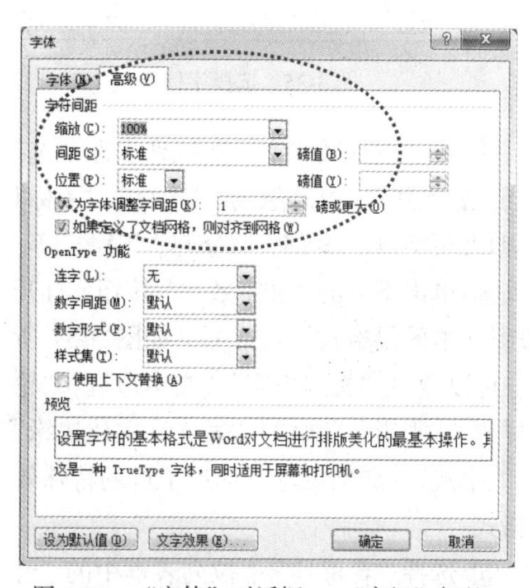

图 3-34　“字体”对话框 —“高级”标签

（3）“缩放”下拉列表框提供了多种缩放比例，对文字进行横向缩放。

（4）在“间距”下拉列表框中，设置字符间距，默认是标准模式，选择加宽或者紧缩字符间距，并设定加宽或紧缩的磅值。

（5）在“位置”下拉列表框中有“标准”“提升”和“降低”3 种字符位置选项，根据需要设置或者在“磅值”微调框中输入“提升”或“降低”的位置值，控制文本相对于基准线的位置。

（6）选中“为字体调整字间距”复选框，将会因为字体变化而自动调整字间距。

（7）选中“如果定义了文档网格，则对齐到网格”复选框时，Word 将自动调整每行字符数与“页面设置”中设置的字符数一致。

（8）单击“确定”按钮即可。

3. 颜色、下划线与文字效果设置

（1）使用“字体”对话框设置颜色、下划线与文字效果等，具体操作步骤如下。

① 选中要设置的文本内容。

② 单击“字体颜色”右侧的下拉按钮，弹出颜色调色板（见图 3-35），选择一种字体颜色。也可单击“其他颜色”选项，弹出“颜色”对话框，从中选择需要的字体颜色。进入“自定义”选项卡（见图 3-36），具体设置红、绿、蓝 3 种颜色值，合成更多的颜色。

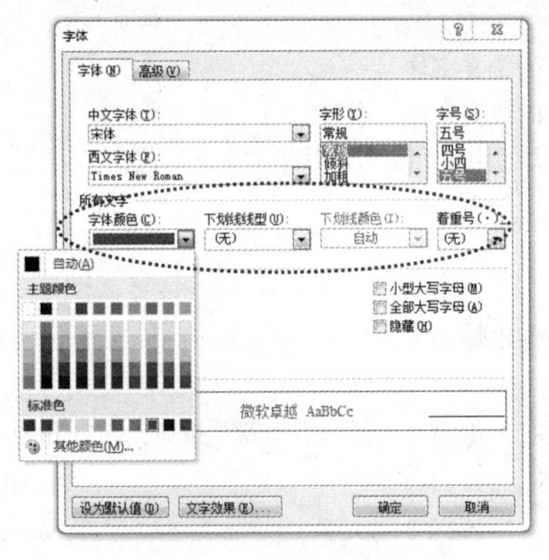

图 3-35　选择字体颜色

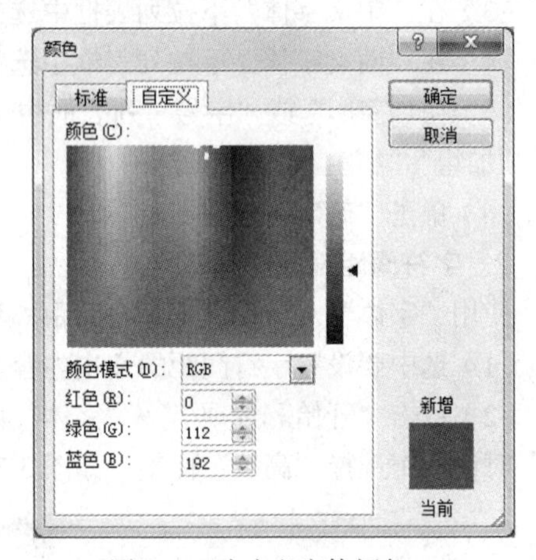

图 3-36　自定义字体颜色

③ 在“下划线线型”下拉列表框中选择需要的下划线样式。在“效果”区域设置文字效果，包括“删除线”“双删除线”“上标”“下标”“小型大写字母”“全部大写字母”“隐藏”等。

④ 单击下方的“文字效果”按钮，打开“设置文本效果格式”对话框，如图 3-37 所示。可以通过“文本填充”“文本边框”“轮廓样式”“阴影”“映像”“发光和柔化边缘”“三维格式”等选项设置所选择字符的特殊效果格式。

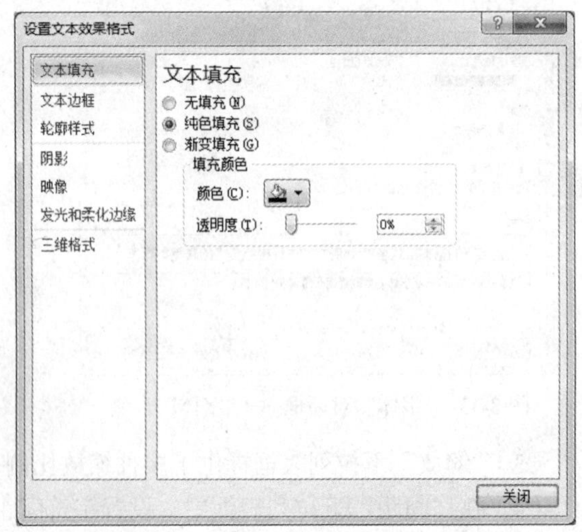

图 3-37　“设置文本效果格式”对话框

⑤ 选择“着重号”下拉列表框中的“着重号”选项可以为选定文本加着重号。

⑥ 单击“确定”按钮即可。

（2）使用功能区中的命令按钮可以快速设置颜色、下划线与文字效果等，具体操作步骤如下。

① 选中要设置的文本内容。

② 单击“字体”命令组→“突出显示”命令按钮，在弹出的下拉列表框中可以为选中的文字添加底色以突出显示（见图 3-38），这一般用在文中的某些内容需要读者特别注意时。如果要更改突出显示文字的底色，单击该按钮右侧的下拉按钮，在弹出的下拉列表框中单击所需的颜色即可。

③ 单击“字体”命令组→“文本效果”命令按钮，在弹出的下拉列表框中选择所需的效果设置选项就能将该种效果应用于所选文字，如图 3-39 所示。这是 Word 2010 中增加的为文字添加轮廓、阴影、发光等视觉效果的功能。

图 3-38 “突出显示”下拉列表框

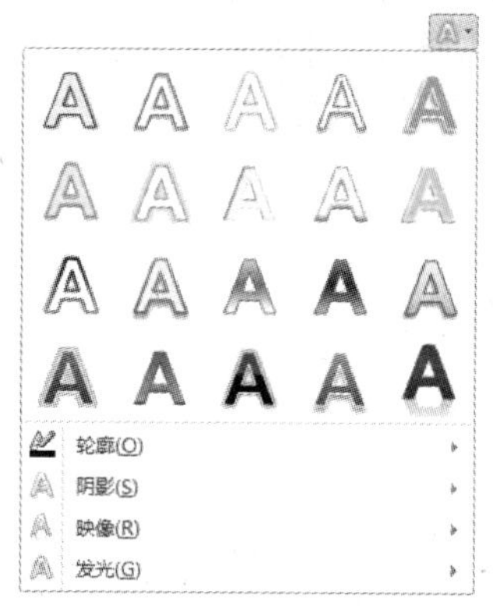

图 3-39 “文本效果”操作选项

另外，当选中字符并将鼠标指针指向其后部，在选中字符的右上角会出现如图 3-40 所示的“浮动工具栏”，利用它设置文本格式与通过功能区的命令按钮设置的方法相同，不再详述。

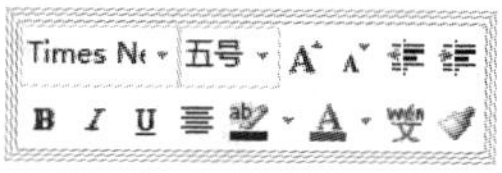

图 3-40 浮动工具栏

4. 文本格式的复制和清除

文本设置好的格式可以复制到其他文本上，使其具有同样的格式。如果对设置好的格式不满意，还可以清除。

（1）复制格式。选定已设置格式的文本，单击“开始”选项卡→“剪贴板”命令组→“格式刷”命令按钮，此时鼠标指针变为刷子形；将鼠标指针移到要复制格式的文本开始处。按下鼠标左键，拖动鼠标指针直到要复制格式的文本结束处，放开鼠标左键就完成格式的复制。

（2）格式的清除。选定需要清除格式的文本，单击“开始”选项卡→“字体”命令组→“清除格式”命令按钮，即可清除所选文本的所有样式和格式，只留下纯文本。

3.4.2 段落格式设置

在 Word 中，通常把两个回车换行符之间的部分叫作一个段落。设置段落格式包括设置段落缩进、段落对齐方式、段落行间距以及段前和段后间距等。

在默认情况下，在 Word 中的段落对齐方式为“两端对齐”，段落行间距为“单倍行距”，可以根据实际需要重新设置。

1. 段落对齐方式的设置

段落的对齐方式有以下 5 种。

（1）左对齐：段落所有行以页面左侧页边距为基准对齐。

（2）右对齐：段落所有行以页面右侧页边距为基准对齐。

（3）居中对齐：段落所有行以页面中心为基准对齐。

（4）两端对齐：除段落最后一行外，其他行均匀分布在页面左右页边距之间。

（5）分散对齐：段落所有行均匀分布在页面左右页边距之间。

设置段落对齐方式最快捷的方法是使用功能区中“开始”选项卡下的“段落”命令组中的相关命令项，如图 3-41 所示。选中要设置段落对齐方式的文本段落，单击“段落”命令组功能区中的 5 种对齐方式命令按钮进行设置。

设置段落对齐方式还可以使用“段落”对话框进行设置。选中要设置段落对齐方式的文本内容，单击“开始”选项卡→“段落”命令组右下角的“对话框启动器”按钮，打开“段落”对话框（见图 3-42），选择“对齐方式”下拉列表框中的选项，即可设置段落对齐方式。

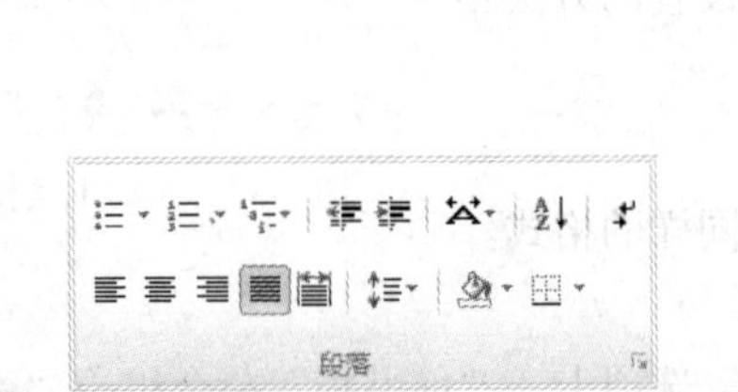

图 3-41 “开始”选项卡→“段落”命令组

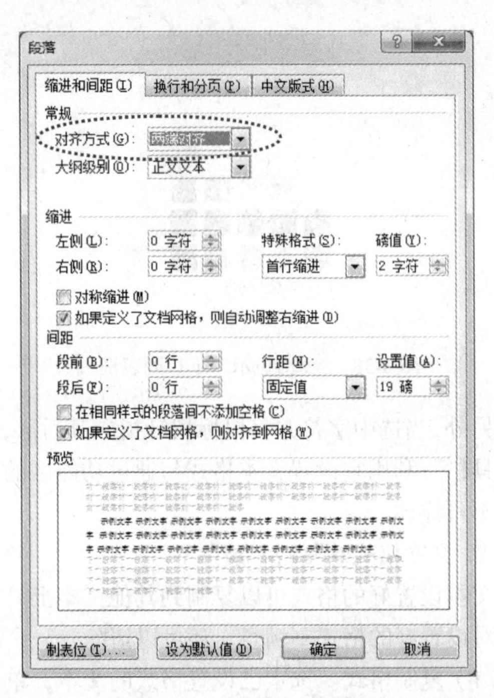

图 3-42 “段落”对话框

2. 段落缩进的设置

缩进决定了段落到左右页边距的距离，段落的缩进方式分为以下 4 种。

（1）左缩进：段落左侧到页面左侧页边界的距离。

（2）右缩进：段落右侧到页面右侧页边界的距离。

（3）首行缩进：段落第一行由左缩进位置起向内缩进的距离。

（4）悬挂缩进：除段落第一行以外的所有行由左缩进位置起向内缩进的距离。

使用功能区命令按钮快速设置段落缩进。选中要设置段落缩进的文本段落，单击“段落”命令组→“减少缩进量”命令按钮或“增加缩进量”命令按钮，单击一次，所选文本段落的所有行就减少或增加一个汉字的缩进量。

使用“段落”对话框精确设置段落缩进。可以单击“缩进”区域中的“左侧”“右侧”上下微调按钮设置左缩进和右缩进；首行缩进和悬挂缩进可以从“特殊格式”下拉列表框中选择，在“磅值”框中确定缩进的具体数值。

还可以通过水平标尺工具栏来设置段落的缩进，将光标定位到设置段落中或选中该段落，之后拖动如图 3-43 所示的缩进方式按钮即可调整对应的缩进量，但此种方式只能模糊设置缩进量。

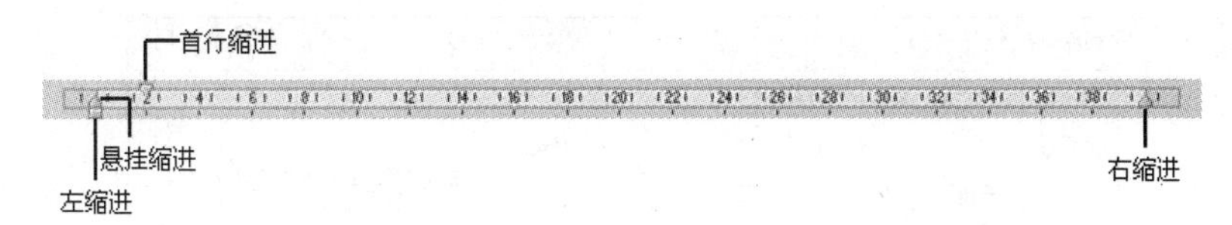

图 3-43　水平标尺

3. 段落间距与行间距的设置

行间距是指相邻两行之间的距离，段间距是相邻两个段落之间的距离。可以根据需要调整段落的行间距和段间距。

（1）行间距的设置。行距共有 6 个选项供用户选择。

① 单倍行距：将行距设置为该行最大字体的高度加上一小段额外间距，额外间距的大小取决于所用的字体。

② 1.5 倍行距：将行距设置为单倍行距的 1.5 倍。

③ 2 倍行距：将行距设置为单倍行距的 2 倍。

④ 最小值：将行距设置为适应行上最大字体或图形所需的最小行距。

⑤ 固定值：将行距设置为固定值。

⑥ 多倍行距：将行距设置为单倍行距的倍数。

通过功能区命令按钮快速设置行距。单击“段落”命令组→“行和段落间距”命令按钮，在弹出的下拉列表框中选择段落行距，如图 3-44 所示。

也可以在“段落”对话框的“间距”区域的“行距”下拉列表框中选择行距，见图 3-42。

（2）段间距的设置。可以通过图 3-44 所示的“行和段落间距”下拉列表框中的“增加段前间距”和“增加段后间距”命令进行设置。也可以在“段落”对话框中的“间距”区域的“段前”和“段后”项，设置所选段落与上一段落之间的距离以及该段落与下一段落之间的距离。

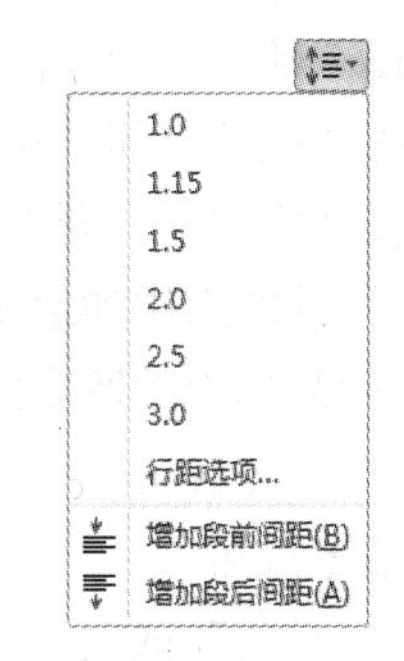

图 3-44　“行和段落间距”下拉列表框

在应用程序的工作窗口中，用鼠标右键单击（右击）任意处，都会出现一个相应的快捷菜单，此菜单中的命令会随右击对象的不同而变化，此菜单中聚集了处理对象最常用的命令。

3.4.3　边框与底纹

1. 边框的设置

使用“开始”选项卡→“字体”命令组→“字符边框”命令按钮，只能给选中的文字加上单线框，而用“边框和底纹”对话框，可以给选中的文字或段落添加多种样式的边框。

使用“边框和底纹”对话框设置边框的操作步骤如下。

（1）选中要添加边框的文本。

（2）单击“页面布局”选项卡→“页面背景”命令组→“页面边框”命令按钮；或者单击“开始”选项卡→“段落”命令组→“下框线”右侧的下拉按钮，在弹出的下拉列表框中选择“边框和底纹”选项（在该下拉列表框中可以选择需要的边框线样式）。

（3）打开“边框和底纹”对话框的“边框”标签，如图3-45所示。

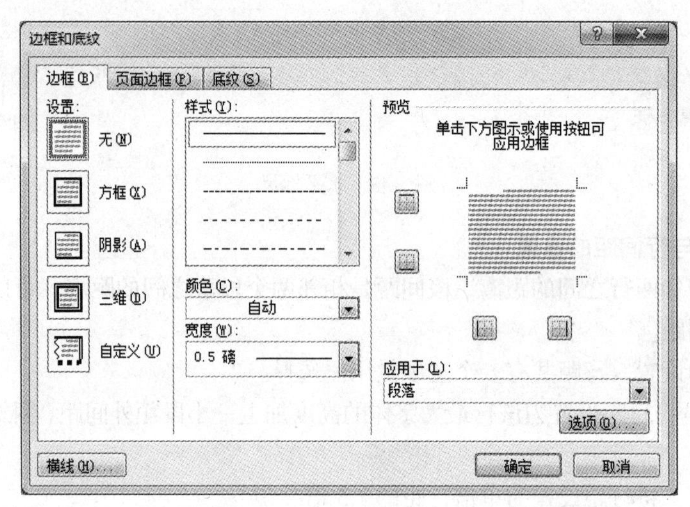

图3-45 “边框和底纹”对话框 —“边框”标签

（4）在“设置”选项区中，选中一种边框类型，在“预览”区中浏览给文字或段落添加边框后的效果。设置选项的内容如下。

- 在“样式”列表框中选择需要的边框样式。
- 在“颜色”和“宽度”列表框中设置边框的颜色和宽度。
- 在“应用于”列表框中选择添加边框的应用对象。其中，选择“文字”，则在选中的一个或多个文字的四周添加封闭的边框，如果选中的是多行文字，则给每行文字加上封闭边框；选择“段落”，则给选中的所有段落加边框。

（5）设置完成后，单击“确定”按钮即可。

2. 设置底纹

单击“开始”选项卡→“字体”命令组→“字符底纹”命令按钮，即可给选中的一个或多个文字添加默认底纹。用“边框和底纹”对话框，可以给段落或选中文字添加底纹。

使用“边框和底纹”对话框设置底纹的操作步骤如下。

（1）选中要添加底纹的文字或段落，如果仅给一个段落添加底纹，直接将插入符放在该段落中即可。

（2）单击“页面布局”选项卡→“页面背景”命令组→“页面边框”命令按钮；或者单击“开始”选项卡→“段落”命令组→“下框线”右侧的下拉按钮，在弹出的下拉列表框中选择“边框和底纹”选项。

（3）打开“边框和底纹”对话框的“底纹”标签，如图3-46所示。

（4）在“填充”选项区的“颜色”下拉列表框中选择底纹内填充点的颜色；从“样式”下拉列表框中选择底纹的样式，在“预览”区可预览设置的底纹效果。在“应用于”列表框中选择“段落”选项，可以给选中的段落添加底纹，选择“文字”则给选中的文字添加底纹。

（5）设置完成后，单击“确定”按钮即可。

3. 设置页面边框

设置页面边框可以单击“页面布局”选项卡→“页面背景”命令组→“页面边框”命令按钮；或者单击“开始”选项卡→“段落”命令组→“下框线”右侧的下拉按钮，在弹出的下拉列表框中选择“边框和底纹”选项，打开“边框和底纹”对话框的“页面边框”标签，如图 3-47 所示。设置页面边框的方法与为段落添加边框的方法基本相同。除了可以添加线型页面边框外，还可以添加艺术型页面边框。在“页面边框”选项卡的“艺术型”下拉列表框中选择喜欢的边框类型，再单击“确定”按钮即可。

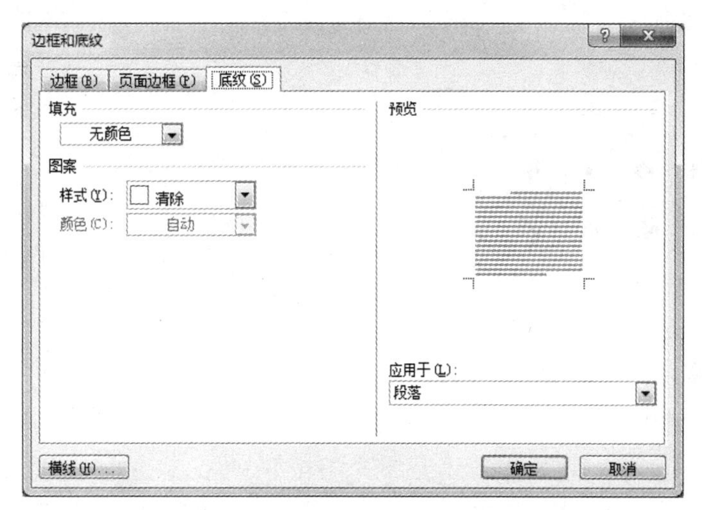

图 3-46 “边框和底纹”对话框 —“底纹”标签

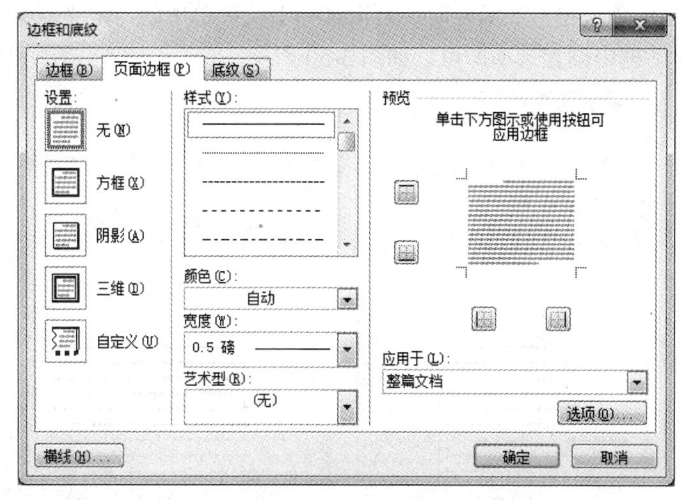

图 3-47 “边框和底纹”对话框 —“页面边框”标签

3.4.4 项目符号和编号

1. 项目符号

选中要添加项目符号的段落，单击功能区的“开始”选项卡→“段落”命令组→“项目符号”命令按钮，即可给已经存在的段落按默认的格式添加项目符号。或者单击该按钮右侧的下拉按钮，在弹出的下拉列表框中选择其他的符号样式，如图 3-48 所示。

2. 编号

选中要添加编号的段落，单击功能区的“开始”选项卡→“段落”命令组→“编号”命令按钮，即可给已经存在的段落按默认的格式添加编号。或者单击“编号”按钮右侧的下拉按钮，在弹出的下拉列表框中选择其他的编号样式，如图 3-49 所示。

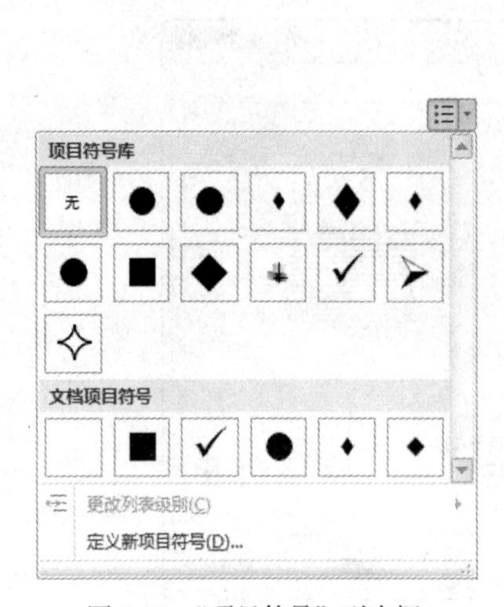

图 3-48 “项目符号”列表框

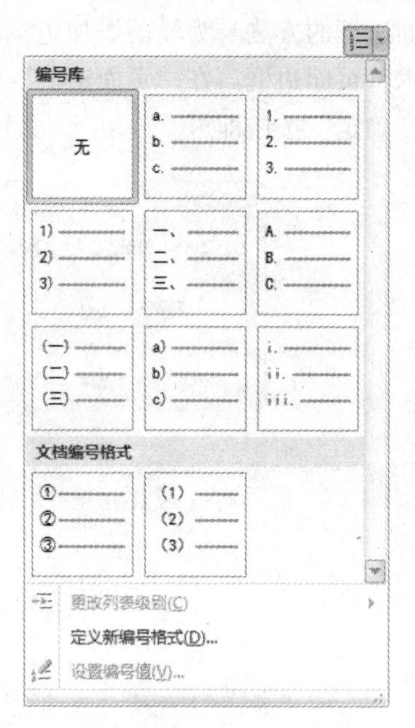

图 3-49 “编号”下拉列表框

需要定义更多新的项目符号或编号时，可以选择下拉菜单中的“定义新编号格式”或“定义新项目符号”，从对话框中设置选项即可，如图 3-50 所示。

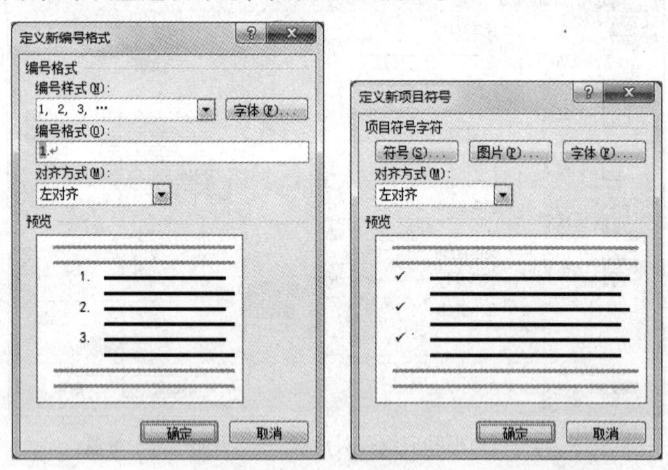

图 3-50 “定义新编号格式”和“定义新项目符号”对话框

3.4.5 分栏设置

分栏就是将选中的文本内容分成几栏排列。新创建的 Word 文档默认是一栏，可以根据需要设置栏数、宽度和间距、分隔线等分栏排版设置。

（1）使用功能区命令按钮快速设置分栏，操作步骤如下。

① 选中需要分栏排版的文字。若不选择，则系统默认对整篇文档进行分栏排版。

② 单击“页面布局”选项卡→“页面设置”命令组→“分栏”命令按钮，在弹出的下拉列表框（见图 3-51）中选择某个选项，即可将所选内容进行相应的分栏设置。

（2）使用“分栏”对话框对文档设置更多其他形式的分栏，操作步骤如下。

① 选中需要分栏排版的文字。

② 单击“页面布局”选项卡→“页面设置”命令组→“分栏”命令按钮，在弹出的下拉列表框中选择“更多分栏”选项，打开“分栏”对话框，如图 3-52 所示。

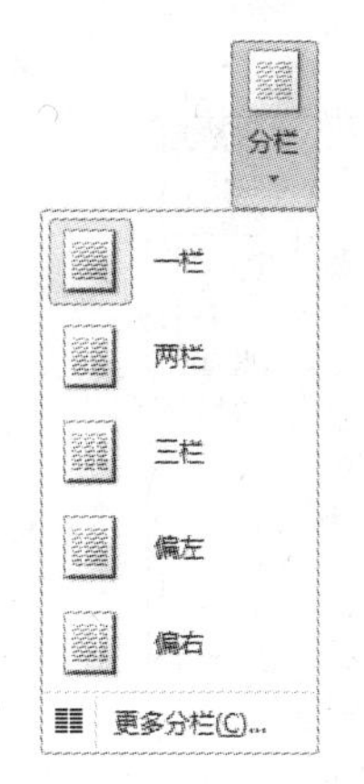

图 3-51 “分栏”下拉列表框

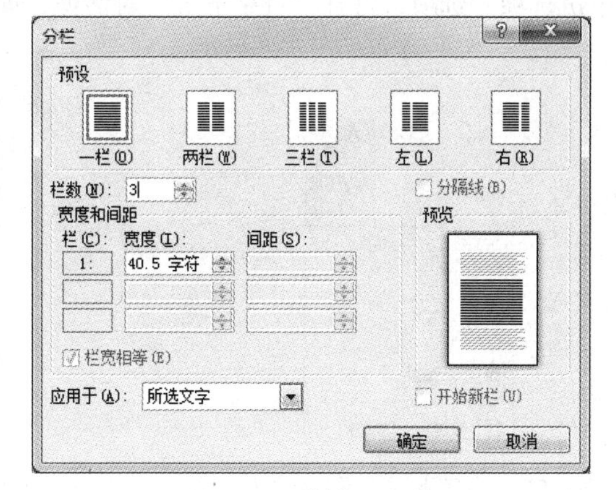

图 3-52 “分栏”对话框

③ 在“预设”选项区中，有“一栏”“两栏”“三栏”“左”和“右”5 种格式可选。在“分栏”对话框中可以设置的选项如下。

- 栏数设定：当栏数大于 3 时，可以在“栏数”微调框中输入要分割的栏数。
- 宽度和间距：可以在“宽度”和“间距”微调框中输入栏的宽度和栏间距的精确值。若想快速调整栏间距，可以通过“水平标尺”来完成。
- 栏宽相等：选中“栏宽相等”复选框，可将所有的栏设置为等宽栏。
- 设置不相等宽栏：选择“左”或“右”选项，可以将所选文本分成左窄右宽或右窄左宽的两个不相等宽栏。如果要设置三栏以上的不相等宽栏，就必须先取消“栏宽相等”复选框，然后在“宽度和间距”区域中分别设置或修改每一栏的栏宽以及栏间距。

设置分隔线：如果要在各栏之间加分隔线，使各栏之间的界线更加明显，则选中“分隔线”复选框。

Word 默认对整篇文档分栏，在“应用于”下拉列表框中选择“所选文字”或“整篇文档”，将分栏适用于选定的文字或整篇文档。

④ 设置完成后，单击“确定”按钮即可。

分栏效果只有在“页面视图”下才能显示出来。选定需要分栏的内容时，注意不要把段落尾部的回车符选中，否则有时会一栏显示。要取消分栏格式，只需选定文本，单击“分栏”下拉列表框中的“一栏”选项即可。

3.4.6 首字下沉

首字下沉就是将正文中的第一个字符放大突出显示。在 Word 中可以设置“无”“下沉”“悬挂”3 种首字下沉格式。

使用功能区命令按钮快速设置首字下沉，操作步骤如下。

① 将插入点定位到需要设置首字下沉的段落中，或选中段落开头的多个字母。

② 单击“插入”选项卡→“文本”命令组→“首字下沉”命令按钮，在下拉列表框中选择需

要的选项，如图 3-53 所示。

使用“首字下沉”对话框进行更具体的设置，操作步骤如下。

① 将插入点定位到需要设置首字下沉的段落中，或选中段落开头的多个字母。

② 单击“插入”选项卡→单击“文本”命令组→“首字下沉”命令按钮，在下拉列表框中选择“首字下沉选项”选项，打开“首字下沉”对话框，如图 3-54 所示。

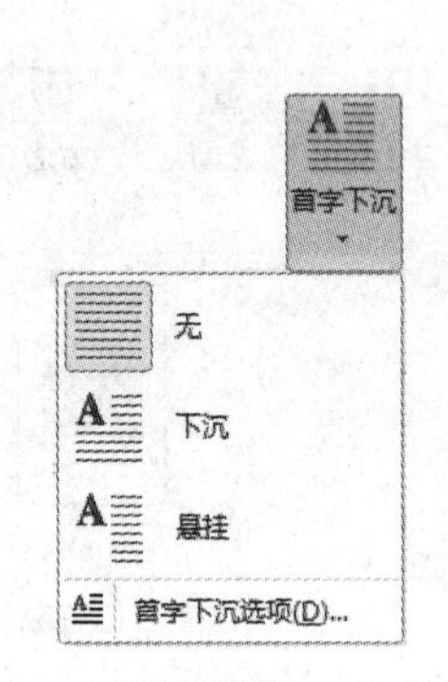

图 3-53 “首字下沉”下拉列表框

图 3-54 “首字下沉”对话框

③ 在“位置”选项区中选择下沉文字的样式；在“下沉行数”文本框中设置“首字下沉”后下沉的行数；在“距正文”文本框中设置首字与左侧正文的距离。

④ 单击“确定”按钮，即可看到首字下沉的效果。

3.4.7 样式与模板

样式与模板是 Word 中非常重要的内容，使用这两个工具可以简化格式设置的操作，提高排版的质量和速度。

1. 样式

样式是应用于文档中的文本、表格等的一组格式特征，利用其能迅速改变文档的外观。应用样式时，只需执行简单的操作就可以应用一组格式。

如果要对文档中的文本应用样式，先选中这段文本，然后单击“开始”选项卡→“样式”命令组（见图 3-55）中提供的样式即可。

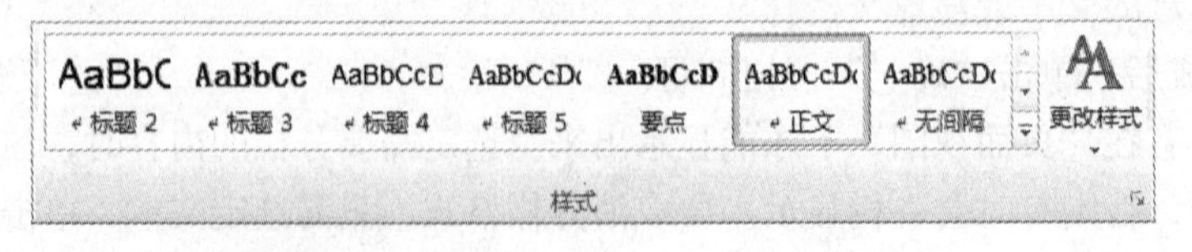

图 3-55 “开始”选项卡→“样式”命令组

如果需要更多的样式选项，可以选择功能区的“开始”选项卡→“样式”命令组右侧的“其他”按钮，出现如图 3-56 所示的下拉列表框，其中显示出了可供选择的所有样式。

如果要删除文本中已经应用的样式，可先将其选中，再选择图 3-56 中的“清除格式”选项即可。

如果要快速改变具有某种样式的所有文本的格式，可重新定义样式来完成。选择图 3-56 所示下拉列表框中的“应用样式”选项，在弹出的“应用样式”任务窗格（见图 3-57）的“样式名”

文本框中选择要修改的样式名称，如“正文”，单击“修改”按钮，弹出“修改样式”对话框，如图 3-58 所示。

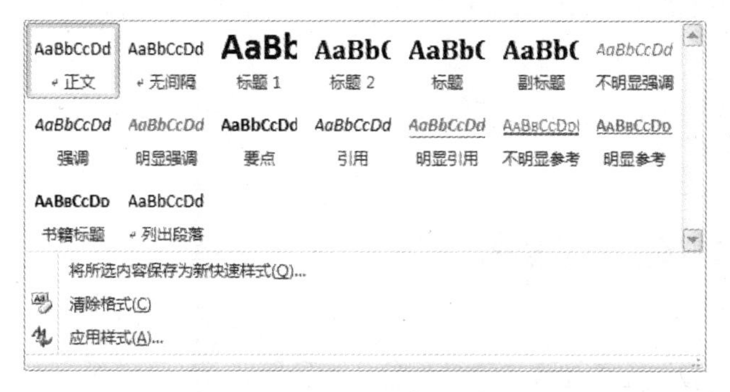

图 3-56 “样式”下拉列表框

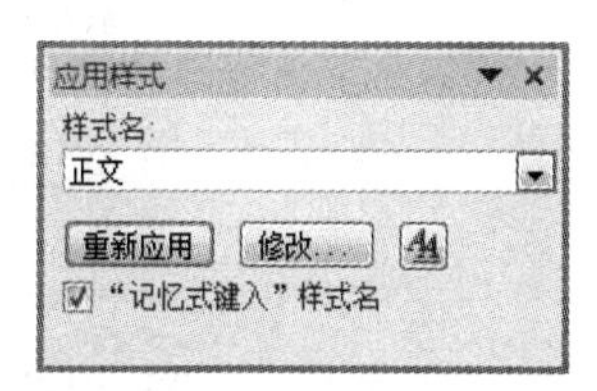

图 3-57 “应用样式”任务窗格

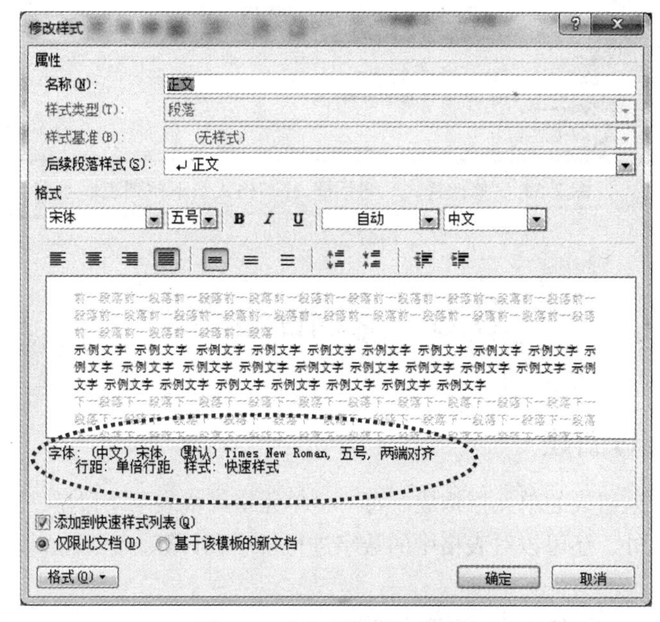

图 3-58 “修改样式”对话框

可以看到“正文”样式的字体格式为“中文宋体，西文 Times New Roman，五号”；段落格式为“两端对齐，单倍行距”。要将文档中正文的段落格式修改为“两端对齐，1.25 倍行距，首行缩进 2 字符”，则可以选择对话框中“格式”下拉列表框（见图 3-59）中的“段落”项，在弹出的“段落”对话框中设置行距为 1.25 倍，首行缩进为 2 字符，单击“确定”按钮使设置生效后，即可看到文档中所有使用“正文”样式的文本段落格式已发生改变。

2. 模板

模板就是一种预先设定好的特殊文档，其中包含了文档的基本结构和文档设置，如页面设置、字体格式、段落格式等，方便以后重复使用，省去每次都要排版和设置的麻烦。

对于某些格式相同或相近文档的排版工作，模板是不可缺少的工具。Word 2010 提供了内容涵盖广泛的模板，有博客文章、书法字帖以及信函、传真、简历和报告等，利用其可以快速创建专业而且美观的文档。另外，Office.com 网站还提供了贺卡、名片、信封、发票等特定功能模板。Word 2010 模板文件的扩展名为“.dotx”，利用模板创建新文档的方法在前面已经介绍过，在此不再赘述。

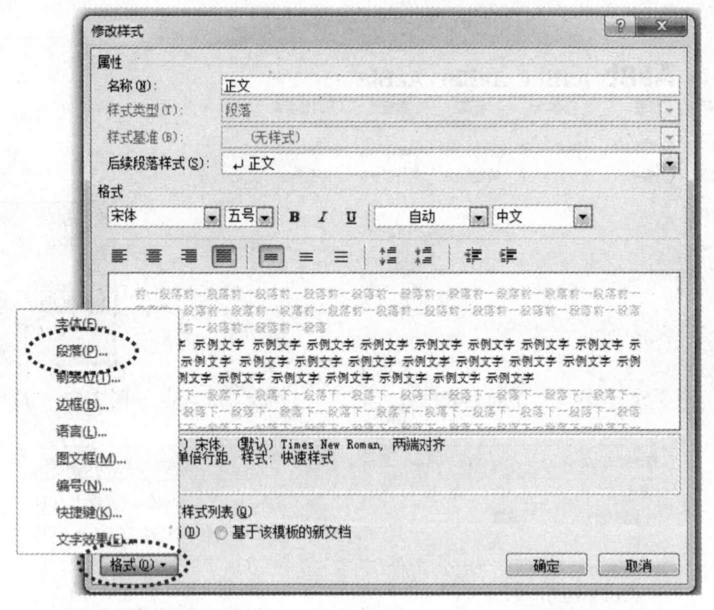

图 3-59 “修改样式”对话框 —“格式”下拉列表框

3.5 表格处理

3.5.1 表格的创建

表格由许多行和列组成的单元格构成。每一个单元格都代表一个段落，在单元格中可以随意添加文字和图形。此外，还可以对表格中的数字进行排序和计算。

1. 插入表格

在 Word 文档中，可以按以下方法插入表格。

（1）使用功能区命令快速插入表格，具体操作步骤如下。

① 将光标定位到文档中需要插入表格的位置。

② 单击“插入”选项卡→“表格”命令组→“表格”命令按钮，弹出如图 3-60 所示的下拉列表框，其中显示一个示意网格。

③ 在示意网格中拖动鼠标，顶部显示当前表格的行数和列数（如“4×5 表格”），文档中也同步出现相应行列的表格，直到显示满意行列（如“7×6 表格”）时，单击即可快速插入相应的表格。

插入表格后，自动弹出“表格工具”加载项选项卡（包括“表格工具—设计”和“表格工具—布局”），可供选择对表格进行设置。

（2）使用“插入表格”对话框创建表格，具体操作步骤如下。

① 将光标定位到要插入表格的位置。

② 单击“插入”选项卡→“表格”命令组→“表格”命令按钮，弹出“表格”下拉列表框，

见图 3-60。

③ 在下拉列表框中选择“插入表格”选项，打开“插入表格”对话框，如图 3-61 所示。

④ 在“表格尺寸”区域分别设置表格的行数和列数。在“‘自动调整’操作”区域选中“固定列宽”单选按钮，可以设置表格的固定列宽。选中“根据内容调整表格”单选按钮，单元格宽度会根据输入的内容自动调整。选中“根据窗口调整表格”单选按钮，插入的表格将充满当前页面的宽度。选中“为新表格记忆此尺寸”复选框，再次创建表格时将使用当前尺寸。

图 3-60 “表格”下拉列表框

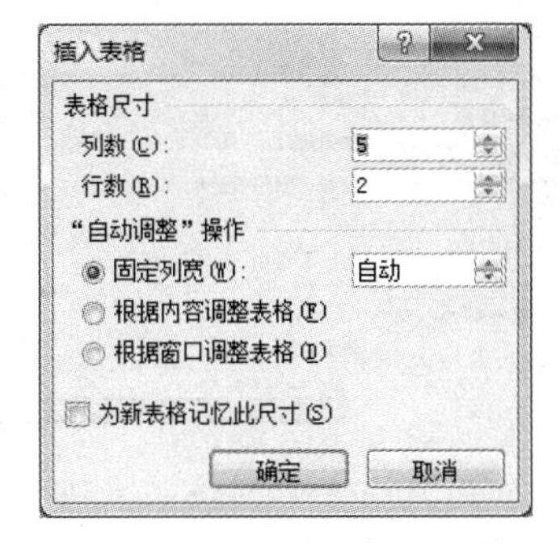

图 3-61 “插入表格”对话框

⑤ 单击“确定”按钮，即可创建一个新表格。

2. 绘制表格

不仅可以通过指定行和列插入表格，还可以通过绘制表格功能自定义插入需要的表格，具体操作步骤如下。

（1）单击“插入”选项卡→“表格”命令组→“表格”命令按钮，弹出“表格”下拉列表框。

（2）在下拉列表框中选择“绘制表格”选项，鼠标指针呈现铅笔形状。

（3）在文档中拖动鼠标左键手动绘制表格。注意：首次是绘制出表格的外围边框，之后可以绘制表格的内部框线。

完成表格的绘制后，双击、按<Esc>键，或者单击“表格工具-设计”选项卡→“绘制表格”命令按钮结束表格的绘制状态。

如果在绘制或设置表格的过程中需要删除某行或某列，可以单击“表格工具-设计”选项卡→“绘图边框”命令组→“擦除”命令按钮。鼠标指针呈现橡皮擦形状，在特定的行或列线条上拖动鼠标左键即可删除该行或该列。按<Esc>键可取消擦除状态。

3. 快速制表

使用“快速制表”级联菜单创建表格，具体操作步骤如下。

（1）将光标定位到要插入表格的位置。

（2）单击“插入”选项卡→“表格”命令组→“表格”命令按钮，弹出“表格”下拉列表框，见图 3-60 所示。

（3）在下拉列表框中选择“快速表格”选项，在其打开的级联菜单中显示系统的内置表格样式，如图 3-62 所示，从中选择需要的表格样式，即可快速创建一个表格。

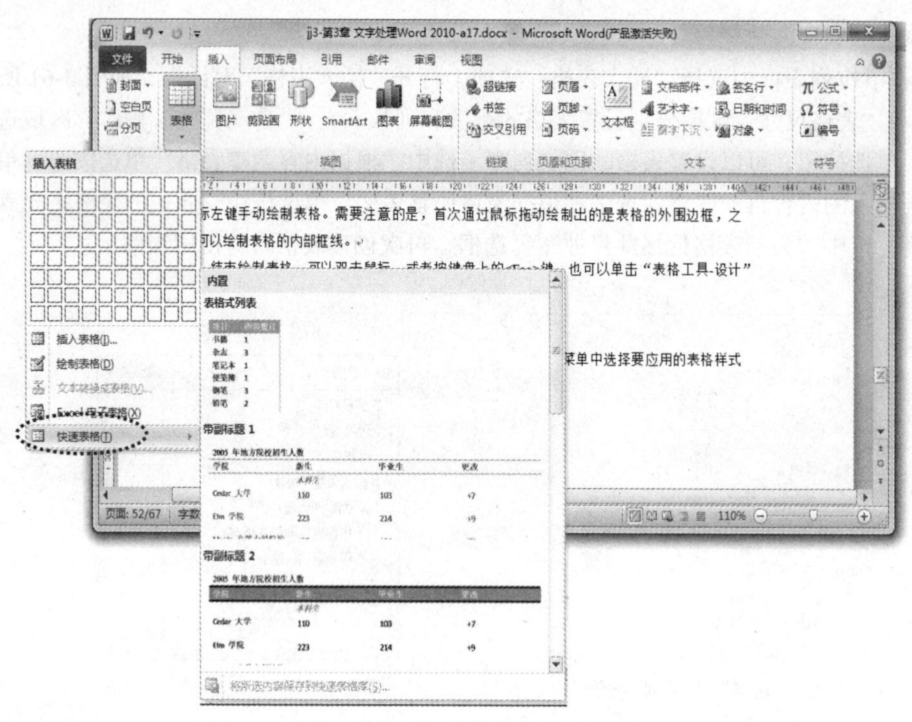

图 3-62 “快速表格”级联菜单的内置表格样式列表

3.5.2 表格的编辑与修饰

1. 表格内容输入

在单元格中输入文本与在文档中输入文本的方法相似。将插入点放置在准备输入内容的单元格内输入文本，当输入的文本抵达单元格的边界时，会自动切换到下一行并增加整行的行高。若按<Enter>键，则在该单元格中开始一个新的段落。按<Tab>键，则切换到本行的下一单元格。

在单元格中输入文本时，可以配合快捷键在表格中快速移动插入点。表 3-3 为利用键盘快速移动插入点的操作方法。

表 3-3 利用键盘快速移动插入点的快捷键

键盘快捷键	移动功能
↑	上移一行
↓	下移一行
←	向右移动一个字符
→	向左移动一个字符
Tab	移到同行的下一个单元格
Shift + Tab	移到同行的前一个单元格
Alt + Home	移到当前行的第一个单元格
Alt + End	移到当前行的最后一个单元格
Alt + Page Up	移到当前列的第一个单元格
Alt + Page Down	移到当前列的最后一个单元格

输入完成后，可以对文本进行移动和复制等操作，在单元格中移动和复制文本的方法与在文档中移动和复制文本的方法基本相同，使用鼠标拖动、命令按钮或快捷键等方法来移动和复制单元格、行或列中的内容。

选择文本时，如果选择的内容不包括单元格的结束标记，内容移动或复制到目标单元时，不会覆盖目标单元格中的原有文本。如果选中的内容包括单元格的结束标记，则将内容移动或复制到目标单元格时，会替换目标单元格中原有的文本和格式。

2. 选定表格

编辑表格前，必须先选择要编辑的表格对象，如整个表格、行（列）、单元格、单元格范围等。表 3-4 为利用鼠标选定表格的常用操作方法。

表 3-4 利用鼠标选定表格的常用操作方法

选定功能	鼠标操作方法
选定一个单元格	单击该单元格左边界
选定一行（多行）	将鼠标指针移到该行最左边，当指针变为时单击（向下或向上拖动鼠标）
选定一列（多列）	将鼠标指针移到该列最上边，当指针变为⬇时单击（向左或向右拖动鼠标）
选定连续单元格	拖动鼠标选取，或按住<Shift>键用方向键选取
选定不连续的单元格	按住<Ctrl>键，依次选中多个不连续的区域
选定整个表格	选择所有行或所有列；或将插入点置于表格内任意位置，单击表格左上角的移动控制点

3. 调整表格行高和列宽

（1）使用鼠标拖动调整，具体操作方法如下。

将鼠标指向此行的下边框线，鼠标指针变成垂直分离的双向箭头，直接拖动可调整本行的高度。

将鼠标指向此列的右边框线，鼠标指针变成水平分离的双向箭头，直接拖动可调整本列的宽度。

要调整某个单元格的高度或宽度，则要先选中该单元格，再执行上述操作，此时的改变仅限于选中的单元格。

（2）使用功能区命令调整，具体操作步骤如下。

① 选定要调整行高和列宽的行、列或表格。

② 单击“表格工具—布局”选项卡→“单元格大小”命令组。“单元格大小”命令组功能区如图 3-63 所示。在其中的“行高”和“列宽”微调框中输入数值，即可更改单元格大小。

也可以单击“表格工具—布局”选项卡→“单元格大小”命令组→“自动调整”命令按钮右侧的下拉按钮，在弹出的下拉列表框（见图 3-64）中执行“根据内容自动调整表格”命令，可自动调整表格行高和列宽。

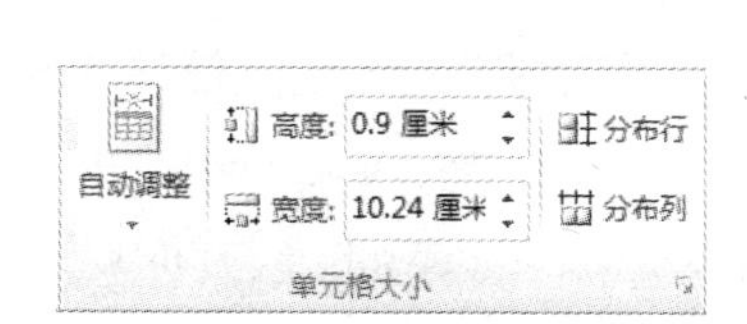

图 3-63 “表格工具—布局”选项卡→“单元格大小”命令组

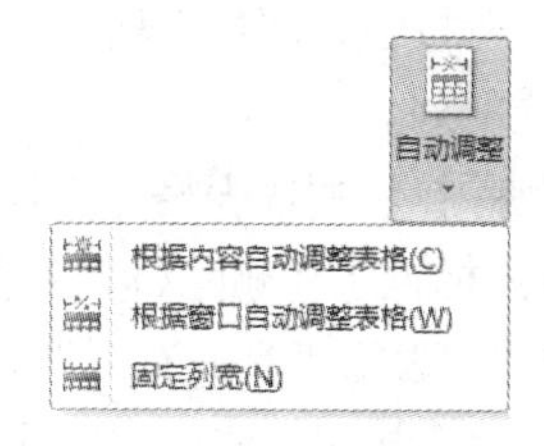

图 3-64 “自动调整”下拉列表框

（3）使用“表格属性”对话框调整行高，具体操作步骤如下。

① 选定要调整行高的行、多行或表格。

② 单击“表格工具—布局”选项卡→“表”命令组→“属性”命令按钮，打开“表格属性”对话框，选择“行”标签，如图 3-65 所示。

③ 选中“指定高度”复选框并输入行高的数值，在“行高值是”下拉列表框中选择“最小值”或“固定值”。

④ 单击“确定”按钮即可。

调整列宽的具体操作步骤如下。

① 选定要调整列宽的列、多列或表格。

② 单击“表格工具—布局”选项卡→“表”命令组→“属性”命令按钮，打开“表格属性”对话框，选择“列”标签，如图 3-66 所示。

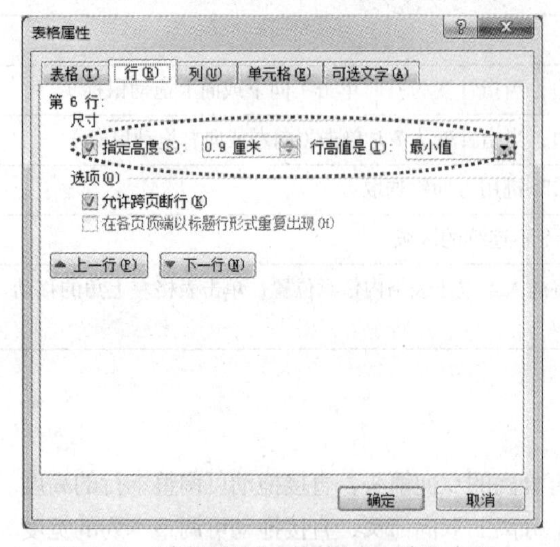

图 3-65 “表格属性”对话框 —“行”标签

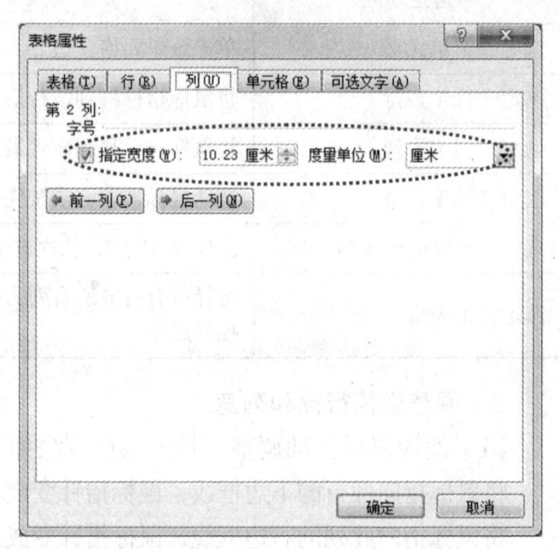

图 3-66 “表格属性”对话框 —“列”标签

③ 选中“指定宽度”复选框并输入列宽的数值，在“度量单位”下拉列表框中选择单位（包括“厘米”和“百分比”）。

④ 单击“确定”按钮即可。

4. 插入或删除行或列

（1）插入行或列，具体操作步骤如下。

① 将光标定位在要插入行和列的位置。

② 选择“表格工具—布局”选项卡→“行和列”命令组，如图 3-67 所示。

③ 单击“在上方插入”“在下方插入”“在左侧插入”“在右侧插入”等按钮，即可在所选单击格的上、下、左、右侧插入一行或一列。

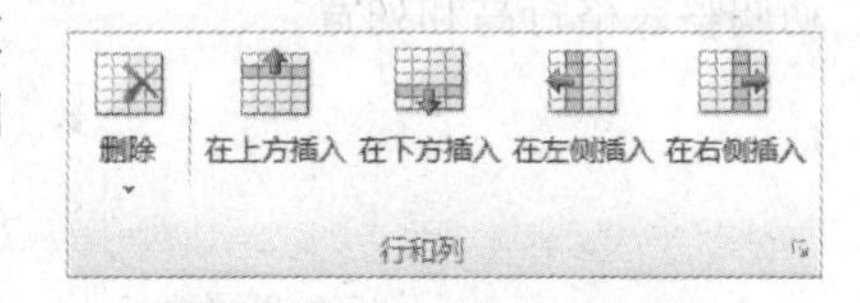

图 3-67 “表格工具—布局”选项卡—“行和列”命令组

（2）删除行、列或表格，具体操作步骤如下。

① 将光标置于要删除行、列所在的单元格中。

② 单击“表格工具—布局”选项卡→“行和列”命令组→“删除”命令按钮，弹出“删除”下拉列表框，如图 3-68 所示。然后可以选择 “删除单元格”“删除列”“删除行”“删除表格”等选项。

若选择“删除单元格”选项，则弹出“删除单元格”对话框，如图3-69所示，可以选择“右侧单元格左移”“下方单元格上移”“删除整行”“删除整列”等选项。

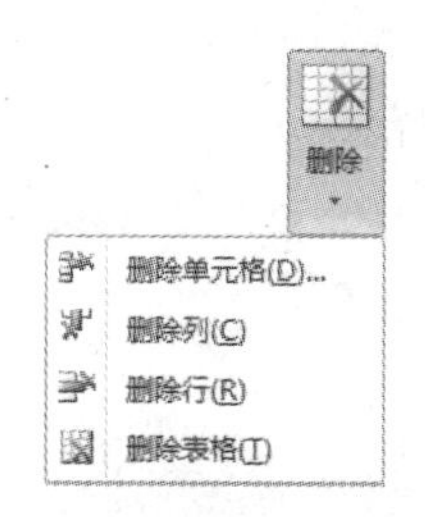

图3-68 “删除”下拉列表框

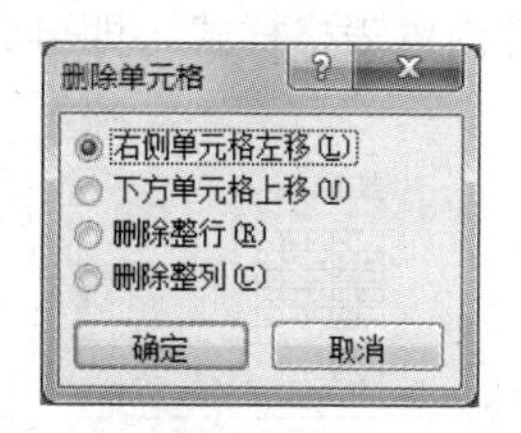

图3-69 “删除单元格”对话框

选中行或列后直接按<Delete>键，只能删除其中的内容而不能删除行或列。

5. 合并和拆分单元格

（1）合并单元格，具体操作步骤如下。

① 选定要合并的单元格区域。

② 选择“表格工具—布局”选项卡→“合并”命令组，如图3-70所示。

③ 单击“合并单元格”命令按钮，即可将所选的单元格区域合并为一个单元格。

（2）拆分单元格，具体的操作步骤如下。

① 选定要拆分的单元格。

② 选择“表格工具—布局”选项卡→“合并”命令组，如图3-70所示。

③ 单击“拆分单元格”命令按钮，在打开的“拆分单元格”对话框（见图3-71）中输入行数、列数。

④ 单击“确定”按钮，即可拆分单元格。

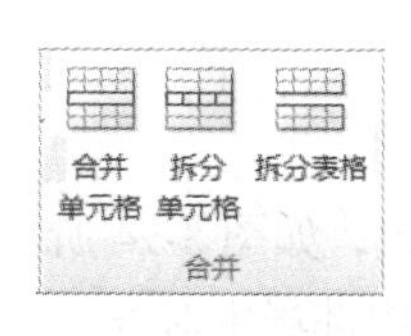

图3-70 “表格工具—布局”选项卡—“合并”命令组

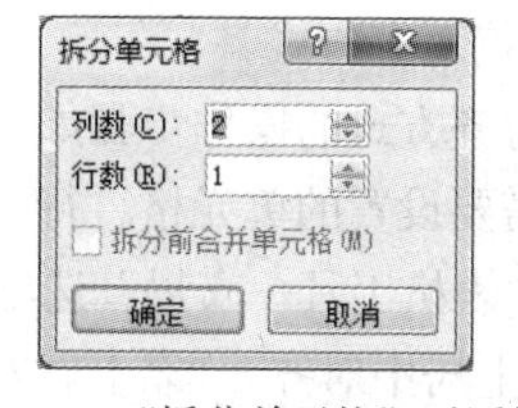

图3-71 “拆分单元格”对话框

6. 套用表格样式

Word 2010内置了多种表格样式，表格样式已经设置了相应的表格格式、框线和底纹，可以根据需要选择套用。具体操作步骤如下。

① 在表格的任意单元格内单击。

② 选择“表格工具—设计”选项卡→“表格样式”命令组，如图3-72所示。

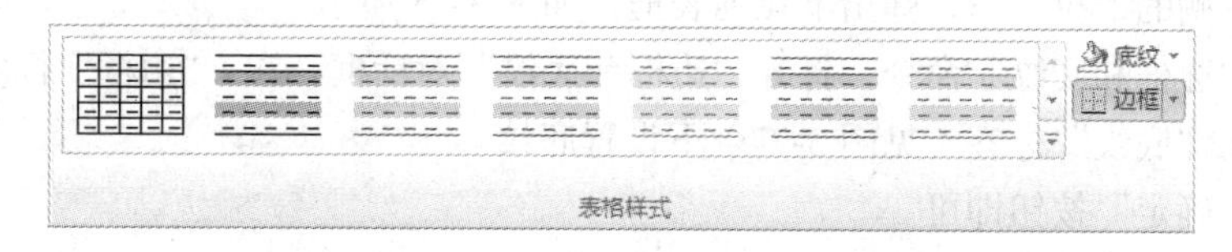

图3-72 “表格工具—设计”选项卡→“表格样式”命令组

③ 单击“表格样式”命令组右侧的下拉按钮，展开“表格样式”下拉列表框（见图 3-73），其中包括“普通表格”样式和“内置”表格样式。将鼠标指针移动到某“内置”表格样式上，可以实时预览相应的效果。

④ 选择一种内置表格样式，即可为所选表格应用该表格样式。

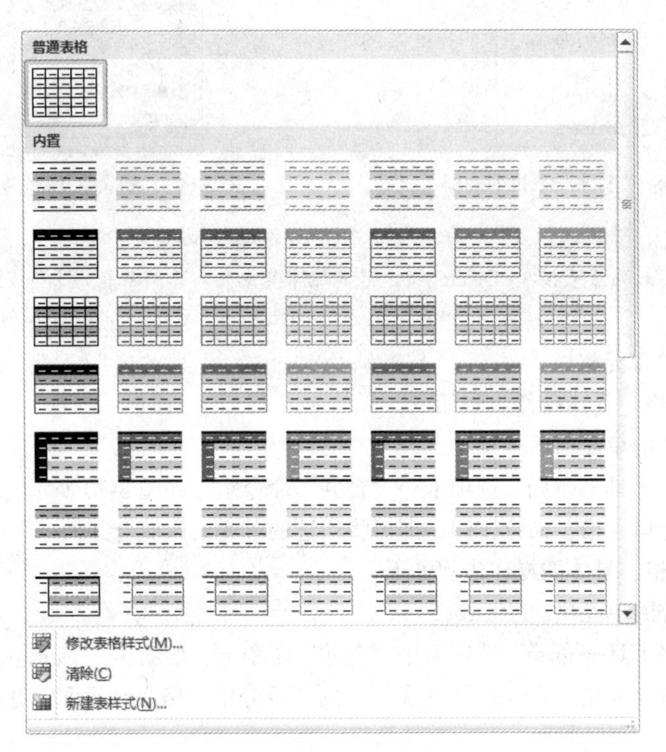

图 3-73 “表格样式”下拉列表框

7. 设置表格对齐方式

设置表格对齐方式的操作步骤如下。

（1）选定需要设置的单元格、行、列或表格。

（2）选择“表格工具—布局”选项卡→“对齐方式”命令组，如图 3-74 所示。其中有“靠上两端对齐”“靠上居中对齐”“靠上右对齐”“中部两端对齐”“中部居中对齐”“中部右对齐”“靠下两端对齐”“靠下居中对齐”“靠下右对齐”等对齐方式。

（3）在对齐方式下，选择所需选项即可。

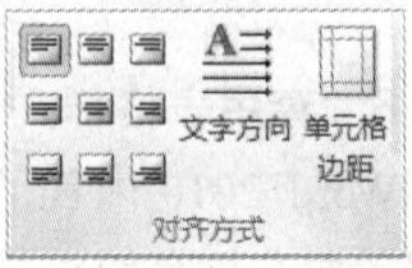

图 3-74 “表格工具—布局”选项卡—“对齐方式”命令组

8. 设置表格边框与底纹

设置表格边框与底纹的操作步骤如下。

（1）选定需要设置的单元格、行、列或表格。

（2）单击“表格工具-设计”选项卡→“表格样式”命令组→“边框”命令按钮右侧的下拉按钮，弹出下拉列表框，如图 3-75 所示。

（3）执行“边框和底纹”命令，打开“边框和底纹”对话框，在 “边框”标签（见图 3-76）下设置边框；在“底纹”标签（见图 3-77）下设置底纹。

（4）单击“确定”按钮即可。

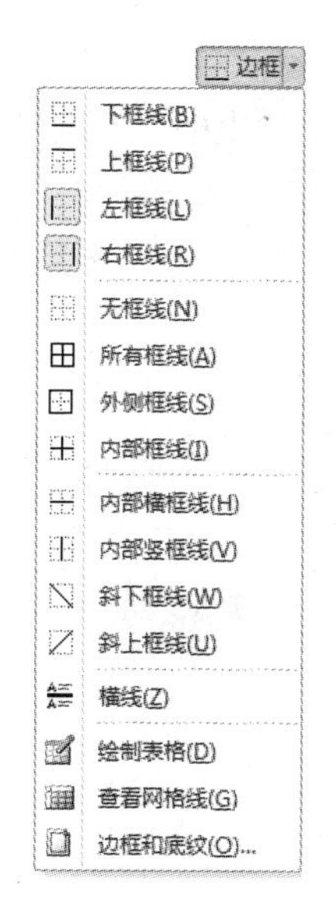

图 3-75 “边框”下拉列表框

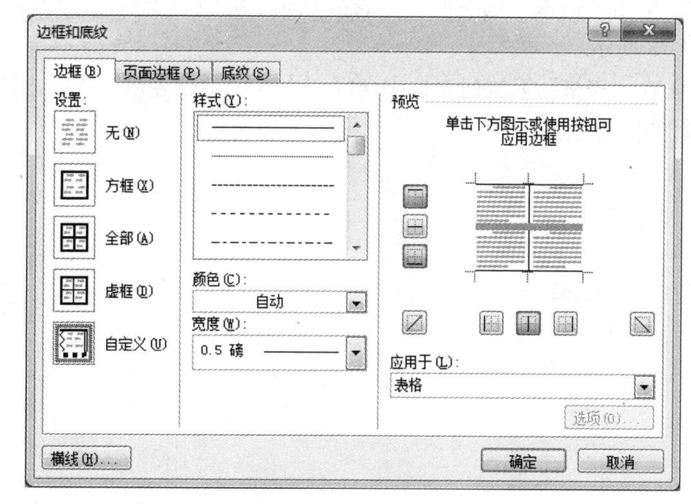

图 3-76 “边框和底纹”对话框—“边框”标签

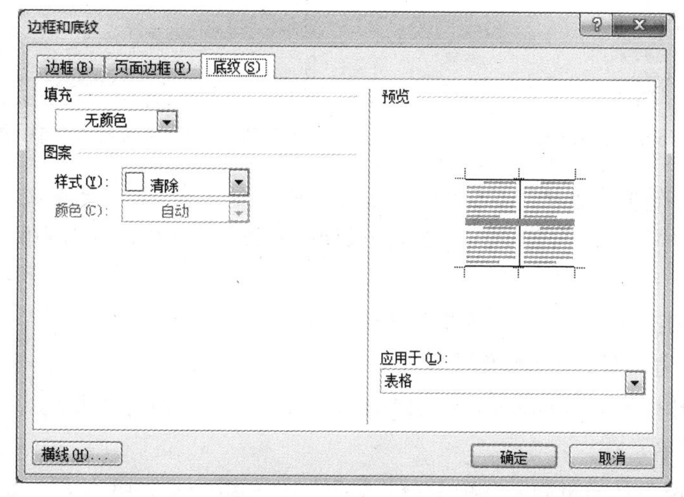

图 3-77 “边框和底纹”对话框—“底纹”标签

在表格的编辑与设置中，许多操作也可以在右键单击鼠标弹出的快捷菜单中进行的。

9. 设置表格标题行的重复

Word 提供了重复标题的功能，具体操作步骤如下。

（1）将插入点定位到表格的任意位置。

（2）单击“表格工具-布局”选项卡→“数据”命令组→“标题行重复”命令按钮，即可设置所选表格标题行的重复。

Word 会因为分页而拆开的续表中重复表格的标题行，在页面视图下，可以查看重复的标题。用这种方法重复的标题，修改时也只要修改第一页表格的标题即可。

10. 文本与表格之间的转换

（1）将文本转换成表格，具体操作步骤如下。

① 选中 Word 中需要转换成表格的文本。

② 单击“插入”选项卡→“表格”命令组→“表格”命令按钮，弹出“表格”下拉列表框，如图 3-78 所示。

③ 在“表格”下拉列表框中选择“文本转换成表格”选项，打开“将文字转换成表格”对话框，如图 3-79 所示。

图 3-78 “表格”下拉列表框

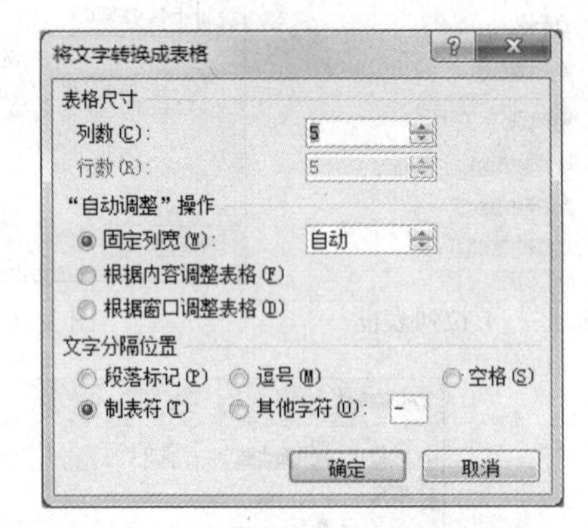

图 3-79 “将文字转换成表格”对话框

④ 在“将文字转换成表格”对话框的“文字分隔位置”下，选择要在文本中使用的分隔符。在“列数”文本框中，选择列数。如果未看到预期的列数，则可能是文本中的一行或多行缺少分隔符。

⑤ 选择需要的选项后，单击“确定”按钮即可。

（2）表格转换为文本，具体操作步骤如下。

① 选中需要转换为文本的单元格。如果需要将整张表格转换为文本，则只单击表格任意单元格。

② 单击“表格工具—布局”选项卡→“数据”命令组→“转换为文本”命令按钮，打开“表格转换为文本”对话框，如图 3-80 所示。

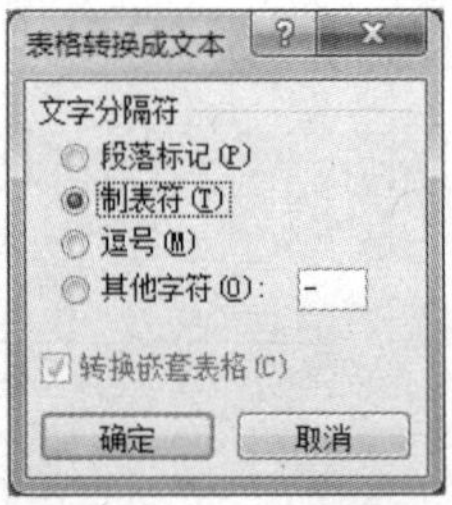

图 3-80 “表格转换成文本”对话框

③ 选中“段落标记”“制表符”“逗号”或“其他字符”单选按钮。选择任何一种标记符号都可以转换成文本，只是转换生成的排版方式或添加的标记符号有所不同。最常用的是“段落标记”和“制表符”两个选项。选中“转换嵌套表格”，可以将嵌套表格中的内容同时转换为文本。

④ 单击“确定”按钮即可。

3.5.3 表格的计算与排序

1. 表格的计算

Word 提供了对表格数据进行求和、求平均值等常用的统计计算功能。利用这些计算功能对表格中的数据进行计算，可以使用公式和函数两种方法。

系统对表格中的单元格以下面的方式进行标记：在行的方向以字母 A～Z 进行标记。列的方向从“1”开始，以自然数进行标记。例如，第一行第一列的单元格标记为 A1（不区分大小写）。

在计算时，可以用像A1、A2、B1、B2这样的形式引用表格中的单元格。

（1）公式计算，具体操作步骤如下。

① 单击准备存放计算结果的表格单元格。

② 单击“表格工具—布局”功能区→“数据”命令组→“公式”命令按钮，打开“公式”对话框，如图3-81所示。

③ 在“公式”文本框中编辑公式。如果选定的单元格位于一行数值的右端，则Word建议采用公式=SUM(LEFT)进行行求和计算。如果选定的单元格位于一列数值的底端，则Word建议采用公式=SUM(ABOVE)进行列求和计算。也可以在公式的括号中键入单元格引用（如编辑公式：=SUM(a2:b4)，用来计算单元格A2和B4中的数据之和，或编辑公式：=SUM(a2:c3)，用来计算单元格A2与C3之间的数据之和）。

④ 单击“确定”按钮，即可在当前单元格得到计算结果。

（2）函数计算：具体操作步骤如下。

① 单击准备存放计算结果的表格单元格。

② 单击“表格工具-布局”功能区→“数据”命令组→“公式”命令按钮，打开“公式”对话框，见图3-81。

③ 在“粘贴函数”下拉列表框（见图3-82）中选择需要的函数。例如，可以选择求和函数SUM计算所有数据的和，或者选择平均数函数AVERAGE计算所有数据的平均数。

④ 单击“确定”按钮，即可得到计算结果。

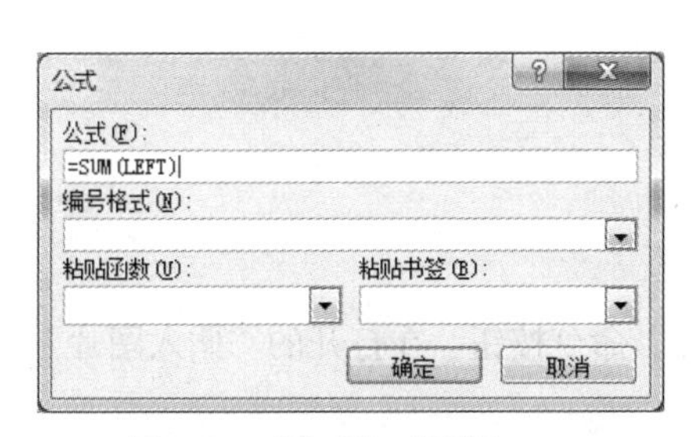

图3-81 “公式”对话框

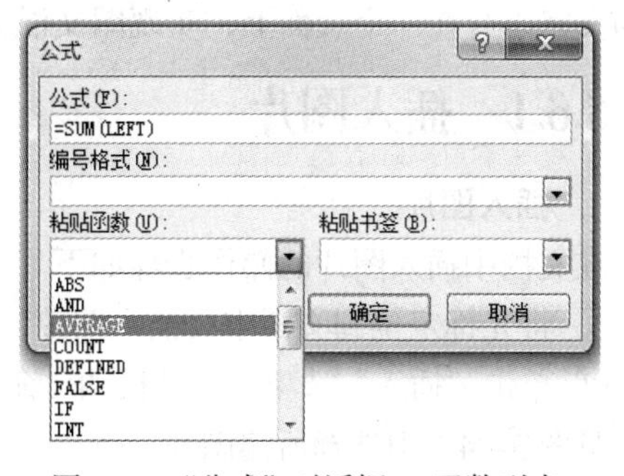

图3-82 “公式”对话框— 函数列表

2. 表格的排序

对数据进行排序并非Excel表格的专利，在Word 2010中同样可以对表格中的数字、文字和日期数据进行排序，具体操作步骤如下。

（1）在需要进行数据排序的表格中单击任意单元格。

（2）单击“表格工具-布局”选项卡→“数据”命令组→“排序”命令按钮，打开“排序”对话框，如图3-83所示。

（3）在“主要关键字”下拉列表框中选择排序依据的主要关键字。在“类型”下拉列表框中选择“笔划”“数字”“日期”或“拼音”选项。如果参与排序的数据是文字，则可以选择“笔画”或“拼音”选项；如果参与排序的数据是日期类型，则可以选择“日期”选项；如果参与排序的只是数字，则可以选择“数字”选项。在“次要关键字”和“第三关键字”下拉列表框中进行相关设置。当“主要关键字”有相同值时，可再选择“次要关键字”进行排序。在“列表”选项组可选中“有标题行”单选按钮，如果选中“无标题行”单选按钮，则Word表格中的标题也会参与排序。选中“升序”或“降序”单选按钮设置排序的类型。

（4）单击“确定”按钮，即可对表格中的数据进行排序。

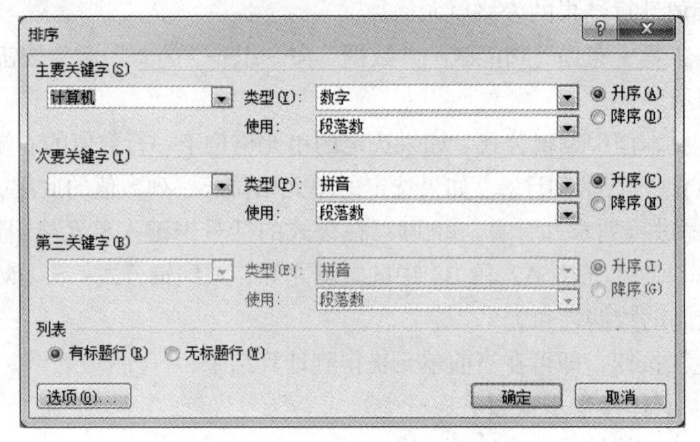

图 3-83 “排序”对话框

3.6 图文混排

在 Word 中可以对各种图形对象进行绘制、缩放、插入和修改等多种操作，还可以把图形对象与文字结合在一个版面上，实现图文混排，轻松设计出图文并茂的文档。

3.6.1 插入图片

1. 插入图片

在文档中插入图片的操作步骤如下。

① 将光标定位到文档中要插入图片的位置。

② 单击“插入”选项卡→“插图”命令组→“图片”命令按钮，在打开的“插入图片”对话框（见图 3-84）中选择所需图片。

图 3-84 “插入图片”对话框

③ 单击“插入”按钮或者双击图片文件名，即可将图片插入文档中。

2. 设置图片格式

在文档中选定插入的图片，图片的四周出现 8 个控制点，拖动控制点可以改变图片的大小。同时功能区中会出现“图片工具—格式”选项卡（“加载项”选项卡），且功能区全部显示为图片编辑工具，包括“调整”“图片样式”“排列”和“大小”等 4 个命令组，利用其中的命令按钮可以设置图片格式。

（1）调整图片的大小、位置：具体操作方法如下。

① 选中要调整大小和位置的图片。

② 选择“图片工具—格式”选项卡→“大小”命令组，可以修改其“高度”和“宽度”来修改图片的大小，如图 3-85 所示。也可以单击“大小”命令组右下角的“对话框启动器”按钮，打开“布局”对话框（见图 3-86），在其中的“大小”标签下精确设定图片大小。

③ 调整图片的位置可以在“布局”对话框中的“位置”标签下进行。

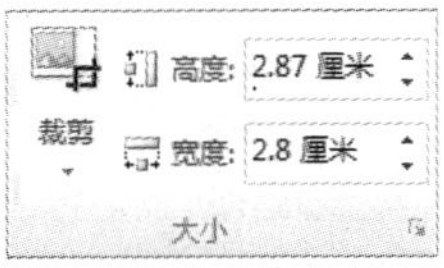

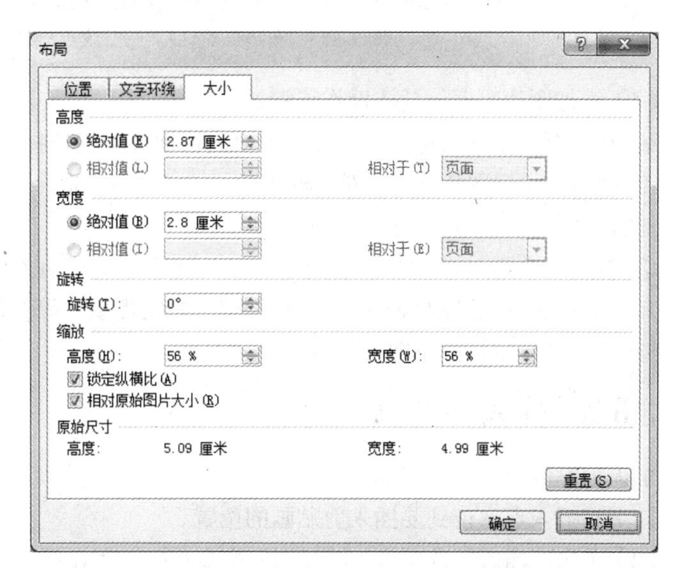

图 3-85 “图片工具—格式”选项卡→“大小”命令组

图 3-86 “布局”对话框 —“大小”标签

（2）图片的剪裁：具体操作方法如下。

① 选中要剪裁的图片。

② 选择“图片工具—格式”选项卡→“大小”命令组→“剪裁”命令按钮，鼠标和图片中尺寸控制点的形状均会发生改变。向内拖动某个图片尺寸控制点时，线框以外的部分将被剪去，在空白位置单击，即可完成图片裁剪。

（3）文字的环绕：图片插入文档后像字符一样嵌入文本中。改变图片环绕方式的具体操作步骤如下。

① 选中需要设置的图片。

② 单击“图片工具—格式”选项卡→“大小”命令组右下角的“对话框启动器”按钮，打开“布局”对话框，见图 3-86。

③ 单击“布局”对话框中的“文字环绕”标签（见图 3-87），选择所需的环绕方式。

④ 单击“确定”按钮即可。

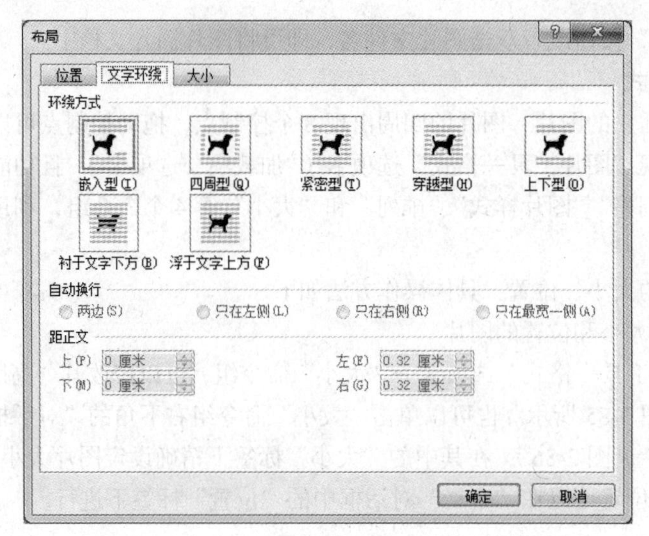

图 3-87 “布局”对话框 —“文字环绕”标签

（4）添加图片边框：具体操作步骤如下。

① 用鼠标右键单击选中图片，在弹出的快捷菜单中选择“设置图片格式”命令。

② 执行“设置图片格式”对话框中的“线条颜色”命令，从“无线条”“实线”“渐变线”中选择一种。

③ 执行“设置图片格式”对话框中的“线型”命令，并在“宽度”文本框中输入边框线的宽度（单位默认为磅），以及设置“复合类型”“短线类型”等参数。

④ 单击“确定”按钮即可。

3.6.2 插入剪贴画

插入剪贴画的操作步骤如下。

（1）将插入点定位到要插入剪贴画的位置。

（2）单击“插入”选项卡→“插图”命令组→“剪贴画”命令按钮，打开“剪贴画”任务窗格，如图 3-88 所示。

（3）在“搜索文字”文本框中，输入用于描述所需剪贴画的关键字。在“结果类型”下拉列表中选择或取消“插图”“照片”“视频”和“音频”复选框，以搜索所需媒体类型。

（4）单击“搜索”按钮。如果被选中的收藏集中含有指定关键字的剪贴画，则会显示剪贴画搜索结果。

（5）在结果列表中单击剪贴画，即可将剪贴画插入文档中。

图 3-88 “剪贴画”任务窗格

3.6.3 插入艺术字

在文档中插入艺术字的具体操作步骤如下。

（1）将光标定位到文档中要显示艺术字的位置。

（2）单击“插入”选项卡→“文本”命令组→“艺术字”命令按钮，在弹出的艺术字样式（见图 3-89）下拉列表框中选择一种样式。

（3）在文本编辑区中的“请在此放置您的文字”文本框中键入文字即可。

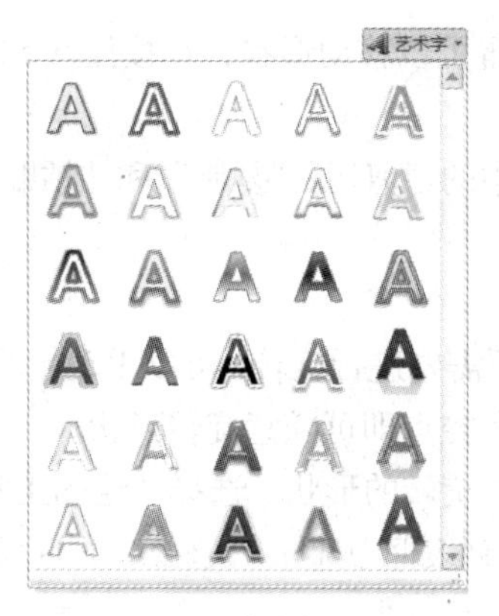

图 3-89　艺术字样式列表

艺术字插入文档中后，功能区中会出现用于编辑艺术字的“绘图工具-格式”选项卡，利用“形状样式”组中的命令按钮可以设置艺术字形状的边框、填充、阴影、发光、三维效果等。利用“艺术字样式”组中的命令按钮可以设置艺术字的边框、填充、阴影、发光、三维效果和转换等。与图片一样，也可以在“排列”命令组→“自动换行”下拉列表框中设置环绕方式。

3.6.4　插入形状

形状是系统事先提供的一组基础图形，有的可以直接使用，有的稍加组合可以更有效地表达某种观点和想法。系统中可用的形状包括线条、矩形、基本形状、箭头总汇、公式形状、流程图形状、星与旗帜、标注和动作按钮等。

图 3-90　“形状”下拉列表框

1. 插入形状

插入形状的操作步骤如下。

（1）单击“插入”选项卡→“插图”命令组→“形状”命令按钮，在弹出的形状下拉列表框（见图 3-90）中选择所需的形状图形。

（2）移动鼠标到文档中要显示自选图形的位置，按下鼠标左键并拖动至合适的大小后松开，即可绘出所选的图形。

形状图形插入文档后，在功能区中显示“绘图工具—格式”选项卡，与编辑艺术字类似，也可以设置自选图形的边框、填充色、阴影、发光、三维旋转以及文字环绕等。

2. 在形状图形中添加文字

在形状图形中添加文字的具体操作步骤如下。

（1）将鼠标指针移到要添加文字的形状中，用鼠标右键单击该形状图形，弹出快捷菜单。

（2）执行快捷菜单中的“添加文字”命令，此时插入点移动到形状图形内部。

（3）输入所需的文字内容即可。

3. 移动或复制形状

选中要移动（复制）的形状，将鼠标指针移到形状边框或其内部，使鼠标指针变成十字形状，直接按住鼠标左键拖动到目标位置可以移动形状，在按住<Ctrl>键的同时，按住鼠标左键拖动到目标位置可复制形状。

也可以用选项卡或快捷菜单中的“剪切”“复制”和“粘贴”命令，或者<Ctrl+X>、<Ctrl+C>和<Ctrl+V>组合键来实现。

4. 旋转形状

与图片一样，形状也可以按照需要进行旋转，可以手动粗略旋转，也可以精确旋转指定角度。选中要旋转的形状，拖动上方绿色控点即可随意旋转形状。

要精确旋转形状，可以选中要旋转的形状，选择“绘图工具—格式”选项卡→“排列”命令组→“旋转”命令，在展开的下拉列表框中选择“旋转”，再选择“向右旋转 90°”“向左旋转 90°”“垂直翻转”“水平翻转”等命令。

要将形状旋转一定的角度，可以在“旋转”下拉列表框中选择“其他旋转选项”选项，在弹出的“设置形状格式”对话框中进行设置。

5. 更改形状

选中要更改的形状，可以直接删除后重新绘制，也可以选择“绘图工具-格式”选项卡→“插入形状”命令组→“编辑形状”命令，在展开的下拉列表框中选择“更改形状”命令，然后在弹出的形状列表中选择即可。

6. 组合形状

把多个形状组合成一个形状称为组合形状。将组合形状恢复为组合前状态称为取消组合。

要组合多个形状，可以选择要组合的各形状，即按住<Shift>或<Ctrl>键并依次单击要组合的每个形状，选择“绘图工具—格式”选项卡→“排列”命令组→“组合”命令按钮，在展开的下拉列表框中选择“组合”命令即可。

组合形状可以作为一个整体进行移动、复制和改变大小等操作。

要实现取消组合，首先选中组合形状，然后选择“绘图工具—格式”选项卡→“排列”命令组→“组合”命令按钮，在展开的下拉列表框中选择“取消组合”命令即可。

3.6.5 插入文本框

插入文本框的具体操作步骤如下。

（1）单击“插入”选项卡→“文本”命令组→“文本框”命令按钮，将弹出如图 3-91 所示的下拉列表框。

（2）要使用已有的文本框样式，直接在“内置”栏中选择所需的文本框样式即可。要绘制横排文本框，则选择“绘制文本框”项；要绘制竖排文本框，则选择“绘制竖排文本框”项。选择后，鼠标指针在文档中变成“+”字形状，将鼠标指针移动到要插入文本框的位置，按下鼠标左键并拖动至合适大小后松开即可。

（3）在插入的文本框中输入文字。

文本框插入文档后，在功能区中显示“绘图工具—格式”选项卡，文本框的编辑方法与艺术字类似，可以对其及其上的文字设置边框、填充色、阴影、发光、三维旋转等。若想更改文本框中的文字方向，单击“文本”命令组→“文字方向”命令按钮，在弹出的下拉框中选择即可。

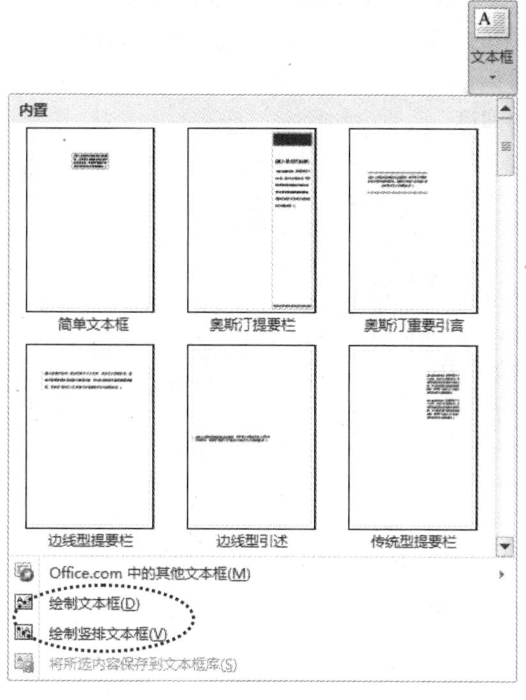

图 3-91　“文本框”下拉列表框

3.7　页面设置与打印

3.7.1　页面设置

1. 设置页边距

页边距是指文档页面四周的空白区域。默认情况下，新创建的 Word 文档，顶端和底端各留有 2.54 cm 的页边距，左右各留有 3.17 cm 的页边距。

（1）使用功能区命令设置页边距，具体操作步骤如下。

① 选择“页面布局”选项卡→“页面设置”命令组（见图 3-92），单击“页边距”命令按钮，弹出“页边距”下拉列表框，如图 3-93 所示。

② 该下拉列表框中提供了 6 种常用的页边距选项，可以选择相应的选项。

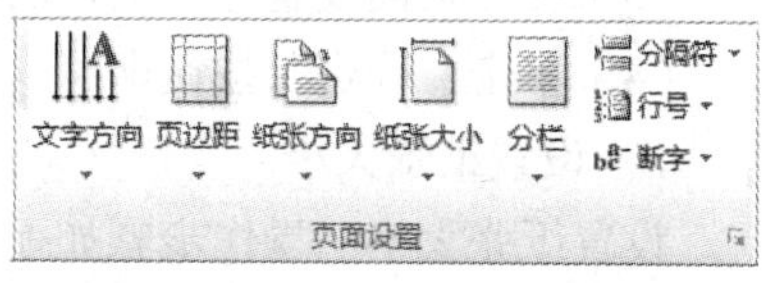

图 3-92　“页面布局”选项卡—“页面设置”命令组

（2）使用“页面设置”对话框设置页边距，具体操作步骤如下。

① 单击“页面布局”选项卡→“页面设置”命令组→“页边距”命令按钮，弹出“页边距”下拉列表框，见图 3-93。

② 在“页边距”下拉列表框中选择“自定义边距”项，或者单击“页面设置”命令组右下角的“对话框启动器”按钮，均可打开“页面设置”对话框，如图 3-94 所示。

③ 在“页面设置”对话框中选择“页边距”标签，在“页边距”区域中的“上”“下”“内侧”

“外侧”数值框中输入要设置的数值，或者通过数值框右侧的上下微调按钮进行设置。如果文档需要装订，则可以在该区域中的“装订线”数值框中输入装订边距，并在“装订线位置”框中选择是在左侧还是上方进行装订。

④ 单击“确定”按钮即可。

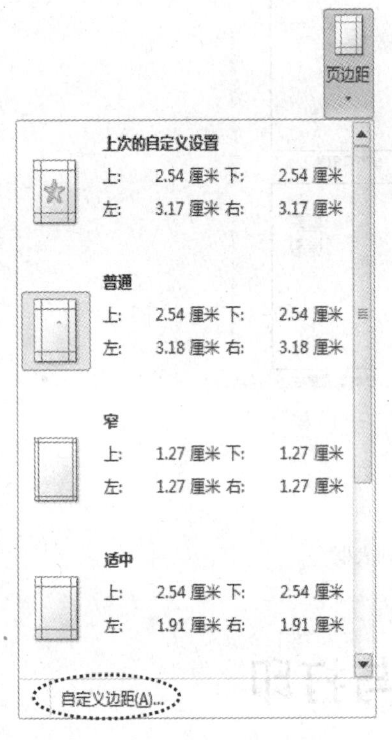

图 3-93 “页边距”下拉列表框

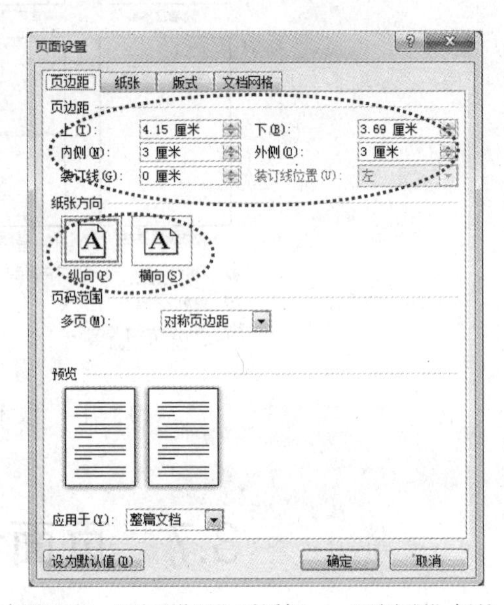

图 3-94 “页面设置”对话框 —“页边距”标签

2. 设置纸张方向

设置纸张方向的具体操作步骤如下。

（1）单击“页面布局”选项卡→“页面设置”命令组→“纸张方向”命令按钮，弹出“纸张方向”下拉列表框。

（2）下拉列表框包括“纵向”和“横向”两个选项，可以根据需要选择，也可以单击“页面设置”命令组右下角的“对话框启动器”按钮，打开“页面设置”对话框。

（3）在“页面设置”对话框的“页边距”标签（见图 3-94）中选择纸张方向。

（4）单击“确定”按钮即可。

3. 设置纸张大小

设置纸张大小的操作步骤如下。

（1）单击“页面布局”选项卡→“页面设置”命令组→“纸张大小”命令按钮，弹出“纸张大小”下拉列表框，如图 3-95 所示。

（2）该下拉列表中提供了 12 种常用的纸张大小选项，可以根据需要选择，选择“其他页面大小”选项；或者单击“页面设置”命令组右下角的“对话框启动器”按钮，均会打开“页面设置”对话框。

（3）在“页面设置”对话框中选择“纸张”标签（见图 3-96），分别在“宽度”和“高度”

文本框中设置纸张大小。

（4）单击“确定”按钮即可。

图 3-95　“纸张大小”下拉列表框

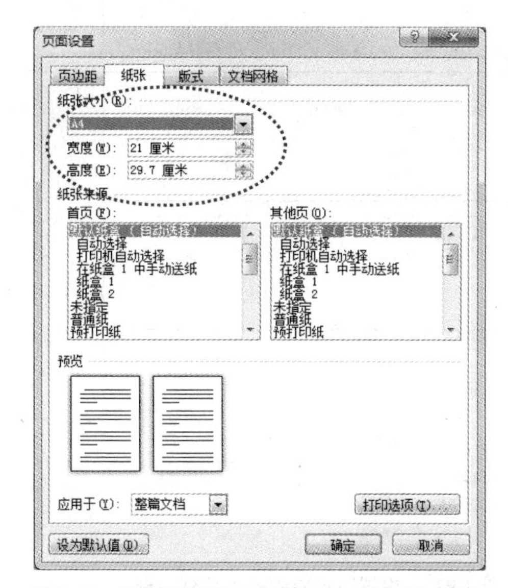

图 3-96　“页面设置”对话框 —“纸张”标签

3.7.2　设置页眉、页脚和页码

1. 设置页眉或页脚

页眉或页脚是位于页面的顶端或底端的图形或文字，常常用来插入标题、页码、日期、图片等。可以根据需要设置页眉或页脚。可以对奇数页和偶数页设置不同的页眉或页脚，还可以将首页的页眉或页脚设置成与其他页不同的效果等。页眉或页脚只能在页面视图下才可以看到，在其他视图下无法看到。

（1）创建页眉或页脚。

设置页眉或页脚的操作步骤如下。

① 单击“插入”选项卡→“页眉和页脚”命令组→“页眉”或“页脚”命令按钮，弹出“内置”页眉或页脚版式下拉列表框，如图 3-97、图 3-98 所示。如果在草稿视图或大纲视图下执行此命令，Word 会自动切换到页面视图。

② 在“内置”页眉或页脚版式下拉列表框中选择一种页眉或页脚版式；或选择“编辑页眉”或“编辑页脚”选项，进入页眉或页脚编辑状态输入页眉或页脚内容。

选定页眉或页脚版式后，功能区会自动添加“页眉和页脚工具-设计”选项卡并处于激活状态，页眉或页脚的内容也会突出显示，进入编辑设置状态，文档正文中的内容变为灰色，处于不可编辑状态。

如果要修改或重新设置页眉或页脚，可以采用以上创建的过程进入，也可以双击页面的顶端或底部，直接进入页眉或页脚的编辑状态。

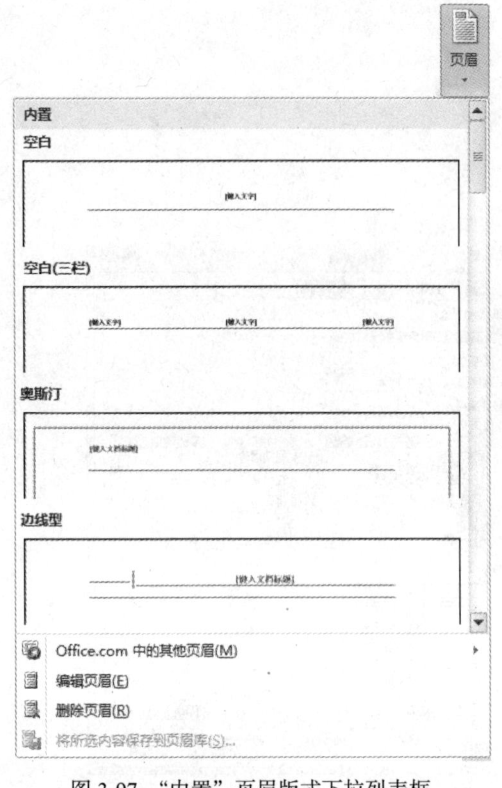

图 3-97 “内置”页眉版式下拉列表框

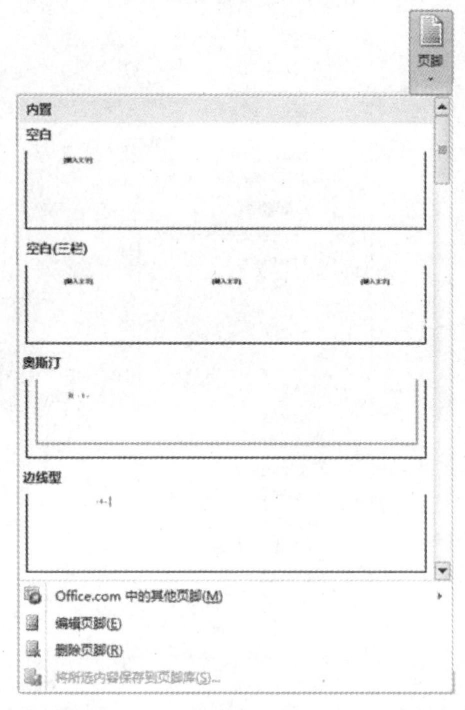

图 3-98 “内置”页脚版式下拉列表框

如果要退出页眉或页脚状态，单击“页眉和页脚工具—设计”选项卡→“关闭”命令组→“关闭页眉和页脚”按钮或者双击文档正文区域即可。

如果要删除页眉或页脚，单击“插入”选项卡→“页眉和页脚”命令组→“页眉”或“页脚”命令按钮，在弹出的页眉或页脚版式下拉列表框中选择“删除页眉”或“删除页脚”。

（2）设置页眉或页脚的首页不同、奇偶页不同。

对多于两页的文档，可以给首页、奇数页和偶数页设置不同的页眉或页脚，操作步骤如下。

① 将插入点放置在要设置首页不同或奇偶页不同的节或文档中。

② 单击“页面布局”选项卡→“页面设置”命令组右下角的“对话框启动器”按钮，打开“页面设置”对话框。

③ 在“页面设置”对话框中选择“版式”标签，如图 3-99 所示，在“页眉和页脚”区域中选中“首页不同”复选框，可以为首页创建与其他页都不同的页眉页脚；选中“奇偶页不同”复选框，可以为奇数页和偶数页创建不同的页眉和页脚。在“版式”选项卡中还可以设置边界距离。

④ 设置完成后，单击“确定”按钮，即可设置奇偶页不同或首页不同的页眉或页脚。

2. 插入页码

页码是文档格式的一部分，是内容最简单但使用最多的页眉或页脚。Word 可以自动、迅速地编排和更新页码。

插入页码的操作步骤如下。

（1）单击“插入”选项卡→“页眉和页脚”命令组→“页码”命令按钮，弹出“页码”下拉列表框，如图 3-100 所示。

（2）选择页码出现的位置（如“页面底端”选项），在弹出的列表中选择一种页码样式（如“普通数字 2”样式），即可在文档中插入指定类型和样式的页码。

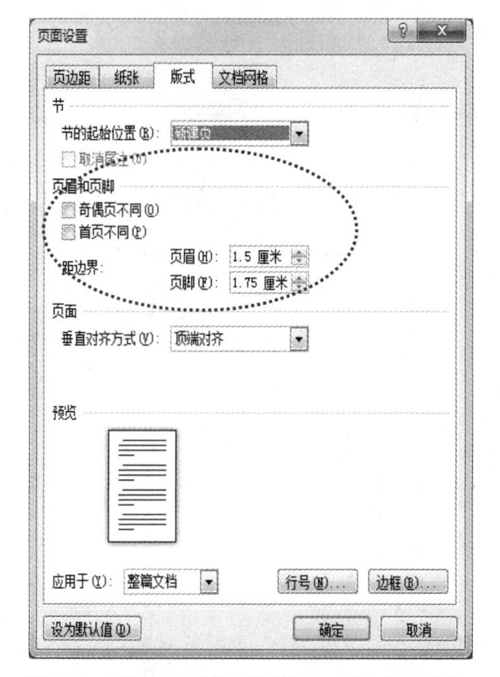

图 3-99 “页面设置”对话框 — “版式”标签

图 3-100 “页码”下拉列表框

3.7.3 打印与预览

1. 打印预览

打印预览的操作步骤如下。

（1）在 Word 文档窗口，单击“文件”选项卡→“打印”命令，显示“打印”属性窗口，如图 3-101 所示。

（2）“打印”属性窗口的右侧是打印预览区域，可以预览文档的打印效果。

（3）打印预览区中，包括上一页、下一页两个按钮，可向前或向后翻页。

2. 打印文档

打印文档的具体操作步骤如下。

（1）在 Word 文档窗口，单击“文件”选项卡→“打印”命令，显示“打印”属性窗口，如图 3-101 所示。属性窗口的左侧是打印设置区域，可以设置打印文档的相关参数。

（2）在“设置”选项→“打印所有页”下拉列表中选择“打印所有页”“打印当前页面”“打印自定义范围”选项中的一项。

（3）选择“打印所有页”下拉列表中的“仅打印奇数页”或者“仅打印偶数页”选项，设置只打印文档中的奇数页或者偶数页。

（4）在“打印所有页”下拉列表中选择“打印自定义范围”命令，在“页数”文本框中输入需要打印的页数范围。例如“1-5”，表示打印第一页至第五页连续的页面。如果输入“1，3，8”，则只打印第一、第三、第八页。

（5）在“单面打印”下拉列表中选择“单面打印”或“手动双面打印”选项。系统默认“单面打印”。

（6）系统默认文档分数为 1，如果要打印多份文档，在“打印”选项区的“份数”文本框中输入需要打印的份数。

（7）单击“打印”按钮即可。

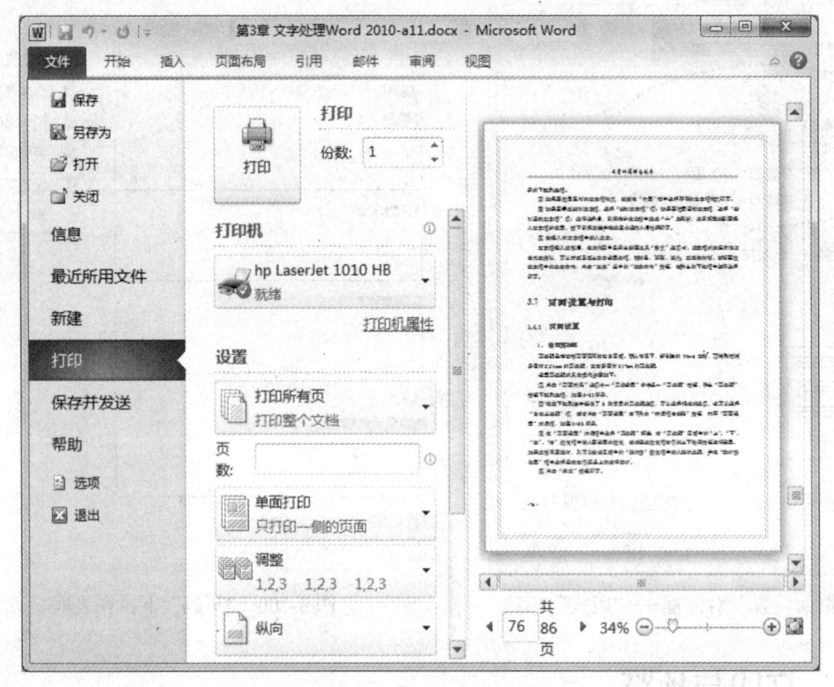

图 3-101 “打印”属性窗口

练习题 3

【操作题】

Word 操作题 1。

打开实验素材\EX3\EX3-1\Wdzc1.docx，按下列要求完成对此文档的操作并保存。

（1）设置标题文字格式为红色、三号、黑体、右下斜偏移阴影、加粗、居中，并添加着重号。

（2）将正文各段的中文设置为小四号、宋体，英文及数字设置为小四号、Arial，行距为 20 磅。

（3）使用“编号”功能为正文第三段至第十段添加编号“一、”“二、”……。

（4）将页面设置为 A4，上、下页边距各为 2cm，装订线位置为上，页面垂直对齐方式为“底端对齐”。

（5）为文档页面添加内容为“最新公布”的文字水印，设置其字体为隶书、颜色为蓝色，版式为斜式。设置页面颜色为“橄榄色，强调文字颜色 3，淡色 60%”。

（6）将文中后七行文字转换成一个 7 行 3 列的表格，并将表格样式设置为“简明型 1”，设置表格居中、表格中所有文字水平居中。

（7）设置表格列宽为 3cm、行高为 0.6 cm，设置表格所有单元格的左、右边距均为 0.3 cm。

（8）在表格最后添加一行，在“月份”列输入“7”，在“CPI”列输入“6.3%”，在“PPI”列输入“10.0%”；按“CPI”列（依据“数字”类型）降序排列表格内容。

（9）保存文件“Wdzc1.docx”。

Word 操作题 2。

打开实验素材\EX3\EX3-2\Wdzc2.docx，按下列要求完成对此文档的操作并保存。

（1）将文中的所有错词“小雪”替换为“小学”。

（2）将页面设置为 A4，上、下页边距各为 2.5 cm、左右页边距为 3 cm，装订线 0.5 cm，位置为左。

（3）将标题文字格式设置为蓝色、三号、仿宋、加粗、居中，并添加 1.5 磅绿色阴影方框，设置段前段后各一行。

（4）设置正文各段落左右各缩进 1 字符，首行缩进 2 字符，1.5 倍行距，页面颜色为“橙色，强调文字颜色 6，淡色 80%”。

（5）将正文第二段分为等宽两栏，栏间添加分割线。

（6）在“两免一补”一词后添加脚注（页面底端）“免杂费、免书本费、逐步补助寄宿生生活费”。

（7）将文中后八行文字转换成一个 8 行 4 列的表格，设置表格居中、表格列宽为 2.5 cm、行高 0.7 cm；设置表格第一行和第一列文字水平居中，其余文字中部右对齐。

（8）按“在校生人数”列（依据数字类型）降序排列表格内容。设置表格外框线和第一行与第二行间的内框线为 3 磅红色单实线，其余内框线为 1.5 磅绿色单实线。

（9）保存文件“Wdzc2.docx”。

Word 操作题 3。

打开实验素材\EX3\EX3-3\Wdzc3.docx，按下列要求完成对此文档的操作并保存。

（1）将标题文字设置为三号、红色、黑体、居中，字符间距加宽 1.5 磅，发光文本效果为“红色，8pt 发光，强调文字颜色 2”，并添加蓝色（红色 0、绿色 0、蓝色 255）双波浪下划线。

（2）将正文各段落文字设置为小四、仿宋，行距设置为 20 磅，段落首行缩进 2 字符。

（3）在页面顶端居中位置输入“空白”型页眉，无项目符号，五号楷体，文字内容为“财经类专业计算机基础课程设置研究”，在页面底端插入“普通数字 3”型页码，起始页码为 3。

（4）将文中后 9 行文字转换为一个 9 行 5 列的表格；设置表格居中，表格中所有文字水平居中。

（5）删除表格中重复的行，表格第二列列宽为 6 cm，其余列列宽为 2 cm，行高为 0.6 cm。

（6）设置表格内部框线为 1 磅红色单实线，外侧框线为 2.25 磅红色双实线。设置表格第一行底纹为“茶色，背景 2，深色 25%”。

（7）计算“总学时”列数据，总学时=讲课+上机。按“总学时”列（依据“数字”类型）升序排列表格内容。

（8）计算“合计”行中“讲课”“上机”及“总学时”的合计值。

（9）保存文件“Wdzc3.docx”。

Word 操作题 4。

打开实验素材\EX3\EX3-4\Wdzc4.docx，按下列要求完成对此文档的操作并保存。

（1）给文章加标题“传感技术的发展”，设置格式为华文彩云、二号、加粗、深红色、居中对齐。

（2）为标题文字设置“水绿色，强调文字颜色 5，淡色 60%”底纹，并加红色 1.5 磅带阴影边框。

（3）设置正文第一段首字下沉 3 行、距正文 0.3 cm，首字字体为隶书、红色，其余各段落设置为首行缩进 2 字符。

（4）将正文中的所有“传感器”设置为蓝色（红色 0、绿色 0、蓝色 255），并加着重号。

（5）在正文第五段以四周型环绕方式插入图片“pic4.jpg”，并设置图片高度为 4cm、宽度为 6 cm。

（6）将正文倒数第二段分为等宽两栏，栏间加分隔线。

（7）设置奇数页页眉为“传感技术”，偶数页页眉为“国内外发展趋势”，均居中显示。

（8）在正文第九段插入自选图形“椭圆形标注”，并添加文字“技术革命”，设置格式为楷体、四号、蓝色（标准色），填充色为黄色，环绕方式为四周型。

（9）保存文件“Wdzc4.docx”。

Word 操作题 5。

打开实验素材\EX3\EX3-5\Wdzc5.docx，按下列要求完成对此文档的操作并保存。

（1）将页面设置为 A4，上、下页边距为 2.5 cm，左、右页边距为 3 cm，每页 42 行，每行 40 个字符。

（2）在适当位置插入竖排文本框“地球化学发展简史”，设置其格式为华文行楷、二号字、红色，设置文本框环绕方式为四周型，形状填充为“茶色，背景 2”。

（3）设置正文各段为小四、仿宋，首行缩进 2 字符，左右各缩进 1 字符，行距为 20 磅，段前段后各 0.5 行。

（4）为正文中的所有“化学”添加红色双波浪下划线。

（5）插入奥斯汀型页眉，页眉标题为“发展简史”，页眉内容为“地球化学”。

（6）在正文第六段中部插入图片“pic5.jpg”，设置图片的宽度、高度缩放均为 150%，环绕方式为四周型。

（7）在正文适当位置插入自选图形“椭圆形标注”，添加文字“地球化学的基本内容”，设置文字格式为：华文新魏、红色、三号，设置自选图形格式为：浅绿色填充色、紧密型环绕方式。

（8）将正文最后一段分为等宽两栏，栏间加分隔线。

（9）保存文件“Wdzc5.docx”。

Word 操作题 6。

打开实验素材\EX3\EX3-6\Wdzc6.docx，按下列要求完成对此文档的操作并保存。

（1）为文章添加标题“旅游景点日月潭”，设置格式为华文彩云、一号、红色、居中、150% 字符缩放，加宽 1 磅。

（2）在标题段下方插入一条 2 磅的绿色横线。

（3）设置正文各段落文字为小四、仿宋，段落设置为首行缩进 2 字符，1.2 倍行距，段前段后间距 0.5 行。

（4）在正文第二段的适当位置插入艺术字“美丽的日月潭”，采用“填充-红色，强调文字颜色 2，粗糙棱台”样式，文字效果为“转换-波形 1”，设置艺术字格式为楷体、40 号，环绕方式为紧密型。

（5）将文稿“热门景点.pptx”中的图片复制到正文第五段中部，并设置图片高度、宽度缩放 150%，环绕方式为四周型。

（6）设置首页页眉为“台湾旅游”，其他页页眉为“TAIWAN TOURS”，格式均为楷体、五号、居中显示。

（7）为页面添加 1.5 磅绿色单波浪线边框，给正文第六段加上 3 磅带阴影的绿色边框，填充灰色-10%底纹。

（8）将正文第四段分成偏左两栏，第一栏的宽度为 12 字符，间距为 2 字符，栏间添加分隔线。

（9）保存文件“Wdzc6.docx”。

第4章 电子表格 Excel 2010

Excel 2010 是 Microsoft 公司出品的 Office 2010 系列办公软件中的另一个组件，是功能强大的电子表格处理软件。Excel 2010 可以用来快速制作电子表格、完成许多复杂的数据运算和管理、进行数据的统计和分析等，并且具有强大的制作图表的功能，目前已广泛应用于管理、统计、财经、金融等众多领域。

4.1 Excel 2010 基础

4.1.1 Excel 2010 的启动

启动 Excel 2010 的方法很多，下面介绍几种常用的启动方法。

（1）选择“开始”菜单→“所有程序”→“Microsoft Office”→“Microsoft Office Excel 2010”命令。

（2）如果在桌面上已经创建了启动 Excel 2010 的快捷方式，则双击快捷方式图标。

（3）双击“Windows 资源管理器”窗口中的 Excel 电子表格文件（其扩展名为.xlsx），Excel 2010 会启动并且打开相应的文件。

4.1.2 窗口的组成

启动 Excel 2010 应用程序后，系统会以“普通视图”模式打开电子表格操作界面窗口，如图 4-1 所示。

Excel 2010 应用程序窗口主要有标题栏、快速访问工具栏、选项卡、功能区、工作表编辑区、工作表标签及插入工作表按钮、名称框、编辑栏、插入函数按钮、行号和列标、状态栏、视图切换按钮和显示比例滑块等部分组成。

1. 标题栏

标题栏位于 Excel 窗口顶端，显示 Excel 应用程序正在操作的工作簿文件名和应用程序名，默认名称为“工作簿 1-Microsoft Excel”。

2. 快速访问工具栏

快速访问工具栏位于标题栏最左侧，提供了“保存”“撤销”“重复”和自定义快速访问工具栏菜单几个选项，应用其右侧的图标，可以添加或更改一些最常用的快速访问按钮。

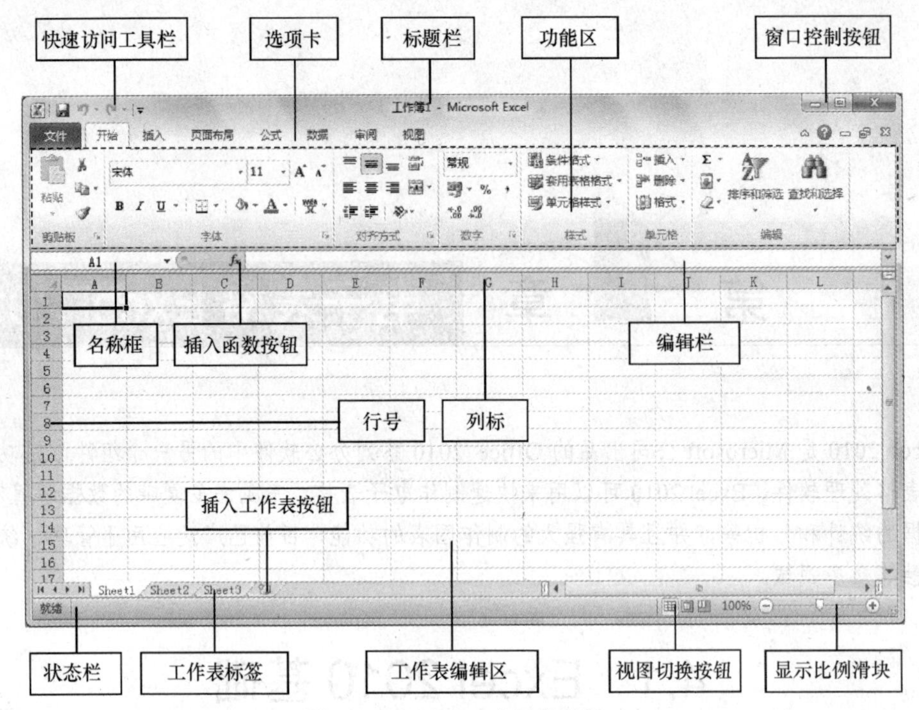

图 4-1　Excel 2010 应用程序窗口

3. 选项卡

选项卡位于标题栏的下面，通常包括“文件”“开始”“插入”“页面布局”“公式”“数据”“审阅”“视图”等不同类型的选项卡。单击某选项卡，将在功能区切换出该选项卡类别相应的多组命令按钮组。其中，“公式”和“数据”选项卡是 Excel 2010 特有的功能。

4. 功能区

功能区位于选项卡的下面，用于显示与选项卡对应的多个命令组，命令组中包含具体的命令按钮，每个按钮执行一项具体功能。

“文件”选项卡位于所有选项卡的最左侧，单击该选项卡会弹出下拉菜单，提供了文件操作的常用命令，如“新建”“保存”“另存为”“打开”“关闭”“信息”“最近所用文件”“打印”等。

“开始”选项卡包括“剪贴板”“字体”“对齐方式”“数字”“样式”“单元格”和“编辑”等命令组。

“插入”选项卡包括“表格”“插图”“图表”“迷你图”“筛选器”“链接”“文本”“符号”等命令组。

“页面布局”选项卡包括“主题”“页面设置”“调整为合适大小”“工作表选项”和“排列”等命令组。

“公式”选项卡包括“函数库”“定义的名称”“公式审核”和“计算”等命令组。

“数据”选项卡包括“获取外部数据”“连接”“排序和筛选器”“数据工具”和“分级显示”等命令组。

“审阅”选项卡包括“校对”“中文简繁转换”“语言”“批注”“更改”和“墨迹”等命令组。

“视图”选项卡包括“工作簿视图”“显示比例”“窗口”和“宏”等命令组。

如果暂时不需要使用功能区中的功能选项或希望拥有足够的工作空间，可以双击活动选项卡来隐藏功能区。如果需要再次显示，则再次双击活动选项卡，命令组就会重新出现。

5. 工作表编辑区

工作表编辑区用于显示正在编辑的当前工作表。工作表中行与列交叉处是一个单元格，工作表由若干单元格组成，可以在工作表中的单元格中输入或编辑数据。

6. 工作表标签及插入工作表按钮

单击相应的工作表标签可切换到工作簿中的该工作表下，默认情况下，一个工作簿中含有 3 个工作表。可以单击工作表标签右侧的“插入工作表”按钮，插入新的工作表。

7. 名称框

名称框位于工作表的左上方，用于定义或显示当前活动单元格或区域的地址或名称。

8. 编辑栏

编辑栏位于名称框的右侧，用于直接显示、输入、编辑和修改当前单元格中的数据或公式。单元格中输入的内容也会同时在编辑栏中显示。

当在单元格中输入或编辑内容时，编辑栏中会出现“取消”按钮×或“确认”按钮✔，分别用于取消或确认单元格中的内容，相当于键盘上的<Esc>键和<Enter>键。

9. 插入函数按钮

单击“插入函数”按钮fx会打开“插入函数”对话框，用户可以向单元格插入函数。

10. 行号和列标

每张工作表中有横向的行和纵向的列，行号是位于各行左侧的数字。列标是位于各列上方的大写英文字母。例如，A3 表示第 3 行第 A 列单元格。

11. 状态栏

状态栏显示当前的状态信息，如页数、字数及语言等信息。

12. 视图切换按钮

视图按钮包括“普通”视图、“页面布局”视图和“分页预览”视图，单击想要显示的视图类型按钮，即可切换到相应的视图方式下，用户可以在该种视图方式下查看工作表。

13. 显示比例滑块

显示比例滑块用于设置工作表区域的显示比例，拖动滑块可方便快捷地调整。

4.1.3 工作簿、工作表与单元格

Excel 的基本元素包括工作簿、工作表、单元格等。

1. 工作簿与工作表

Excel 是以工作簿为单位来处理和存储数据的，以 Excel 2010 创建的电子表格文件称为工作簿，其扩展名为.xlsx（Excel 2003 及以前的版本扩展名为.xls）。

工作表是 Excel 完成一项工作的基本单位，用于对数据进行组织和分析。一个工作簿内最多可包含 255 张工作表，系统默认包含 3 张工作表，分别命名为 Sheet 1、Sheet 2、Sheet 3，也称之为工作表标签。当前编辑的工作表称为当前活动工作表，新建工作簿的当前默认活动工作表是 sheet 1。可以单击工作表标签，在不同的工作表之间切换。

在工作表标签行可以单击其右侧的“插入工作表（Shift+F11）”按钮，插入新的工作表。如果工作表标签没有全部显示出更多的工作表，可利用工作表窗口左下角的标签滚动按钮来滚动显示工作表名称。

2. 单元格与当前单元格

工作表中行与列交叉处是一个单元格，是工作表的基本元素，一个工作表共有 1 048 576 行×16 384 列。在单元格中可以输入各种格式的文本、数字、公式等数据信息，还可以设置单元格中的文字、长度、颜色和对齐方式等。

每个单元格都有一个名称，通常在名称框中显示。单元格用列标加行号来命名，列标用大写字母 A、B、C、D、E、F……来表示，行号用数字 1，2，3，4，5，6……来表示。例如，B3 表示第 3 行第 B 列单元格。

由于一个工作簿中包含有多张工作表，为了区分不同工作表中的单元格，可在单元格地址前加表名来区别，工作表名称与单元格地址间用“!”分隔。例如，Sheet 2!A5 表示该单元格为 Sheet 2 工作表中的 A5 单元格。

单击某个单元格时，其四周被粗黑边框包围，这个单元格称为当前活动单元格，这意味着可以在其中进行输入或编辑。当前活动单元格边框的右下角有一个黑色小方块，称为填充柄，用于快速填充内容。

4.1.4 Excel 2010 的退出

Excel 2010 常用的退出方法有以下几种。

（1）单击标题栏上的“关闭”按钮☒。

（2）执行“文件”→“退出”命令。

（3）双击标题栏左侧的控制菜单按钮。

（4）在标题栏上单击鼠标右键，在弹出的快捷菜单中单击“关闭”命令。

（5）按<Alt+F4>组合键。

4.2 工作簿的创建、打开和保存

4.2.1 创建工作簿

一个工作簿就是一个 Excel 文件，创建 Excel 工作簿的方法与创建 Word 文档类似，常用的方法有以下几种。

（1）启动 Excel 2010 应用程序之后，系统自动创建一个新的默认文件名为“工作簿 1”的工作簿。

（2）单击“文件”选项卡→“新建”命令→“可用模板”→“空白工作簿”→“创建”按钮，即可创建一个空白工作簿。

（3）单击“自定义快速访问工具栏”按钮，在弹出的下拉菜单中选择“新建”项，之后可以单击快速访问工具栏中新添加的“新建”按钮创建空白工作簿。

（4）按<Ctrl+N>组合键，即会直接建立一个空白工作簿。

4.2.2 打开工作簿

下列几种方法都可以打开一个已经存在的工作簿。

（1）在“Windows资源管理器”窗口中，双击要打开的文件。

（2）在 Excel 工作簿窗口中，执行“文件”→“打开”命令，在弹出的“打开”对话框中找到要打开的文件，双击文件或者单击“打开”按钮。

（3）单击“自定义快速访问工具栏”按钮，在弹出的下拉菜单中选择“打开”项，之后单击快速访问工具栏中新添加的“打开”按钮即可。

4.2.3 保存工作簿

下列几种方法都可以保存工作簿文件。

（1）执行“文件”→“保存”命令。

（2）单击“快速访问工具栏”工具栏上的“保存”按钮。

（3）按<Ctrl+S>组合键。

如果新建的工作簿还没有保存过，执行保存文件操作时会弹出“另存为”对话框，在该对话框中可以指定文件保存的位置及类型。

Excel 可以读取其他类型的文件，也可以将文件保存为其他类型。当文件首次保存时，可以保存为其他类型，但要将一个已经保存过的文件存为其他类型，就必须使用“另存为”命令。

“保存”命令与“另存为”命令的区别是：“保存”操作是以最新的内容覆盖当前打开的工作簿，不产生新的文件；而“另存为”操作是将这些内容保存为另一个由用户指定的新文件，不会影响已经打开的文件。

4.2.4 保护工作簿

对工作簿、工作表和单元格均可进行保护和隐藏。保护和隐藏工作簿可以防止他人对工作簿进行任何操作，保护和隐藏工作表可防止工作表中的任何对象被修改，保护和隐藏单元格可防止他人修改单元格中的数据、公式等。

可以从结构和窗口两方面对工作簿进行保护，具体操作步骤如下。

（1）打开所需保护的工作簿。

（2）单击“审阅”选项卡→“更改”命令组卡→“保护工作簿”命令按钮，打开“保护结构和窗口”对话框，如图 4-2 所示。

（3）在对话框中可以选择“结构”和“窗口”，还可设置密码。选择“结构”可以保护工作簿不被执行移动、重命名、隐藏/取消隐藏、删除工作表等操作；选择“窗口”可以保护工作簿的窗口不被移动、缩放、隐藏、关闭。

（4）单击“确定”按钮后会弹出“确认密码”对话框，再次输入并单击“确定”按钮即可。经过保护后，工作簿窗口中标题栏上的控制按钮消失。

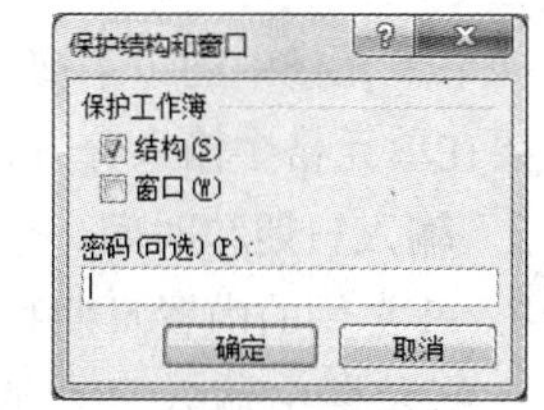

图 4-2 “保护结构和窗口”对话框

4.3 输入与编辑工作表

在 Excel 中输入和编辑数据，必须先选定某单元格使其成为当前单元格，输入和编辑数据可以在当前单元格中进行，也可以在数据编辑栏进行。

4.3.1 输入数据

Excel 2010 支持多种数据类型，向单元格输入数据通常通过以下 3 种方法。

（1）单击要输入数据的单元格，使其成为活动单元格，然后直接输入数据。

（2）双击要输入数据的单元格，单元格内出现光标插入点，此时可直接输入数据或修改已有数据信息。

（3）单击选中单元格，然后在编辑栏中单击，接着输入数据。数据输入后，单击编辑栏上的"确认"按钮或按<Enter>键确认输入，单击"取消"按钮或按<Esc>键取消输入。不同数据类型的输入要求不同。

1. 输入文本

Excel 中的文本通常是指字符或是任何字符与数字的组合。在默认情况下，单元格中输入的文本自动左对齐。

如果输入数字字符串，如学号、身份证号、邮政编码等，就要在数字串前加单引号"'"。确定后，该单元格左上角自动出现一个绿色小三角标记，表示该单元格是字符型数据。当选定该单元格时，旁边出现提示符号，提示该单元格中的内容为文本格式，并可从下拉列表中选择操作命令。

如果公式或函数中有文本，就必须用字符串定界符（即英文标点中的双引号）将文本括起来。

如果文本长度超过单元格宽度，当右侧单元格为空时，超出部分延伸到右侧单元格；当右侧单元格有内容时，超出部分自动隐藏，此时可选定该单元格在编辑栏中浏览其中全部内容，也可调整列宽来显示全部内容。

2. 输入数值

数值数据的特点是可以对其进行算术运算。数值数据除了由数字（0～9）组成的字符外，还包括 + 、−、(*)、E、e、/、$、%，以及小数点"."和千分位符","等。默认情况下，输入单元格中的数值自动右对齐。

当数值长度超过单元格宽度时，自动转换成科学表示法：<整数或实数>e ± <整数>或者<整数或实数>E ± <整数>。例如，输入 1234567891234，可显示 1.23456E+12。数值数据默认单元格右对齐。

如果单元格中的数字被"########"代替，说明单元格的宽度不够，增加单元格的宽度即可。

要在单元格中输入分数，就须先输入"0"和空格，然后再输入分数。

3. 输入日期和时间

Excel 常用的内置日期和时间格式有以下几种。

在单元格中输入日期或时间时，要遵循 Excel 内置的格式。常见的日期和时间格式有"yy/mm/dd""yyyy/mm/dd""hh:mm[:ss]［AM/PM］"几种。在单元格中输入 Excel 可识别的日期和时间数据时，单元格的格式自动转换为相应的日期和时间格式。输入的日期和时间在单元格内默认右对齐。

在单元格中输入 Excel 不能识别的日期和时间数据时，输入的内容将被视为文本，并在单元格中左对齐。

如果要在单元格中同时输入日期和时间，则先输入日期后输入时间，中间以空格隔开。

如果要在单元格中输入当天的日期，按<Ctrl>+<;>组合键；输入当前时间，按<Shift>+<Ctrl>+<;>组合键。

4. 输入批注

在 Excel 2010 中可以为单元格输入批注内容，进一步说明和解释单元格中的内容。在选定的活动单元格上单击鼠标右键，选择“插入批注”；也可以单击“审阅”选项卡→“批注”命令组→“新建批注”按钮，在选定的单元格右侧弹出一个批注框。可以在此框中输入对单元格进行解释和说明的文本内容。输入完成后，单元格的右上角出现一个红色小三角标记，表示该单元格含有批注。

当含有批注的单元格是活动单元格时，批注会显示在单元格的边上，单击“审阅”选项卡→“批注”命令组→“编辑批注”按钮，可以修改批注。若选中单元格，单击鼠标右键，在弹出的快捷菜单中选择“删除批注”命令，可以删除批注。

4.3.2　自动填充数据

1. 使用填充柄填充数据

在工作表中选择一个单元格或单元格区域，在右下角会出现一个控制柄，当鼠标指针指向控制柄时会出现十字形状“+”填充柄，拖动填充柄，可以实现快速自动填充。利用填充柄不仅可以填充相同的数据，还可以填充有规律的数据。

使用填充柄填充数据的操作步骤如下。

（1）选定包含初始值的单元格或单元格区域。

（2）将鼠标指针移至单元格区域右下角的控制柄上，当鼠标指针变为黑十字形状填充柄时，拖动填充柄到填充序列区域的终止位置，释放填充柄。

（3）此时，在填充区域的右下角出现“自动填充选项”按钮，单击会弹出下拉列表框，列出数据填充的方式（包括“复制单元格”“填充序列”“仅填充格式”“不带格式填充”等）供选择，以按选项设置的数据填充单元格区域，如图 4-3 所示。

如果序列是不连续的，如数字序列的步长不是 1，则需要在选定填充区域的第一个和下一个单元格中分别输入数据序列中的前两个数值，两个数值之间的差决定数据序列的步长值，同时选中作为初始值的两个单元格，然后拖动填充柄一直到完成填充工作。

2. 单元格的复制填充

单元格的复制填充的具体操作步骤如下。

（1）选定要填充区域的第一个单元格并输入要填充的初始值。

（2）选定要填充数据的单元格区域，单击“开始”选项卡→“编辑”命令组→“填充”命令按钮，弹出“填充”下拉列表框，如图 4-4 所示。

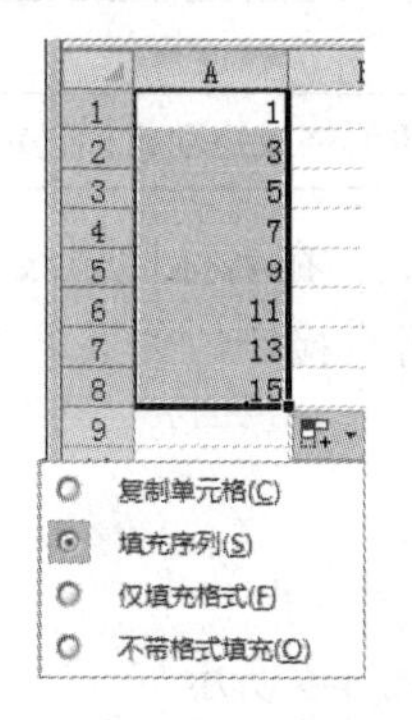

图 4-3　使用填充柄填充数据

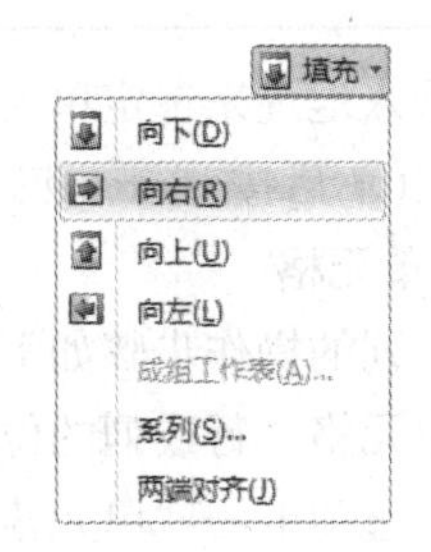

图 4-4　“填充”下拉列表框

（3）在下拉列表中选择“向上”“向下”“向左”或“向右”选项，可以在选定单元格区域内填充相同的数据。

3. 单元格的序列填充

单元格序列填充的具体操作步骤如下。

（1）选定要填充区域的第一个单元格并输入序列中的初始值。

（2）选定含有初始值的单元格区域，单击“开始”选项卡→“编辑”命令组→“填充”命令按钮。

（3）在弹出的“填充”下拉列表中，选择“序列”选项，弹出“序列”对话框，如图 4-5 所示。

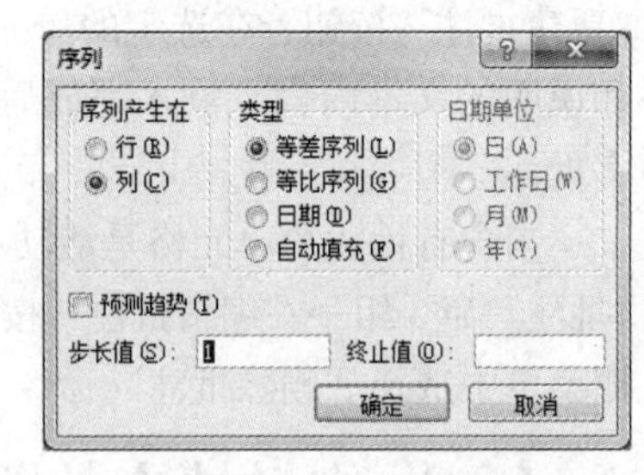

图 4-5 “序列”对话框

序列产生在：选择行或列，进一步确认是按行还是按列方向填充。

类型：选择序列类型，若选择“日期”，则必须在“日期单位”框中选择单位。

步长值：指定序列增加或减少的数量，可以输入正数或负数。

终止值：输入序列的最后一个值，用于限定输入数据的范围。

（4）设置好后，单击“确定”按钮，即可实现序列填充。

4.3.3 单元格的操作

1. 选定单元格或区域

选定操作是执行其他操作的基础，被选定的单元格为当前单元格，被选定的单元格区域将反向显示。表 4-1 为利用鼠标选定单元格的常用操作方法。

表 4-1 利用鼠标选定单元格的常用操作方法

选定功能	鼠标操作方法
选定一个单元格	将鼠标指针指向要选定的单元格单击
选定不连续的单元格	按住<Ctrl>键的同时，单击需要选定的单元格
选定一行	单击行号（将鼠标指针放在需要选定行单元格左侧的行号位置处单击）
选定一列	单击列标（将鼠标指针放在需要选定列单元格顶端的列标位置处单击）
选定多行	按<Ctrl>键的同时选定行号
选定多列	按<Ctrl>键的同时选定列标
选定整个表格	单击工作表左上角行号和列号的交叉按钮，即“全选”按钮
选定一个矩形区域	按住鼠标左键拖动
选定不相邻的矩形区域	按住<Ctrl>键，单击选定的单元格或拖动鼠标选定矩形区域

也可以在名称栏输入地址来选定单元格或单元格区域。在名称栏输入单元格或单元格区域地址（如 D7，或 D7：F10）后按<Enter>键，单元格指针可直接定位到该单元格或单元格区域。

2. 插入行、列与单元格

插入单元格、行与列的操作步骤如下。

（1）选定要插入单元格、行或列的位置。

（2）单击“开始”选项卡→“单元格”命令组，如图 4-6 所示。

（3）直接单击“插入”命令按钮，即可在当前位置插入单元格、行或列。如果单击“插入”

下拉按钮，会弹出如图 4-7 所示的下拉列表框，从中选择“插入单元格”“插入工作表行”“插入工作表列”“插入工作表”等选项。

（4）如果在下拉列表框中单击“插入工作表行”或“插入工作表列”选项，则在选定位置的左侧或者上方插入行或列。如果单击“插入单元格”选项，则弹出“插入”对话框，如图 4-8 所示。按需要选择插入单元格的位置，单击“确定”按钮即可。

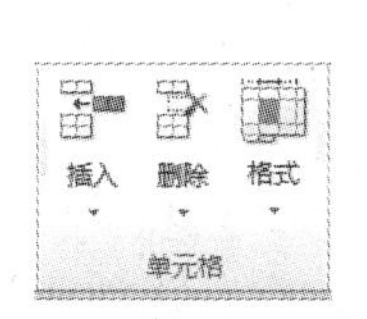

图 4-6 “开始”选项卡→“单元格”命令组

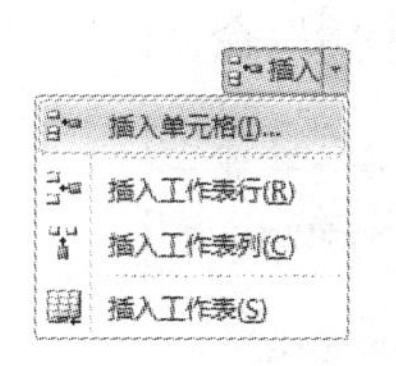

图 4-7 “插入”下拉列表框

图 4-8 “插入”对话框

3. 删除行、列与单元格

删除行、列与单元格的具体操作步骤如下。

（1）选定要删除的单元格、行或列。

（2）选择“开始”选项卡→“单元格”命令组，直接单击“删除”命令按钮，即可删除当前单元格、行或列。单击“删除”下拉按钮，可以在弹出的下拉列表框中选择“删除单元格”“删除工作表行”“删除工作表列”“删除工作表”等选项，如图 4-9 所示。

（3）在下拉列表框中单击“删除工作表行”或“删除工作表列”选项，则删除选定行或列。如果单击“删除单元格”选项，则弹出“删除”对话框，如图 4-10 所示。按需要选择删除单元格的位置，单击“确定”按钮即可。

图 4-9 “删除”下拉列表框

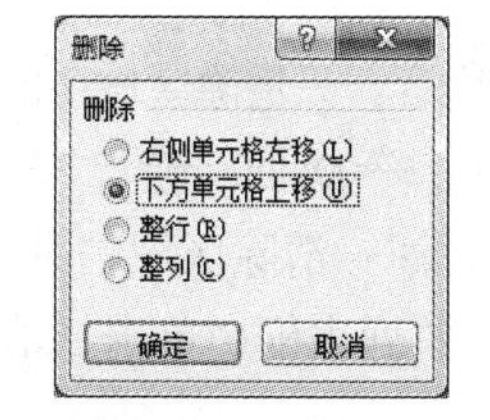

图 4-10 “删除”对话框

也可在选定相应的单元格、行或列后，单击鼠标右键，通过快捷菜单实现插入、删除等操作。

4. 单元格内容的移动或复制

移动或复制单元格内容有以下 3 种操作方法。

（1）选定需要移动或复制内容的单元格，按<Ctrl+X>组合键剪切，单击目标位置单元格，按<Ctrl+V>组合键可移动单元格内容。按<Ctrl+C>组合键复制，单击目标位置单元格，按<Ctrl+V>组合键可复制单元格内容。

（2）在需要移动或复制内容的单元格上单击鼠标右键，在弹出的快捷菜单中选择“剪切”“复制”“粘贴”命令来移动或复制单元格内容。

（3）选定需要移动或复制内容的单元格，在“开始”选项卡→“剪贴板”命令组（见图 4-11）中选择“剪切”“复制”“粘贴”命令来移动或复制单元格内容。

图 4-11 “开始”选项卡→“剪贴板”命令组

还可以单击“剪贴板”命令组→“粘贴”下拉按钮，在展开的列表中单击“选择性粘贴”选项，弹出“选择性粘贴”对话框，如图 4-12 所示。根据需要选定相应的选项实现有选择地粘贴，最后单击“确定”按钮即可。

5. 清除单元格格式或内容

清除单元格，只是删除了单元格中的内容（公式和数据）、格式或批注，并没有删除单元格空间，具体操作步骤如下。

（1）选定需要清除其格式或内容的单元格或区域。

（2）单击“开始”选项卡→“编辑”命令组，如图 4-13 所示。

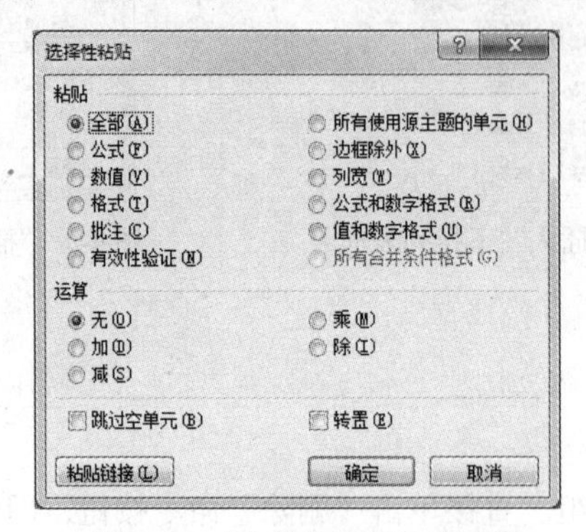

图 4-12 “选择性粘贴”对话框

图 4-13 “开始”选项卡→“编辑”命令组

（3）单击“清除”下拉按钮，弹出如图 4-14 所示下拉列表框，可以选择“全部清除”“清除格式”“清除内容”“清除批注”“清除超链接”等选项。

- 全部清除：清除区域中的内容、批注和格式。
- 清除格式：只清除区域中的数据格式，而保留数据的内容和批注。
- 清除内容：只清除区域中的数据，而保留区域中的数据格式，也等同于选中后按<Delete>键。
- 清除批注：清除区域的批注信息。

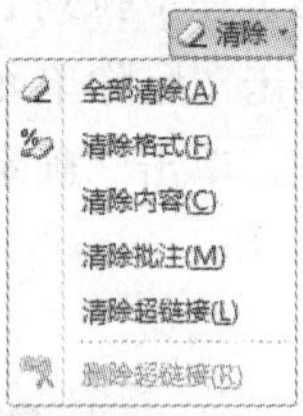

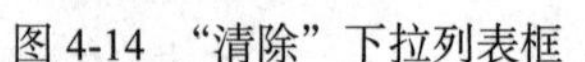

图 4-14 “清除”下拉列表框

（4）在下拉列表框中单击“清除格式”或“清除内容”选项，则单元格或区域中格式或内容即被删除。

4.3.4 工作表的操作

1. 选定工作表

对工作表进行其他操作之前需要先执行选定操作，被选定的工作表的工作表标签变为白色。选定工作表有以下几种方法。

（1）选定单张工作表。单击工作表的标签，被选定的工作表即成为当前活动工作表。

（2）选择多张相邻的工作表。单击第一张工作表的标签，按住<Shift>键的同时，单击最后一张工作表的标签。

（3）选择多张不相邻的工作表。单击第一张工作表标签，然后按住<Ctrl>键的同时单击需要选择的其他工作表标签。

（4）选定全部工作表：用鼠标右键单击任意一个工作表标签，在快捷菜单中选择“选定全部工作表”命令。

如果要取消选定多张工作表，则单击工作簿中的任意一张工作表标签即可。

2. 重命名工作表

重命名工作表时双击工作表标签，输入新的名称即可。还可以用鼠标右键单击工作表标签，在打开的快捷菜单中选择“重命名”命令，如图 4-15 所示，然后输入新工作表名称即可。

3. 移动或复制工作表

移动或复制可在同一个工作簿内进行，也可以在不同的工作簿之间进行。

在同一工作簿内移动或复制工作表，可用拖动鼠标来实现。移动操作方法为：用鼠标拖动原工作表所到目标工作表位置。复制操作方法为：按住<Ctrl>键，用鼠标拖动原工作表，当鼠标指针变成带加号的形状时，直接拖动到目标工作表的位置即可。

也可用通过对话框来移动或复制工作表，操作步骤如下。

（1）选择要移动或复制的工作表，单击鼠标右键，在快捷菜单中选择“移动或复制”命令，打开“移动或复制工作表”对话框，如图 4-16 所示。

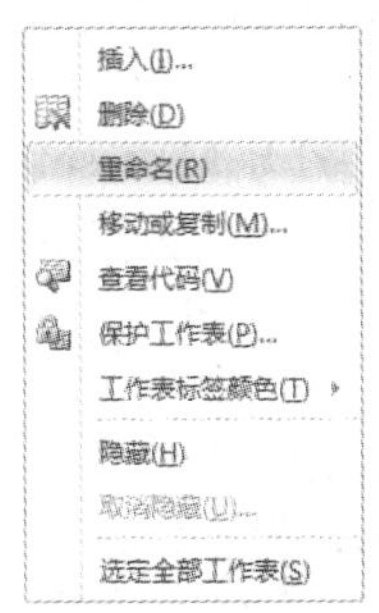

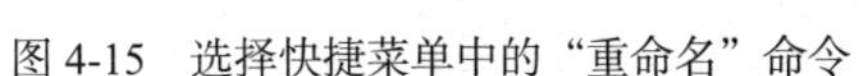
图 4-15 选择快捷菜单中的“重命名”命令

图 4-16 “移动或复制工作表”对话框

（2）如要要将工作表移动或复制到同一工作簿，则在“下列选定工作表之前”列表框中，选择要移动或复制到目标位置工作表的名称。

（3）如果要移动工作表，则直接单击“确定”按钮即可。如果要复制工作表，则选中“建立副本”复选项后，单击“确定”按钮。

如果在不同的工作簿之间移动或复制工作表，则在“移动或复制工作表”对话框的“将选定工作表移至工作簿”下拉列表框中选择目标工作簿，单击“确定”按钮。如果要复制，则选中“建立副本”复选框后，单击“确定”按钮即可。

4. 插入或删除工作表

插入工作表可以通过以下几种方法实现。

（1）单击工作表标签右侧的“插入工作表”按钮，即可在所有工作表之后插入一张新工作表。

（2）单击“开始”选项卡→“单元格”命令组→“插入”命令按钮，在出现的下拉列表（见图 4-7）中选择“插入工作表”命令，即可在选定工作表之前插入一个新工作表。

（3）用鼠标指针指向工作表标签，单击鼠标右键，在弹出的快捷菜单（见图 4-15）中选择“插入”命令，打开“插入”对话框，如图 4-17 所示，从中选择“工作表”图标，单击“确定”按钮，可在选定工作表之前插入一个新工作表。

删除工作表可以通过以下几种方法实现。

（1）单击“开始”选项卡→“单元格”命令组→“删除”命令按钮，在出现的下拉列表（见图 4-9）中选择“删除工作表”命令，即可删除选定的工作表。

（2）用鼠标指针指向工作表标签，单击鼠标右键，在弹出的快捷菜单（见图 4-15）中选择“删除”命令，即可删除选定的工作表。

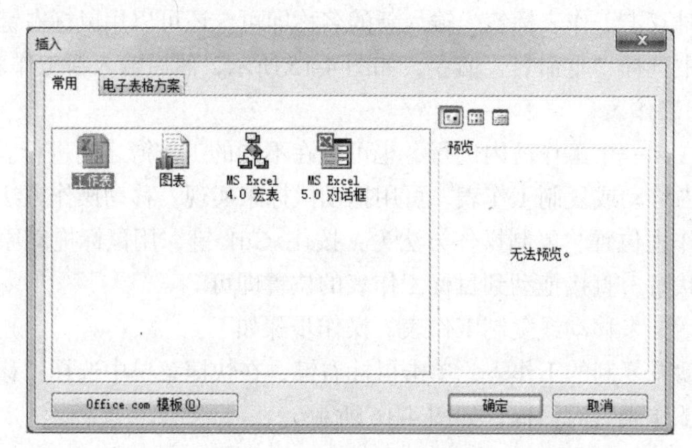

图 4-17 “插入”对话框

如果删除的工作表中存在数据，执行“删除工作表”操作时会打开 Microsoft Excel 提示信息框（见图 4-18），提示是否确认删除。单击“删除”按钮，则工作表中的数据将被永久删除，且无法用“撤销”恢复；单击“取消”按钮，则取消本次删除操作。

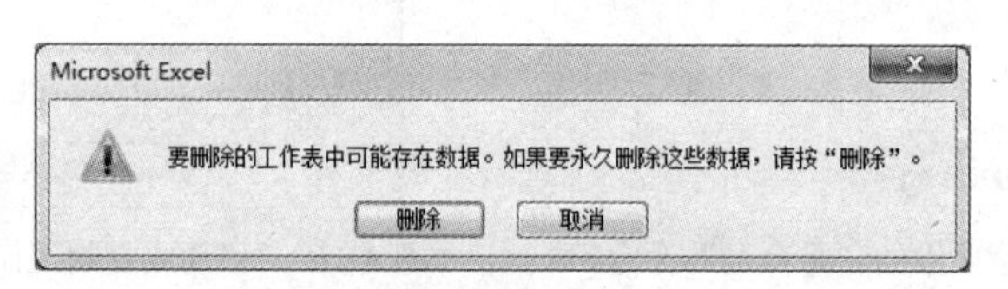

图 4-18 确认删除提示信息框

5. 拆分和冻结工作表窗口

（1）拆分窗口。一个工作表窗口可以拆分为“两个窗口”或“四个窗口”。窗口拆分后，可同时浏览一个较大工作表的不同部分。拆分窗口通常使用以下方法。

将鼠标指针指向水平滚动条最右侧（或垂直滚动条最上端）的“拆分条”，当鼠标指针变成双箭头时，沿箭头方向拖动鼠标到适当的位置，放开鼠标即可；拖动分隔条，可以调整分隔后窗格的大小。

也可以单击“视图”选项卡→“窗口”命令组→“拆分”命令按钮，将一个窗口拆分为两个或四个窗口。

如果要取消窗口的拆分，将拆分条拖回到原来的位置或单击“视图”选项卡→“窗口”命令组→“拆分”命令即可。

（2）冻结窗口。工作表的冻结是将工作表窗口的某一部位固定，使其不随滚动条移动，这样在查看大型表格中的内容时，采用“冻结”行或列的方法可以始终显示表的前几行或前几列以方便查看。冻结窗口通常使用以下方法。

选定一个单元格，单击“视图”选项卡→“窗口”命令组→“冻结窗格”命令按钮，从下拉菜单中选择“冻结拆分窗格”选项，则从选定单元格的左上角位置被冻结。

如果只冻结首行或首列，单击“视图”选项卡→“窗口”命令组→“冻结窗格”命令按钮，从下拉菜单中选择“冻结首行”或“冻结首列”选项即可。

如果要取消冻结，单击“视图”选项卡→“窗口”命令组→“冻结窗格”命令按钮，从下拉菜单中选择“取消冻结窗格”命令即可。

4.4　工作表格式化

4.4.1　设置单元格格式

1. 设置数字格式

选定要格式化的单元格或区域，可以利用“开始”选项卡→“数字”命令组（见图 4-19）中的快速格式化数字的按钮，即货币样式按钮、百分比样式按钮、千分分隔样式按钮、增加小数位数按钮和减少小数位数按钮等设置数字样式。

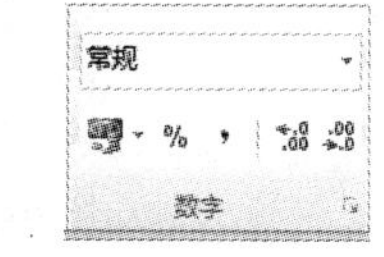

图 4-19　“开始”选项卡→“数字”命令组

单击“开始”选项卡→“数字”命令组右下角的“对话框启动器”按钮，在弹出的“设置单元格格式”对话框（见图 4-20）中有“数字”“对齐”“字体”“边框”“填充”和“保护”共 6 个标签，利用这些标签，可以设置单元格的格式。

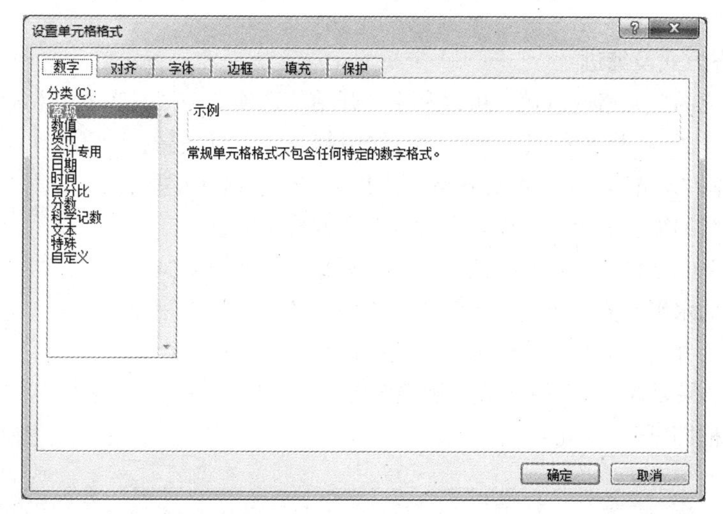

图 4-20　“单元格格式”对话框—“数字”标签

在“单元格格式”对话框的“数字”标签下，可以改变数字（包括日期）在单元格的显示形式，但是不改变在编辑栏的显示形式。数字格式主要有常规、数值、分数、日期和时间、货币、会计专用、百分比、科学记数、文本和自定义等，可以设置小数点后的位数；默认情况下，数字为“常规”格式。

2. 设置字体格式

选定要格式化的单元格或区域，可以利用“开始”选项卡→“字体”命令组，设置字体、字号、字形、字体颜色以及其他对字符的修饰，如图 4-21 所示。在“字体”下拉列表中选择一种字体；在“字号”下拉列表中选择字号大小；单击加粗按钮、倾斜按钮、下划线按钮，可以改变选中文本的字形；单击字体颜色按钮右侧的下拉按钮，从下拉列表中选择需要的颜色。

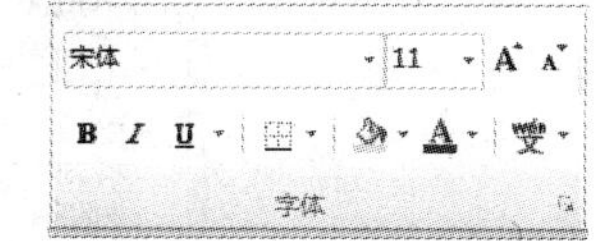

图 4-21　“开始”选项卡→“字体”命令组

也可以在“单元格格式”对话框的“字体”标签下（见图 4-22），详细设置单元格内容的字体、颜色、下划线和特殊效果等。

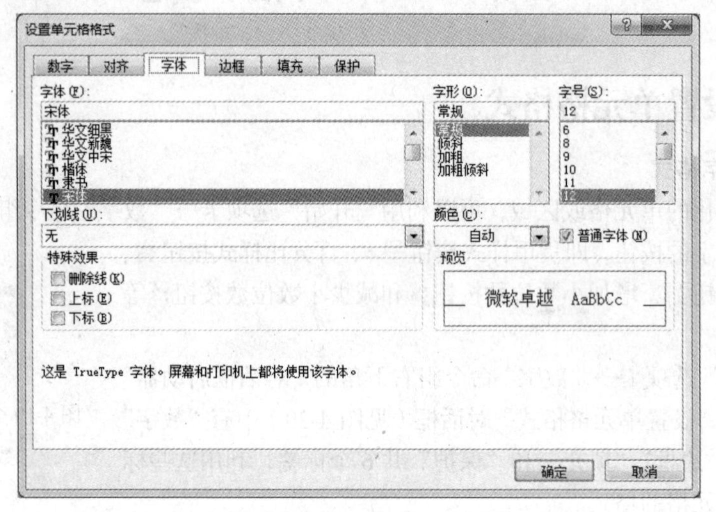

图 4-22 “单元格格式”对话框的“字体”标签

3. 设置对齐方式及缩进

选定要格式化的单元格或区域，可以利用“开始”选项卡→“对齐方式”命令组中的对齐和缩进按钮（见图 4-23），即顶端对齐、垂直居中、底端对齐、自动换行、文本左对齐、文本右对齐、居中、合并后居中、减少缩进量、增加缩进量、方向等设置对齐方式及缩进。

图 4-23 “开始”选项卡→“对齐方式”命令组

也可以在“单元格格式”对话框的“对齐”标签下（见图 4-24），设置单元格内容的水平对齐、垂直对齐和文本方向，还可以完成相邻单元格的合并，合并后，只有选定区域左上角的内容，才会放到合并后的单元格中。如果要取消合并单元格，则选定已合并的单元格，取消选中“对齐”标签下的“合并单元格”复选框即可。

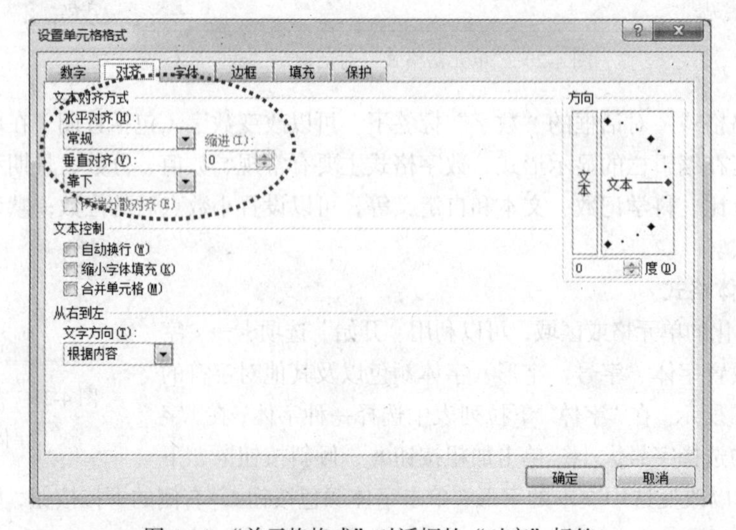

图 4-24 “单元格格式”对话框的“对齐”标签

4. 设置单元格边框和底纹

选定要格式化的单元格或区域，可以在“开始”选项卡→“字体”命令组（见图 4-21）中设置边框和底纹。单击边框按钮右侧下拉按钮，从弹出的列表中选择需要的边框线型；单击填充颜色按钮右侧下拉按钮，从弹出的列表中选择所需的填充颜色。

也可以在“单元格格式”对话框的“边框”标签下（见图 4-25），利用“预置”选项组为单元格或单元格区域设置“外边框”和“边框”。利用“边框”样式为单元格设置上边框、下边框、左边框、右边框和斜线等；还可以设置边框的线条样式和颜色。如果要取消已设置的边框，选择“预置”选项组中的“无”即可。在“单元格格式”对话框的“填充”标签下（见图 4-26），可以设置突出显示某些单元格或单元格区域，为这些单元格设置背景色和图案。

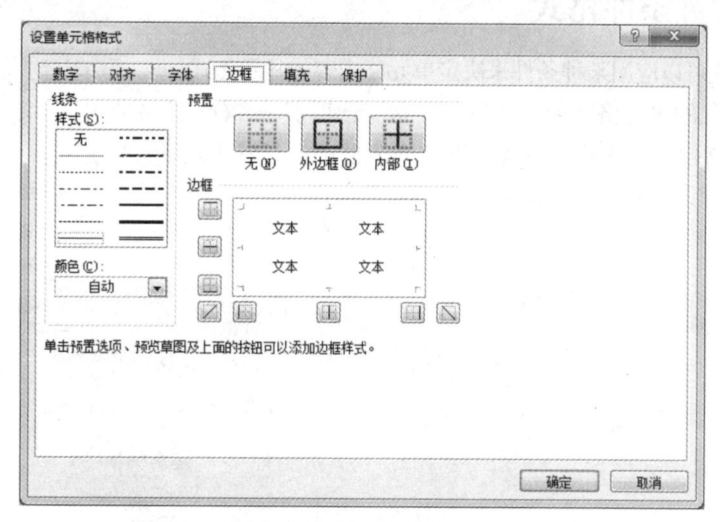

图 4-25 “单元格格式”对话框的“边框”标签

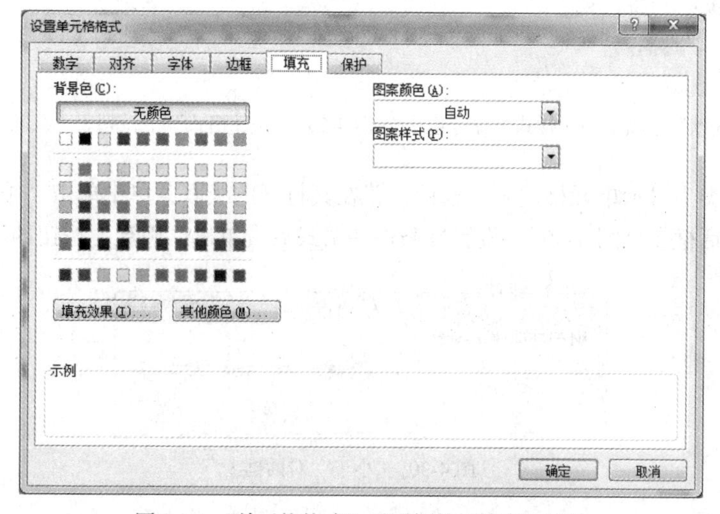

图 4-26 “单元格格式”对话框的“填充”标签

4.4.2 设置行高和列宽

1. 使用鼠标调整

将鼠标指针指向要改变行高和列宽的行号或列标的分隔线上，鼠标指针变成垂直双向箭头形状或水平双向箭头形状，按住鼠标左键并拖动鼠标，直至将行高和列宽调整到合适高度和宽度，放开鼠标即可。

2. 使用菜单调整

选定单元格区域，单击“开始”选项卡→“单元格”命令组→“格式”命令按钮的下拉按钮，在弹出的下拉列表框（见图 4-27）中选择“列宽”“行高”选项，分别在打开的对话框中可设置行高和列宽。选择“自动调整列宽”或“自动调整行高”选项，可自动调整表格行高和列宽。

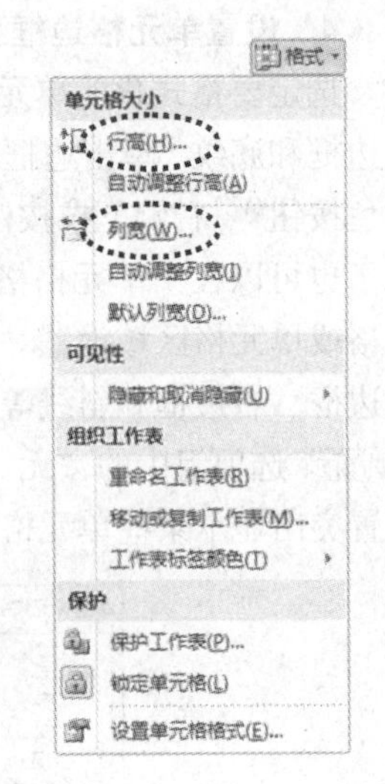

图 4-27 “格式”下拉列表框

4.4.3 设置条件格式

设置条件格式可以应用某种条件来决定单元格内容的显示格式。

选定要格式化的单元格区域，执行“开始”选项卡→“样式”命令组（见图 4-28），在“条件格式”下拉列表框中通过各个选项的下拉菜单来设置条件格式，如图 4-29 所示。

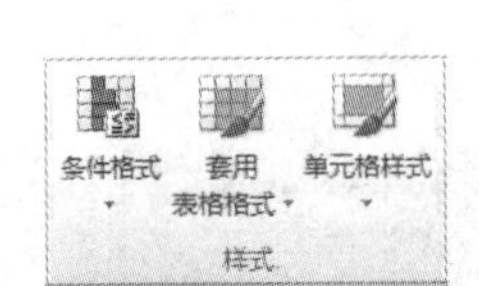

图 4-28 “开始”选项卡→“样式”命令组

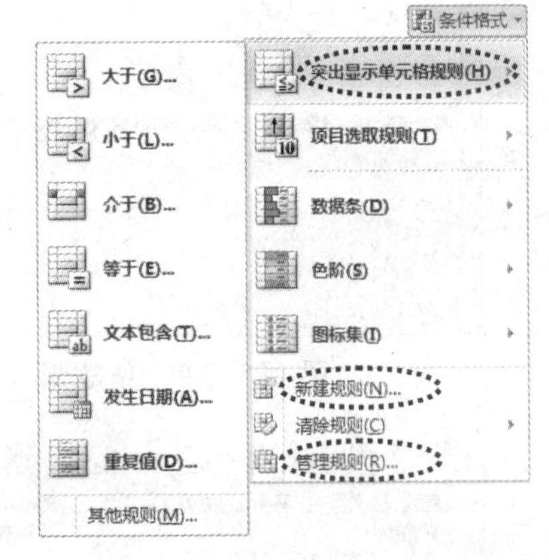

图 4-29 “条件格式”下拉列表一级联菜单

如果单击“突出显示单元格规则”选项：若在其打开的级联菜单中单击“小于”选项，则会弹出“小于”对话框（见图 4-30），设置好条件和格式后，单击“确定”按钮即可完成设置。

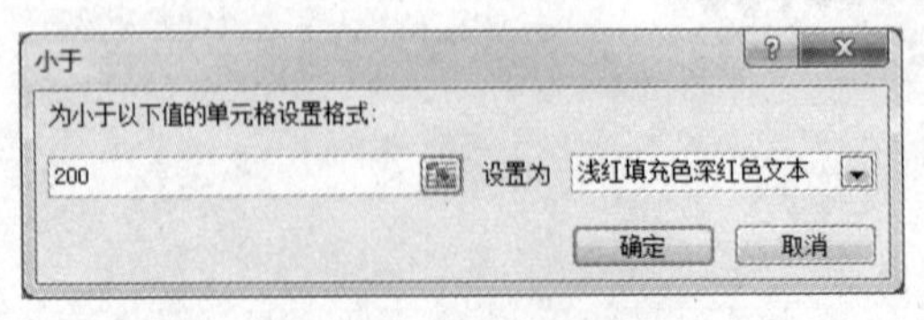

图 4-30 “小于”对话框

如果单击“新建规则”选项：在打开的“新建格式规则”对话框（如图 4-31 所示）中单击“只为包含以下内容的单元格设置格式”选项，然后设置各个选项，单击“确定”按钮，即可设置高级条件格式。

如果单击“管理规则”选项：打开“条件格式规则管理器”对话框（如图 4-32 所示），选中要更改的条件格式，单击“编辑规则”按钮，即可更改。如果要删除一个或多个条件，选择要删除的条件规则，单击“删除规则”按钮即可。

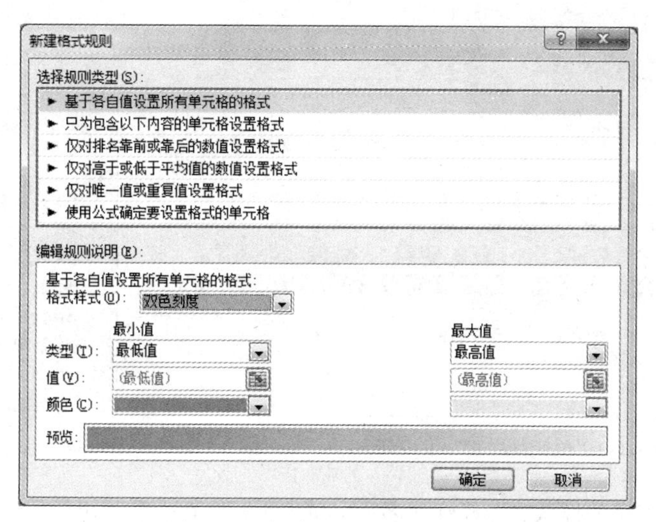

图 4-31　“新建格式规则”对话框

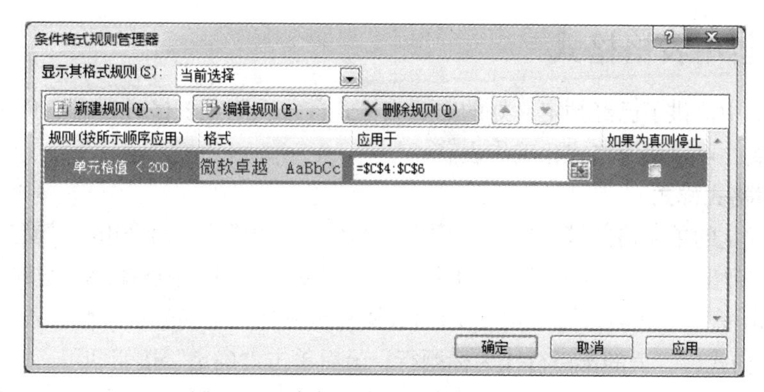

图 4-32　“条件格式规则管理器”对话框

4.4.4　使用单元格样式

样式是单元格字体、字号、对齐、边框和图案等一个或多个设置特性的组合。

样式包括内置样式和自定义样式。内置样式为 Excel 内部定义的样式，可以直接使用，包括常规、货币和百分数等；自定义样式是根据需要自己定义的组合设置，需自定义样式名。

1. 应用单元格样式

选定要格式化的单元格区域，单击“开始”选项卡→“样式”命令组→“单元格样式”命令下拉按钮，在弹出的“单元格样式”下拉列表框中选择具体样式和设置选项，如图 4-33 所示。如果要应用普通数字样式，单击工具栏上的“千位分隔样式”“货币样式”或“百分比样式”按钮，选择需要的格式。

2. 创建自定义单元格样式

在图 4-33 中选择“新建单元格样式”选项，打开新建单元格“样式”对话框，如图 4-34 所示。在“样式名”文本框中，输入新单元格样式的名称；单击“格式”按钮会打开“设置单元格格式”对话框，在对话框中的各个标签下设置所需的格式，单击“确定”按钮即可。

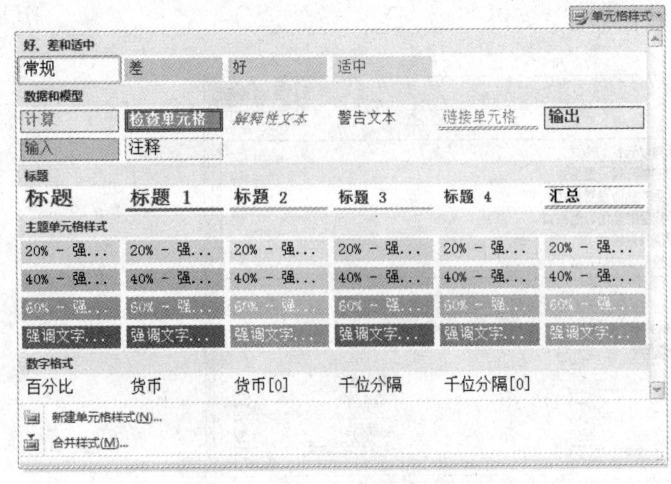

图 4-33 “单元格样式”下拉列表框

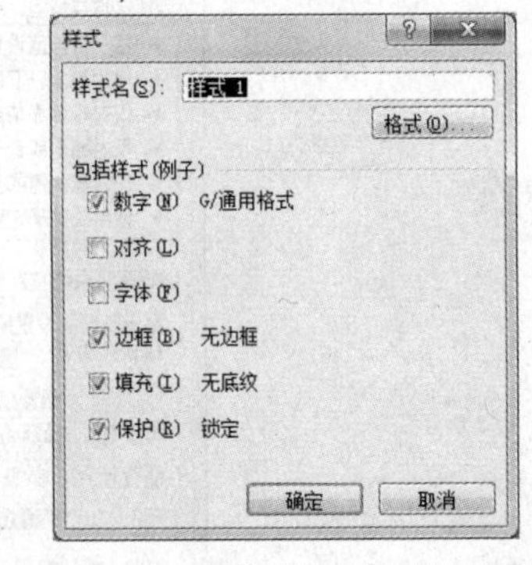

图 4-34 新建单元格“样式”对话框

如果要删除已定义的样式，选择样式名后，单击鼠标右键，在弹出的快捷菜单中选择“删除”命令即可。

4.4.5 套用表格格式

Excel 2010 中提供了已经预定义好的内置表格式样式，制定表格时利用“套用表格格式”功能套用这些格式，可以快速格式化工作表。

1. 应用表格式样式

选定要格式化的单元格区域，单击“开始”选项卡→“样式”命令组→“套用表格格式”命令下拉按钮，在弹出的“套用表格格式”下拉列表框（见图 4-35）中选择要使用的格式，出现“套用表格式”对话框（见图 4-36），其中显示的数据来源就是选定的表格区域；若选定“表包含标题”，则在套用格式后，表的第一行作为标题行；最后单击“确定”按钮即可。

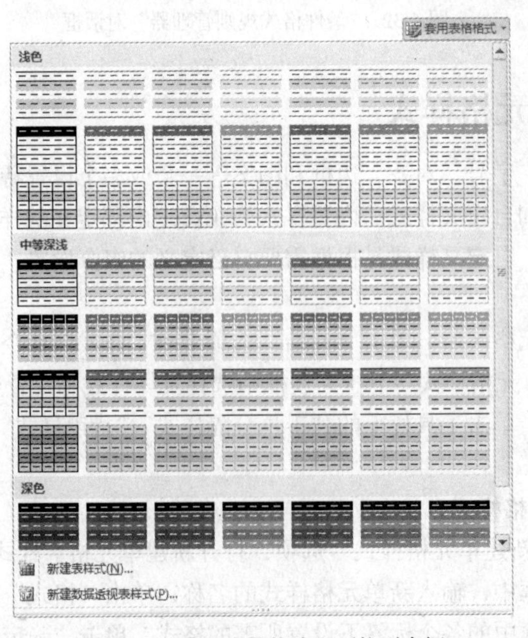

图 4-35 “套用表格格式”下拉列表框

2. 新建表格式样式

在图 4-35 中选择“新建表样式”选项，将打开“新建表快速样式”对话框，如图 4-37 所示。在“名称”文本框中输入新建表格样式的名称；单击“格式”按钮，打开“设置单元格格式”对话框，在对话框的各个标签下设置所需的格式，单击“确定”按钮即可。如果要删除新建表样式，选择样式名后单击鼠标右键，在弹出的快捷菜单中选择“删除”按钮即可。

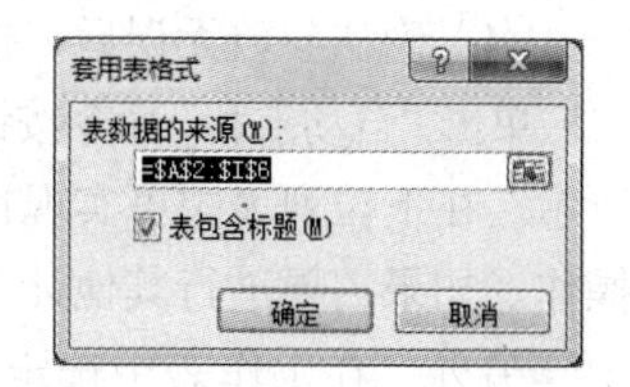

图 4-36 “套用表格式”对话框

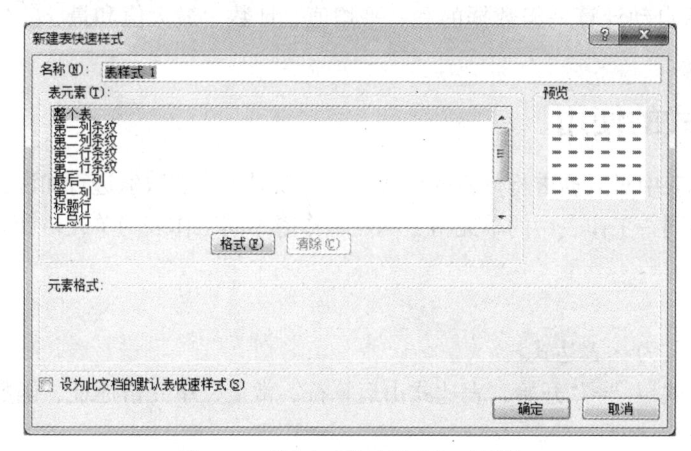

图 4-37 “新建表快速样式”对话框

4.5 公式和函数

4.5.1 自动计算

利用功能区中的“自动求和”按钮∑可以自动计算一组数据的和、平均值、计数、最大值和最小值等。自动计算既可以计算相邻的数据区域，也可以计算不相邻的数据区域；既可以一次计算一个公式，也可以一次计算多个公式。

利用功能区中的“自动求和”按钮自动计算的操作步骤如下。

（1）选定存放计算结果的单元格（一般选中一行或一列数据末尾的单元格）。

（2）单击“开始”选项卡→“编辑”命令组→“自动求和”命令按钮（见图 4-38），或者单击“公式”选项卡→“函数库”命令组→“自动求和”命令按钮，如图 4-39 所示。

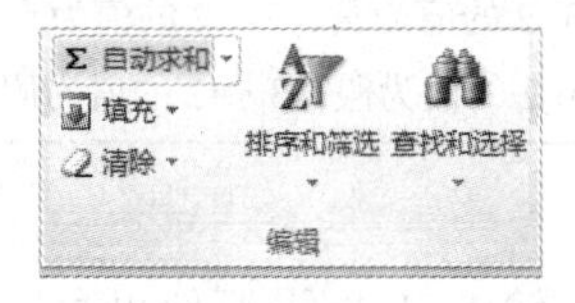

图 4-38 “开始”选项卡→“编辑”命令组

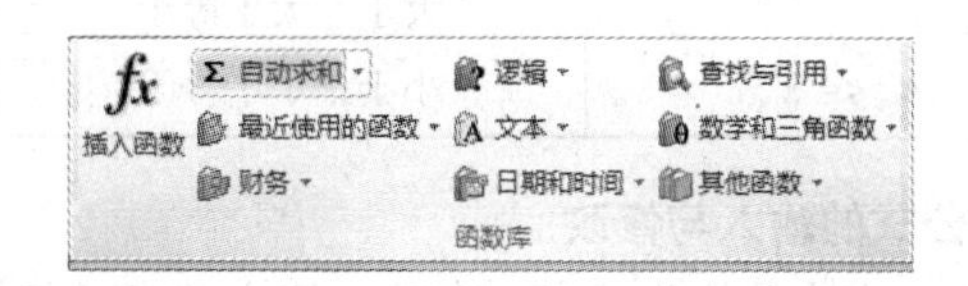

图 4-39 “开始”选项卡→“函数库”命令组

（3）自动出现求和函数以及求和的数据区域。如果求和的区域不正确，可以用鼠标重新选取。如果是连续区域，可用鼠标拖动的方法选取区域，如果是对单个不连续的单元格求和，可用鼠标选取单个单元格后，从键盘键入“,”用于分隔选中的单元格引用，再继续选取其他单元格。

（4）确认参数无误后，按<Enter>键确定。

单击“自动求和”命令按钮右侧下拉按钮，则会弹出下拉列表，如图 4-40 所示。在下拉列表中可实现自动求和、平均值、计数、最大值和最小值等操作。如果需要进行其他计算，可以单击“其他函数”选项。

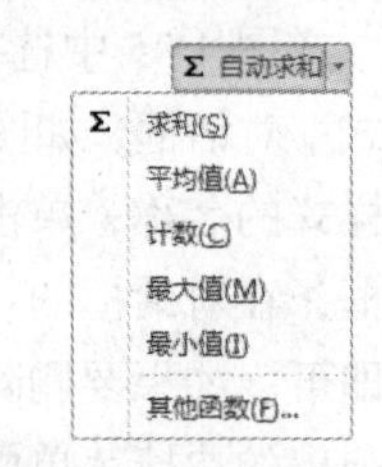

图 4-40 “自动求和”下拉列表框

另外，在工作表中选定一组数据，在状态栏上单击鼠标右键，在弹出的快捷菜单中选定相应选项，无需公式，即可在快捷菜单列表中和在状态栏中同步显示自动计算一组数据的和、平均值、计数、最大值和最小值等。

4.5.2 公式的使用

公式是在工作表中对数据进行分析的等式，它可以对工作表数值进行加法、减法和乘法等运算。公式可以引用同一工作表中的单元格、同一工作簿不同工作表的单元格和其他工作簿的工作表中的单元格。

1. 公式形式

公式的一般形式为=<表达式>。

其中，输入公式以“=”开始，表达式由运算符、常量、单元格地址、函数及括号等组成，但不能包括空格。

2. 运算符

用运算符把常量、单元格地址、函数及括号等连接起来就构成了表达式。常用的运算符有算术运算符、字符连接符和关系运算符 3 类。运算符具有优先级，表 4-2 按运算符优先级由高到低列出各运算符及其功能。

表 4-2 常用运算符

运 算 符	功 能	举 例
–	负号	–3、–A1
%	百分号	5%（即 0.05）
^	乘方	5^2（即 5^2）
*、/	乘、除	5*3、5/3
+、–	加、减	5+3、5–3
&	字符串连接	"abc" & "123"（即 abc123）
=、<> >、>= <、<=	等于、不等于 大于、大于等于 小于，小于等于	1=2 的值为假，1<>2 的值为真 3>2 的值为真，3>=2 的值为真 3<2 的值为假，3 <=2 的值为假

3. 公式的输入与修改

选定存放结果的单元格，在单元格中或者“编辑栏”中，输入以“=”开始再由运算符和对象组成的公式，按<Enter>键或单击编辑栏中的确认按钮，即可在单元格中显示出计算结果，而编辑栏中显示的仍是该单元格中的公式。

如果需要修改公式，可双击单元格直接在单元格中修改，或单击单元格在编辑栏中修改。

4. 复制公式

对于一些计算方法类似的单元格，不必逐一输入公式，可以采用复制公式的方法进行计算，复制公式可以使用填充柄，也可以使用剪贴法。

（1）使用填充柄复制公式。选定公式所在的单元格，将鼠标指针指向该单元格的右下角，当指针变为黑色十字形填充柄时，按住鼠标左键沿着目标位置拖动，就可将公式复制到相邻的单元格（区域）中，此时单元格（区域）中显示公式计算的结果。

（2）使用剪贴法复制公式。选定公式所在的单元格，单击鼠标右键，弹出的快捷菜单中选择“复制”命令。然后将鼠标指针移动至目标单元格，单击鼠标右键，在弹出的快捷菜单中选择“选择性粘贴”，打开“选择性粘贴”对话框（见图 4-41），选择“公式”选项，单击“确定”按钮即可。

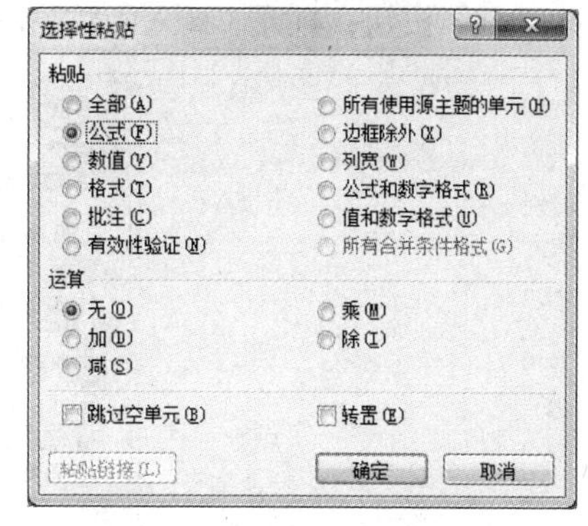

图 4-41 “选择性粘贴”对话框

5. 单元格的引用

Excel 中的单元格引用相当于公式中的变量，可以在单元格中引用同一个工作表中的一个单元格、一个单元区域或另一个工作表或工作簿中的单元格区域等。单元格的引用方式有以下几种。

（1）相对引用。相对引用与包含公式的单元格地址相关。当包含公式的单元格地址发生变化时，公式中的单元格引用也同步变化，与公式所在单元格地址相对应。相对引用的表示形式为 D2、A6 等。默认情况下，公式中单元格的引用都是相对引用。

（2）绝对引用。绝对引用与包含公式的单元格地址无关。在复制公式时，如果不希望所引用的位置发生变化，就要用到绝对引用。绝对引用是在引用的地址前加入符号“$”，表示形式为$D$2、$A$6 等。

（3）混合引用。当需要固定引用行而允许列变化时，在行号前加符号“$”；当需要固定引用列而允许行变化时，在列标前加符号“$”。混合引用的表示形式为 D$2、$A6 等。

（4）跨工作表的单元格引用。跨工作表的单元格引用的一般形式为：[工作簿文件名]工作表名！单元格地址。

在引用当前工作簿的各工作表单元格时，“[工作簿文件名]”可以省略；引用当前工作表的单元格时，“工作表名！”可以省略。

4.5.3 函数的使用

函数实际上也是一种公式，只不过 Excel 将常用的公式和特殊的计算作为内置公式提供。在处理数据时，只需直接调用函数，而不用再编制公式。Excel 提供的函数，包括数学与三角函数、日期与时间函数、财务函数、统计函数、查找与引用函数、数据库函数、文本和数据函数、工程函数、逻辑函数和信息函数等，利用函数能更加方便地进行各种运算。可以利用公式选项卡下的“插入函数”命令使用函数进行计算，也可以利用“公式”选项卡下的“财务”“逻辑”“文本”“日期和时间”“查找和引用”“数学和三角函数”等函数库完成相应功能的计算。

1. 函数形式

函数一般由函数名和参数组成，形式为：函数名（参数表）。

其中，函数名由 Excel 提供，函数名中的大小写字母等价，参数表由用逗号分隔的参数 1、参数 2、…、参数 N（$N \leqslant 30$）构成，参数可以是常数、单元格地址、单元格区域、单元格区域名称或函数等。

2. 函数引用

函数的引用方式与公式类似，可以直接在单元格或编辑栏中输入“=函数名（引用参数）”，完成编辑后按<Enter>键确认。

通常情况下可以在“插入函数”对话框引用系统提供的内置函数，具体操作步骤如下。

（1）选定要输入函数的单元格。

（2）单击“公式”选项卡→“函数库”命令组→“插入函数”，或者直接单击编辑栏左侧的“插入函数”按钮，打开“插入函数”对话框，如图 4-42 所示。

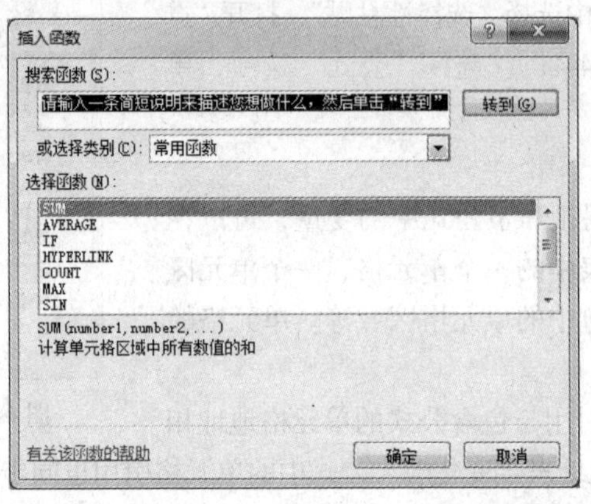

图 4-42 “插入函数”对话框

（3）在“选择类别”下拉列表中选择函数类别，在“选择函数”列表中单击所需的函数名，单击“确定”按钮，弹出“函数参数”对话框，如图 4-43 所示。

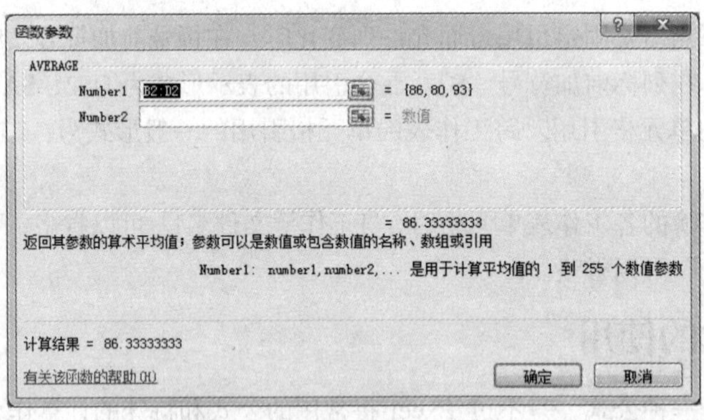

图 4-43 “函数参数”对话框

（4）如果选择单元格区域作为参数，则在参数框“Numberl”内输入选定区域，单击“确定”按钮。也可以单击参数框右侧的折叠对话框按钮▣（隐藏“函数参数”对话框的下半部分），然后在工作表上选定区域，再单击展开对话框按钮（恢复显示“函数参数”对话框的全部内容），最后单击“确定”按钮即可。

3. 常用函数

（1）求和函数 SUM( )。

① 格式：SUM(number1, number2, …)。

② 功能：计算单元格区域中所有数值的和。

③ 说明：参数允许是数值、单个单元格的地址、单元格区域、简单算式，并且允许最多使用30个参数。例如，SUM(A2:A6)表示计算单元格区域 A2:A6 中所有数值之和。

（2）求平均值函数 AVERAGE( )。

① 格式：AVERAGE(number1, number2, …)。

② 功能：返回其参数的算术平均值。

③ 说明：参数可以是数值或包含数值的名称、数值或引用。区域内的空白单元格不参与运算，但单元格中的数据为“0”时参与运算。例如，AVERAGE(A2:A6)表示计算单元格区域 A2:A6 中所有数值的平均值。

（3）最大值函数 MAX( )。

① 格式：MAX(number1, number2, …)。

② 功能：返回一组数值中的最大值。

③ 说明：参数可以是数字或者是包含数字的引用，忽略逻辑值及文本。例如，MAX(A2:A6)表示求单元格区域 A2:A6 中所有数值的最大值。

（4）最小值函数 MIN( )。

① 格式：MIN(number1, number2, …)。

② 功能：返回一组数值中的最小值。

③ 说明：参数可以是数字或者是包含数字的引用，忽略逻辑值及文本。例如，MIN(A2:A6)表示求单元格区域 A2:A6 中所有数值的最小值。

（5）计数函数 COUNT( )。

① 格式：COUNT(value1, value2, …)。

② 功能：计算区域中包含数字的单元格个数。

③ 说明：只对引用中的数字型数据进行计算，而空白单元格、逻辑值、文字和错误值等其他类型数据都将被忽略。例如，COUNT(A2:A6)表示计算单元格区域 A2:A6 中包含数字的单元格的个数。

求“非空”单元格的个数，用 COUNTA(value1,value2,…)实现，求“空”单元格的个数，用 COUNTBLANK(range)实现。

（6）条件函数 IF( )。

① 格式：IF(logical_test, value_if_true, value_if_false)。

② 功能：判断是否满足某个条件，如果满足，则返回一个值，如果不满足，则返回另一个值。

③ 说明：根据逻辑值 logical_test 进行判断，若为 true，则返回 value_if_true，否则返回 value_if_false。IF 函数可以嵌套使用，最多嵌套 7 层，用 logical_test 和 value_if_true 参数可以构造复杂的测试条件。例如，IF(F3<60, "不及格", "及格")表示如果单元格 F3 中的数值为小于 60，则返回值为“不及格”，否则返回值为“及格”。

（7）条件求和函数 SUMIF( )。

① 格式：SUMIF(range, criteria, sum_range)。

② 功能：对满足给定条件的单元格求和。

③ 说明：Criteria 是以数字、表达式或文本形式定义的条件。sum_range 是用于求和的实际单元格，如果省略，将使用区域中的单元格。例如，SUMIF(F3:F7, ">=80")表示计算单元格区域 F3:F7 中满足给定条件“>=80”的单元格数值之和。

（8）条件计数函数 COUNTIF( )。

① 格式：COUNTIF(range, criteria)。

② 功能：计算区域中满足给定条件的单元格数目。

③ 说明：criteria 是以数字、表达式或文本形式定义的条件。例如，COUNTIF(F3:F7, ">=80") 表示计算单元格区域 F3:F7 中满足给定条件“>=80”的单元格数目。

如果对一个以上的条件统计单元格的个数，用数据库函数 DCOUNT 或 DCOUNTA 实现，COUNTIF 函数只能统计给定数据区域中满足一个条件的单元格数。

（9）排名函数 RANK( )。

① 格式：RANK(number, ref, order)。

② 功能：返回某数字在一列数字中相对于其他数值的大小排名。

③ 说明：order 是排位的方式，若为 0 或省略，则按降序排列（值最大的排第一位），若不为 0 则按升序排列（值最小的排第一位）。函数 RANK 对重复数的排位相同，但重复数的存在将影响后续数值的排位。例如，RANK(F3，F3：F7) 表示返回单元格 F3 中数值在单元格区域 F3：F7（一列数字）中相对于其他数值的大小排名。

Excel 的“公式”选项卡提供了多种函数功能，“公式”选项卡还包含“定义的名称”“公式审核”“计算”命令组。“定义的名称”命令组的功能是命名经常使用的或比较殊的公式，当需要使用该公式时，可直接使用其名称来引用该公式。“公式审核”命令组用于帮助用户快速查找和修改公式，也可以修订公式错误。其他函数的功能和应用可查看 Excel 帮助信息。

4. 关于错误提示信息

在单元格输入或编辑公式后，有时会出现诸如“####!”或“#VALUE!”的错误信息。错误值一般以“#”符号开头，以感叹号或问号结束，公式错误值及可能的出错原因如表 4-3 所示。

表 4-3　　错误值及错误值出现的可能原因

错误值	一般出错的原因
#####!	单元格中输入的数值或公式太长，单元格显示不下
#DIV/0!	做除法时，分母为 0
#N/A	引用了无法使用的数值
#NAME?	不能识别的文本
#NUM!	与数字范围有关的错误
#NULL?	应当用逗号将函数的参数分开时，却使用了空格
#REF!	公式中引用了无效的单元格地址
#VALUE!	在公式中键入了错误的运算符，对文本进行了算术运算

以下简要说明各错误信息出现的可能原因。

（1）####!。若单元格中出现“####!”错误信息，可能的原因是：单元格中的计算结果太长，该单元格宽度小，可以调整单元格的宽度来消除该错误；当格式为日期或时间单元格中出现负值也会提示“####!”信息。

（2）#DIV/0!。若单元格中出现“#DIV/0!”错误信息，可能的原因是：该单元格的公式中出现被零除问题，即输入的公式中包含 0 除数，也可能是在公式的除数中引用了零值单元格或空白单元格（空白单元的值将解释为零值）。

解决办法是修改公式中的零除数、零值单元格或空白单元格引用，或者用作除数的单元中输入不为 0 的值。

（3）#N/A。在函数或公式中没有可用数值时，会产生错误信息“#N/A”。

（4）#NAME?。在公式中使用了 Excel 不能识别的文本时，将产生错误信息“#NAME?”。

（5）#NUM!。是公式或函数中的某个数值有问题时产生的错误信息。例如，公式产生的结果太大或太小，即超出范围（-10^{307}～10^{307}）。

（6）#NULL!。在单元格中出现此错误信息的原因可能是试图为两个并不不相交的单元格区域指定交叉点。例如，使用了不正确的区域运算符或不正确的单元格引用等。

如果要引用两个不相交的单元格区域，则两个区域之间应使用区域运算符“,”。例如，公式 SUM(A1：A10，C1：C10)完成对两个区域求和。

（7）#REF!。单元格中出现这样的错误信息是因为该单元格引用无效。设单元格 A9 中有数值 5，单元格 A10 中有公式“=A9+1”，单元格 A10 显示结果为 6。若删除单元格 A9，则单元格 A10 中的公式“=A9+1”对单元格 A9 的引用无效，就会出现该错误信息。

（8）#VALUE!。当公式中使用不正确的参数时，将产生该错误信息。这时应确认公式或函数所需的参数类型是否正确，公式引用的单元格中是否包含有效的数值。如果需要数字或逻辑值时却输入了文本，就会出现这样的错误信息。

4.6　图表的使用

使用 Excel 的图表功能可以将工作表中的数据方便快捷地转换为多种形式的图表，直观形象地表现数据信息。图表包括常见的柱形图、折线图、饼图、条形图、面积图、XY 散点图、股价图、曲面图、圆环图、气泡图和雷达图等类型，每一类图表又有若干子类型。

4.6.1　图表的组成元素

图表的基本组成如下。

（1）图表区：整个图表及其包含的元素。

（2）图表标题：说明性的文本，可以自动与坐标轴对齐或在图表顶部居中。

（3）图例：一个方框，用于标识图表中的数据系列或分类指定的图案或颜色。

（4）绘图区：用于绘制数据的区域。在二维图表中，是指通过轴来界定的区域，包括所有数据系列；在三维图表中，同样是通过轴来界定的区域，包括所有数据系列、分类名、刻度线标志和坐标轴标题。

（5）坐标轴：界定图表绘图区的线条，用作度量的参照框架。x 轴通常为水平轴并包含分类，y 轴通常为垂直坐标轴并包含数据。

（6）数据系列：在图表中绘制的相关数据点，这些数据源自数据表的行或列。图表中的每个数据系列具有唯一的颜色或图案并且在图表图例中表示。可以在图表中绘制一个或多个数据系列。饼图只有一个数据系列。

（7）数据标签：为数据标记提供附加信息的标签，数据标签代表源于数据表单元格的单个数据点或值。

建立图表以后，可通过增加图表项，如数据标记、标题、文字等来美化图表及强调某些信息。大多数图表可被移动或调整大小，也可以设置图表项的图案、颜色、对齐、字体及其他格式属性。

4.6.2 创建图表

Excel 中的图表有“嵌入式图表”和“独立图表”两种，它们的创建操作基本相同，主要的区别在于存放的位置不同。

“嵌入式图表”是指图表作为一个对象与创建该图表的数据源放置在同一张工作表中。

“独立图表”是以一个工作表的形式插入工作簿中的一张独立的图表工作表。

创建图表的操作步骤如下。

（1）选定要创建图表的数据区域（即创建图表的数据源）。

（2）选择“插入”选项卡→“图表”命令组，如图 4-44 所示。

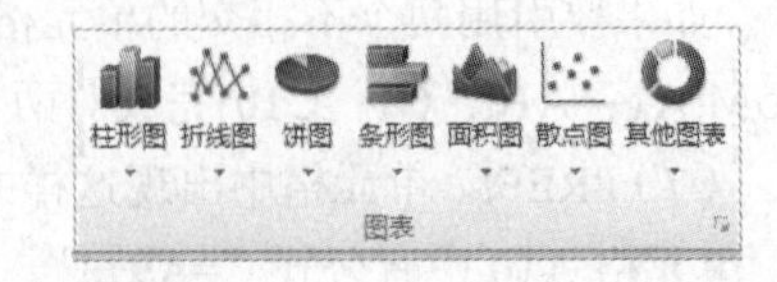

图 4-44 “插入”选项卡→“图表”命令组

（3）单击“图表”命令组右下角的“对话框启动器”按钮，打开“插入图表”对话框，如图 4-45 所示。

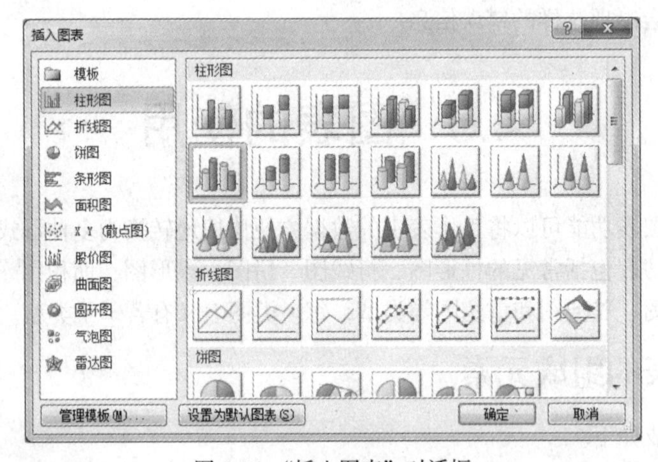

图 4-45 “插入图表”对话框

（4）在对话框中选择要创建图表的一种图表样式（如“簇状柱形图”），单击“确定”按钮，创建图 4-46 所示的图表。

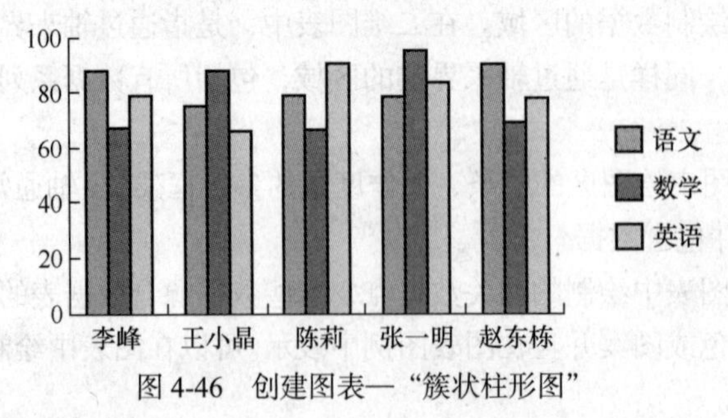

图 4-46 创建图表—“簇状柱形图”

此外，利用快捷键可以自动建立独立图表，首先选定要绘图的数据区域，按<F11>键，系统自动为选定的数据建立独立的簇状柱形图。

4.6.3 编辑和修改图表

编辑图表是指修改图表中的“图表类型”“图表数据源”“图表选项”和“图表位置”等属性。

当选中一个图表时，功能区将出现“图表工具”选项卡，该选项卡分为“设计”“布局”“格式”三个子选项，可以分别设置图表的相关属性。编辑图表可以选择“图表工具-设计”选项卡下的相关命令组中的命令来完成，如图 4-47 所示。

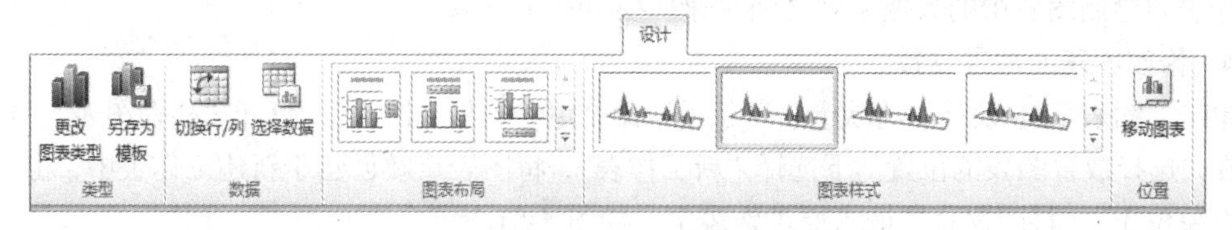

图 4-47 “图表工具-设计”选项卡

也可以选中图表后单击鼠标右键，利用弹出的快捷菜单来编辑和修改图表，如图 4-48 所示。

1. 修改图表类型

用鼠标右键单击图表绘图区，选择图 4-48 所示快捷菜单中的“更改系列图表类型”命令，在打开的“更改图表类型”对话框中可以进行重新选择（例如，更改图表类型为“簇状圆锥图”），确定后结果如图 4-49 所示。也可以选择“图表工具-设计”选项卡→“类型”命令组→“更改图表类型”命令来完成。

图 4-48 修改图表快捷菜单

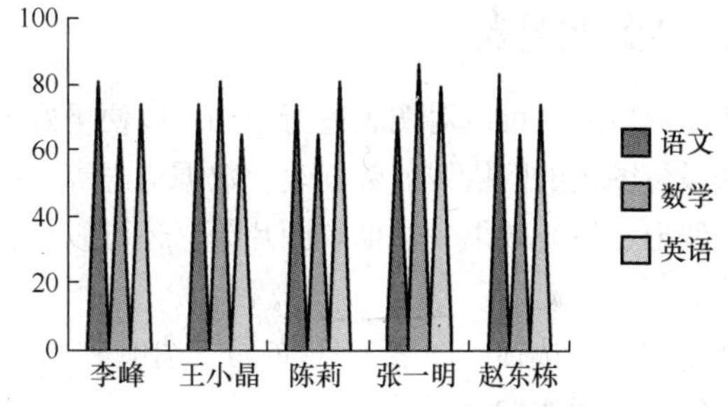

图 4-49 更改图表类型—“簇状圆锥图”

2. 修改图表数据源

用鼠标右键单击图表绘图区，选择如图 4-48 所示快捷菜单中的“选择数据”命令，在弹出的“选择数据源”对话框中可以对图表进行添加、编辑、删除引用数据等操作，如图 4-50 所示。也可以选择“图表工具-设计”选项卡→“数据”命令组→“选择数据”命令来完成。

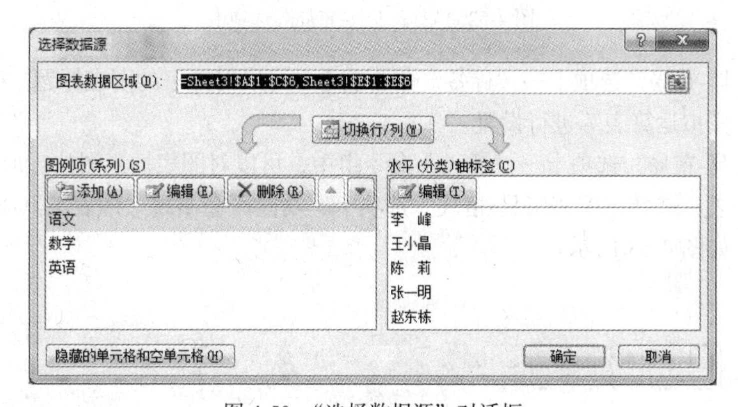

图 4-50 “选择数据源”对话框

删除图表数据时，如果要同时删除工作表和图表中的数据，只要删除工作表中的数据，图表将会自动更新。如果只从图表中删除数据，则在图表上单击要删除的图表系列，按<Delete>键即可。

3. 数据行/列之间快速切换

单击“图表工具-设计”选项卡→“数据”命令组→“切换行/列”命令，可以在工作表行或从工作表列绘制图表中的数据系列之间快速切换。

4. 修改图表的放置位置

单击“图表工具-设计”选项卡→“位置”命令组→“移动图表”，打开“移动图表”对话框，可以在“选择放置图表的位置”下选择“新工作表”，将图表重新创建于新建工作表中，也可以选择“对象位于”，将图表直接嵌入原工作表中，如图 4-51 所示。

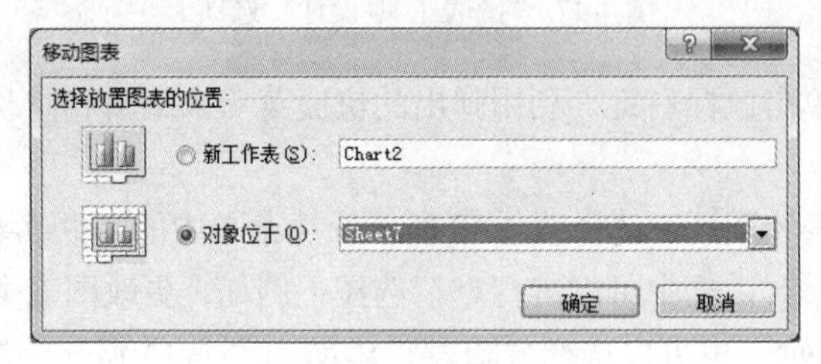

图 4-51 “移动图表”对话框

4.6.4 修饰图表

图表建立完成后，可以对图表进行修饰，以便更好地表现工作表。利用“图表工具”选项卡可以编辑和设置图表的网格线、数据表、数据标志等。可以对图表进行修饰，包括设置图表的颜色、图案、线形、填充效果、边框和图片等。还可以设置图表中的图表区、绘图区、坐标、背景墙和基底等。

单击选中图表，选择“图表工具-布局”选项卡，功能区会出现“图表工具-布局”选项卡下的所有命令组，如图 4-52 所示。

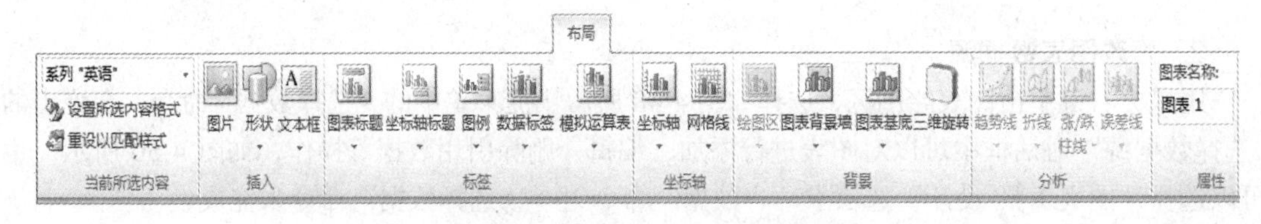

图 4-52 “图表工具-布局”选项卡

在“图表工具-布局”选项卡→“标签”命令组中，可以对图表的图表标题、坐标轴标题、图例、数据标签和模拟运算表等进行设置。

在“图表工具-布局”选项卡→“插入”命令组中，可以对图表插入图片、形状、文本框等。

单击选中图表，选择“图表工具-格式”选项卡，功能区会出现“图表工具-格式”选项卡下的所有命令组，如图 4-53 所示。

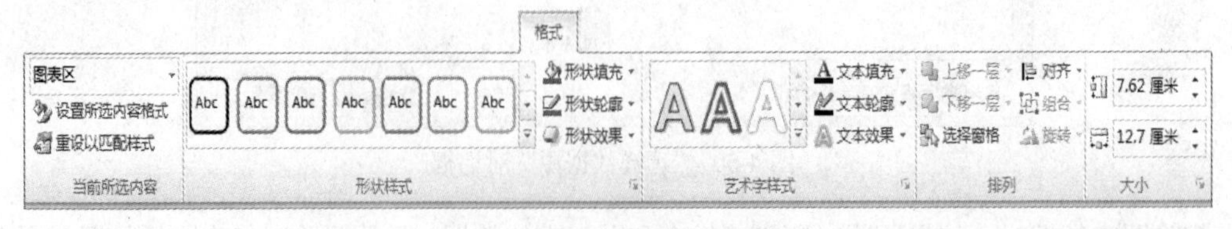

图 4-53 “图表工具-格式”选项卡

在“图表工具-格式”选项卡→“当前选择内容”命令组中，单击“图表区”框旁边的箭头，可以选择对图表的设置格式的图表元素。

在“图表工具-格式”选项卡→“形状样式”命令组中，可以设置所选图表元素的形状样式，或者单击“形状填充”“形状轮廓”或“形状效果”，然后选择需要的格式选项。

在“图表工具-格式”选项卡→“艺术字样式”命令组中，可以使用“艺术字”设置所选图表元素中文本的格式，或者单击“文本轮廓”或“文本效果”，然后选择需要的格式选项。

4.7 数据处理

Excel 2010 不但具有数据计算的能力，而且提供了强大的数据管理功能。可以运用数据的排序、筛选、分类汇总、合并计算、数据透视表等数据处理功能，分析与处理复杂数据。

分析与处理工作表数据，要求数据必须按“数据清单”存放。数据清单是一种特殊的表格，由标题行（表头）和数据部分组成。数据清单中的行相当于数据库中的记录，行标题相当于记录名；数据清单中的列相当于数据库中的字段，列标题相当于字段名。

4.7.1 数据排序

数据排序是按照一定的规则对数据进行重新排列，便于浏览或进一步处理数据。对工作表的数据清单进行排序是根据选择的“关键字”字段内容按升序或降序进行的，Excel 会给出两个关键字，分别是“主要关键字”和“次要关键字”，用户可以根据需要添加和选取，也可以按用户自定义的顺序排序。

1. 使用功能区命令按钮快速排序

快速排序是按照单一字段（关键字）进行升序或降序排列，操作步骤如下。

（1）单击要排序字段内的任意一个单元格。

（2）单击“数据”选项卡→“排序和筛选”命令组（见图 4-54）中的升序按钮或降序按钮，数据表中的记录会按所选字段为排序关键字进行相应的排序操作。

2. 使用“排序”对话框排序

设置“排序”对话框中的多个排序条件对数据表中的数据内容进行排序，具体操作步骤如下。

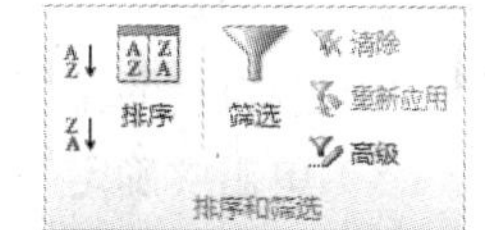

图 4-54 “数据”选项卡→“排序和筛选”命令组

（1）单击需要排序的数据表中的任一单元格。

（2）单击“数据”选项卡→“排序和筛选”命令组→“排序”命令按钮，出现“排序”对话框，如图 4-55 所示。

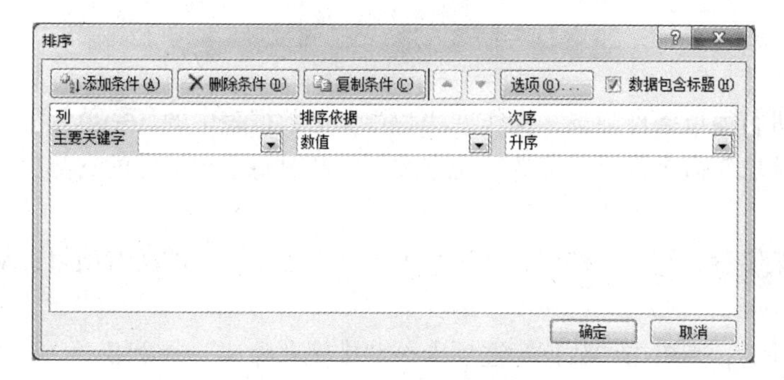

图 4-55 “排序”对话框

（3）在“主要关键字”下拉列表中选择主要关键字，然后设置“排序依据”和“次序”。如果单击“添加条件”按钮，可以添加设置第二、第三个“次要关键字”等。如果要排除第一行的标题行，则选中“数据包含标题”复选框；如果数据表没有标题行，则不选中“数据包含标题”复选框。

（4）单击“确定”按钮即可。

3. 自定义排序

可以根据自己的特殊需要进行自定义排序，操作步骤如下。

（1）单击“数据”选项卡→“排序和筛选”命令组→“排序”按钮，出现“排序”对话框。

（2）单击“排序”对话框的“选项”按钮，在“排序选项”对话框（见图4-56）中可以设置排序选项。

（3）在“排序”对话框的“次序”下拉列表中单击“自定义序列”选项，可以在弹出“自定义序列”对话框中为“自定义序列”列表框添加定义的新序列，如图4-57所示。

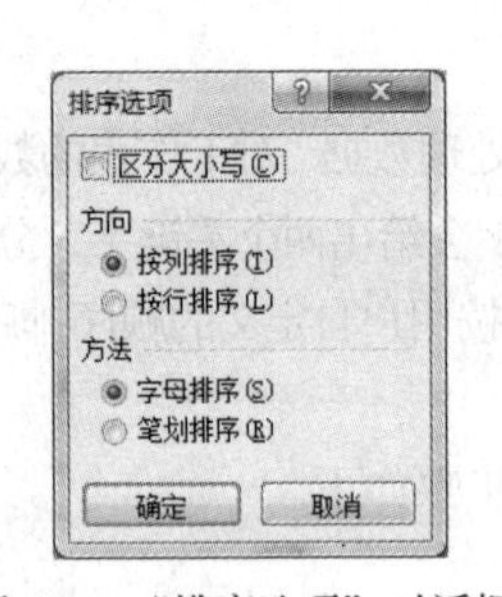

图4-56 “排序选项”对话框

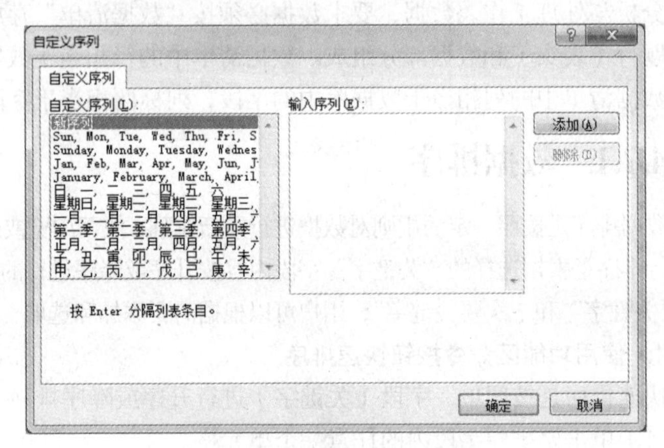

图4-57 “自定义序列”对话框

（4）选中自定义序列后，返回“排序”对话框中，此时“次序”已设置为自定义序列方式，数据内容按自定的排序方式重新排序。

（5）单击“确定”按钮即可。

4.7.2 数据筛选

数据筛选的主要功能是将符合要求的数据集中显示在工作表上，不符合要求的数据暂时隐藏，从而从数据库中检索出有用的数据信息。Excel 2010中常用的筛选方式有自动筛选、自定义筛选和高级筛选。

1. 自动筛选

自动筛选是进行简单条件筛选，操作方法为：单击数据表中的任一单元格，单击“数据”选项卡→“排序和筛选”命令组→“筛选”命令按钮。此时每个列标题的右侧出现一个下拉按钮，如图4-58所示。

在列中单击某字段右侧下拉按钮，下拉列表中列出了该列中的所有项目，从中选择需要显示的项目。

如果要取消筛选，则单击“数据”选项卡→“排序和筛选”命令组→“筛选”命令按钮。

	A	B	C	D	E	F
1	姓名	语文	数学	物理	英语	总成绩
2	李　峰	86	68	93	78	325
3	王小晶	75	87	89	65	316
4	陈　莉	78	66	88	89	321
5	张一明	78	94	73	83	328
6	赵东栋	89	68	92	77	326

图 4-58　自动筛选

2. 自定义筛选

自定义筛选提供了多条件定义的筛选，可使在筛选数据表时更加灵活，筛选出符合条件的数据内容，操作步骤如下。

（1）在数据表自动筛选的条件下，单击某字段右侧下拉按钮，在下拉列表中单击“数字筛选”选项，并单击“自定义筛选”选项。

（2）在弹出的“自定义自动筛选方式”对话框中设置筛选条件，如图 4-59 所示。

（3）单击“确定”按钮即可。

3. 高级筛选

高级筛选是以用户设定的条件对数据表中的数据进行筛选，可以筛选出同时满足两个或两个以上条件的数据。

首先在工作表中设置条件区域，条件区域至少为两行，第一行为字段名，第二行以下为查找的条件。设置条件区域前，先将数据表的字段名复制到条件区域的第一行单元格中，当作查找时的条件字段，然后在其下一行输入条件。同一条件行不同单元格中的条件为“与”逻辑关系，不同行单元格中的条件互为“或”逻辑关系。

条件区域设置完成后，进行高级筛选的具体操作步骤如下。

（1）单击数据表中的任一单元格。

（2）切换到“数据”选项卡，单击“排序和筛选”命令组→“高级”按钮，打开“高级筛选”对话框，如图 4-60 所示。

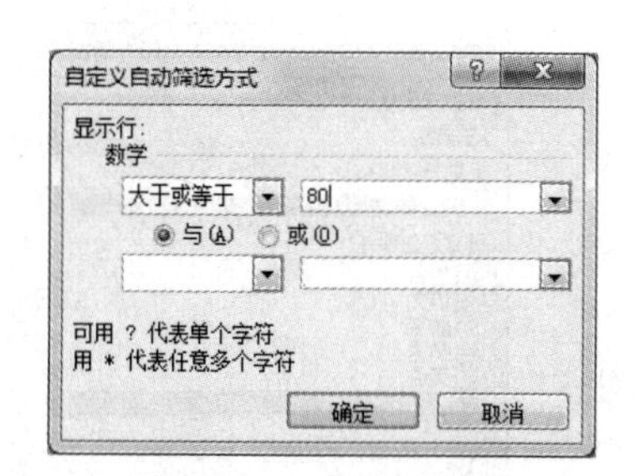

图 4-59 “自定义自动筛选方式”对话框

图 4-60 “高级筛选”对话框

（3）单击“列表区域”文本框右侧的折叠对话框按钮，将对话框折叠，在工作表中选定数据表所在单元格区域，再单击展开对话框按钮，返回“高级筛选”对话框。

（4）单击“条件区域”文本框右侧的折叠对话框按钮，将对话框折叠，在工作表中选定条件区域，再单击展开对话框按钮，返回“高级筛选”对话框。

（5）在“方式”选项区域中选择“在原有区域显示筛选结果”或“将筛选结果复制到其他位置”。

（6）单击“确定”按钮完成筛选。利用高级筛选后的示例效果如图 4-61 所示。

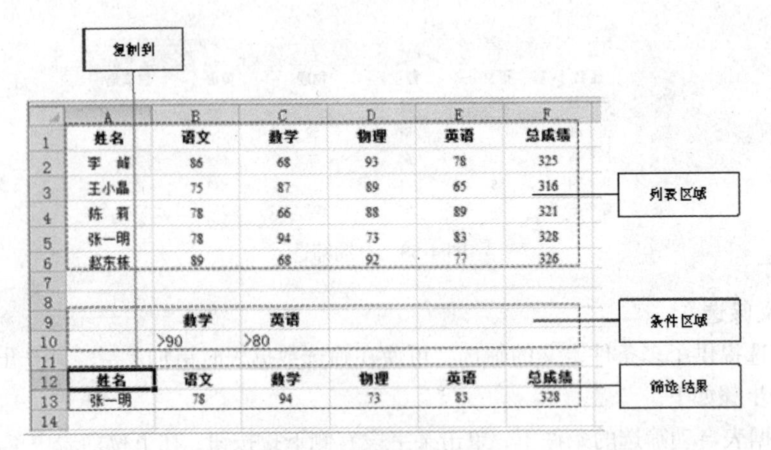

	A	B	C	D	E	F
1	姓名	语文	数学	物理	英语	总成绩
2	李　峰	86	68	93	78	325
3	王小晶	75	87	89	65	316
4	陈　莉	78	66	88	89	321
5	张一明	78	94	73	83	328
6	赵东栋	89	68	92	77	326
7						
8						
9		数学	英语			
10		>90	>80			
11						
12	姓名	语文	数学	物理	英语	总成绩
13	张一明	78	94	73	83	328
14						

图 4-61　高级筛选示例

4.7.3　数据分类汇总

分类汇总是分析数据内容的一种方法。Excel 分类汇总是对工作表中数据清单的内容进行分类，然后统计同类记录的相关信息，包括求和、计数、平均值、最大值、最小值等。

分类汇总只能对数据清单进行，即数据表的第一行一定是字段名。在进行分类汇总前，必须先根据分类汇总的字段排序。

1. 创建分类汇总

利用“数据”选项卡→“分级显示”命令组→“分类汇总”按钮可以创建分类汇总，如图 4-62 所示。

创建分类汇总的具体操作步骤如下。

（1）首先对分类字段进行排序，使分类字段值相同的记录集中在一起。

（2）单击数据表中的任一单元格，单击“数据”选项卡→“分级显示”命令组→“分类汇总”按钮，弹出“分类汇总”对话框，如图 4-63 所示。

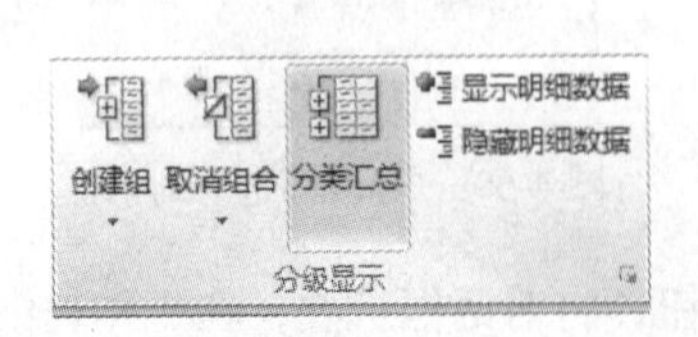

图 4-62　“数据”选项卡→“分级显示”命令组

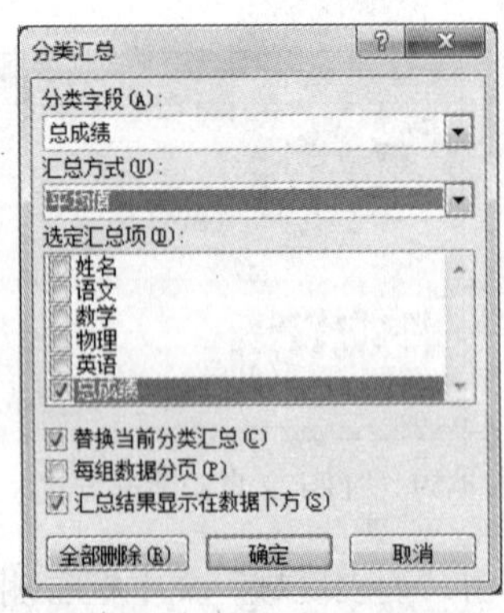

图 4-63　“分类汇总”对话框

（3）在“分类字段”下拉列表中选择分类依据的字段名；在“汇总方式”下拉列表中选择汇总的方式（求和、求平均值、求最大值等）；在“选定汇总项”列表框中指定要对哪些字段进行统计汇总。

（4）设置完成后，单击“确定”按钮即可。

2. 删除分类汇总

如果要删除已经创建的分类汇总，在“分类汇总”对话框中单击“全部删除”按钮即可。

3. 分级显示汇总数据

经过分类汇总得到的表结构与原表有所不同，除增加了汇总结果行之外，在分类汇总表的左侧增加了层次按钮和折叠/展开按钮。

分类汇总表一般分为3个层次，分别对应分级显示的3个按钮标志。“1”代表总的汇总结果范围，单击只显示全部数据的汇总结果。“2”代表参加汇总的各个记录项，单击显示总的汇总结果和分类汇总结果，“3”代表明细数据，单击显示全部数据。单击“+”或“-”按钮可以展开或折叠数据显示。

分级显示也可以单击“数据”选项卡→“分级显示”命令组→“显示明细数据”命令按钮，设置显示级别，见图4-62所示。

4.7.4 数据合并计算

数据合并可以汇总来自不同源数据区域的数据，并进行合并计算。不同数据源区域包括同一工作表、同一工作簿的不同工作表中、不同工作簿中的数据区域。数据合并是通过建立合并表的方式来进行的。其中，合并表可以建立在某源数据区域所在工作表中，也可以建在同一个工作簿或不同的工作簿中。

单击“数据”选项卡→“数据工具”命令组→“合并计算”命令按钮可以完成数据合并功能，如图4-64所示。

数据合并计算的具体操作步骤如下。

（1）准备好参加合并计算的工作表。

（2）选中目标工作表中合并计算后数据存放的起始单元格。

（3）单击“数据”选项卡→“数据工具”命令组→“合并计算”命令按钮，打开“合并计算”对话框，如图4-65所示。

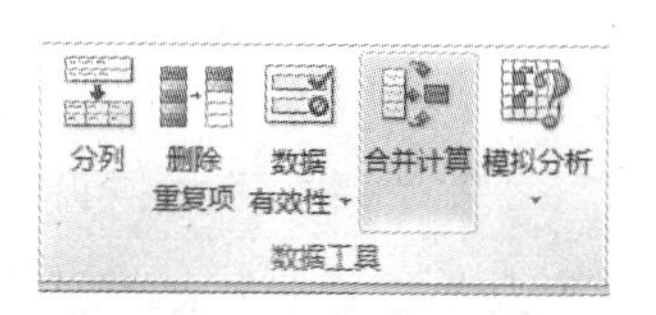

图4-64 “数据”选项卡→“数据工具”命令组

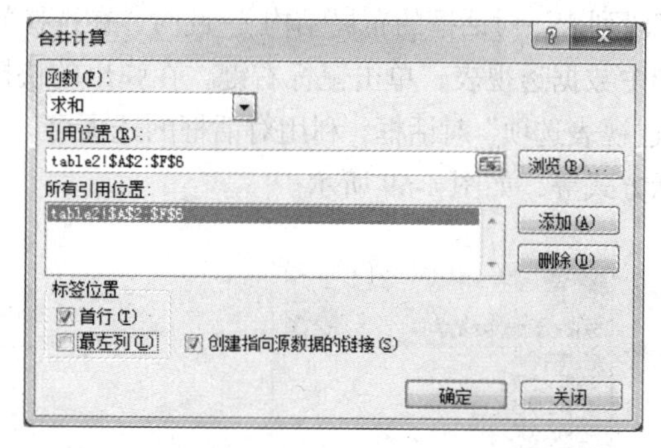

图4-65 “合并计算”对话框

（4）在“函数”下拉列表中选择在合并计算中将用到的汇总函数（如“求和”）。单击“引用位置”右侧的折叠对话框按钮，从工作表上直接选择单元格区域，也可以输入要合并计算的第一个单元格区域，然后单击展开对话框按钮展开对话框，单击“添加”按钮，可以看到选择（或输入）的单元格区域已被加入“所有引用位置”文本框中。继续此过程可以选择（或输入）其他要合并计算的单元格区域。在“标签位置”内确定选中的合并区域中是否含有标志，指定标志是在“首行”或“最左列”；选定“创建指向源数据的链接”表示当源数据发生变化时，汇总后的数据自动随之变化。

（5）单击“确定”按钮，完成合并计算功能。

4.7.5 建立数据透视表

数据透视表从工作表的数据清单中提取信息，它可以对数据清单进行重新布局和分类汇总，还能立即计算出结果。在建立数据透视表时，首先需要考虑如何汇总数据。

利用“插入”选项卡→“表格”命令组→“数据透视表”命令可以建立数据透视表，如图 4-66 所示。

图 4-66 “插入”选项卡→“表格”命令组

建立数据透视表的具体操作步骤如下。

（1）单击要创建数据透视表的数据清单中的任意一个单元格。

（2）单击“插入”选项卡→“表格”命令组→“数据透视表”命令按钮，打开“创建数据透视表”对话框，如图 4-67 所示。

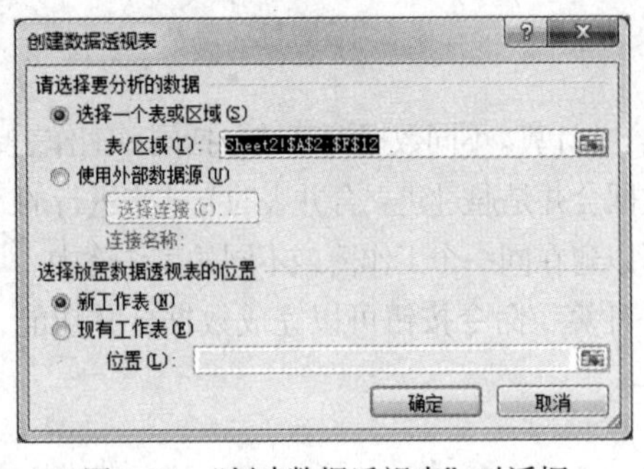

图 4-67 “创建数据透视表”对话框

（3）在“请选择要分析的数据”栏中的“表/区域”文本框中输入或单击右侧的折叠对话框按钮，使用鼠标选取引用位置。在“选择放置数据透视表的位置”栏中选择“新工作表”或“现有工作表”选项。如果选择“现有工作表”选项，则在“位置”文本框中输入数据透视表的存放位置。

（4）单击“确定”按钮，弹出“数据透视表字段列表”对话框（见图 4-68），同时一个空的未完成数据透视表添加到指定的位置，并显示数据透视表字段列表，可以开始添加字段、创建布局和自定义数据透视表。

（5）在“数据透视表字段列表”对话框中，选定数据透视表的列标签、行标签和需要处理的方式（单击“数据透视表字段列表”对话框右侧的“字段节和区域节层叠”按钮，可以改变“数据透视表字段列表”对话框的布局结构）。此时，在选择放置数据透视表的位置显示完成的数据透视表。

选中数据透视表，单击鼠标右键，在弹出的快捷菜单中选择“数据透视表选项”选项，打开“数据透视表选项”对话框，利用对话框的选项可以改变数据透视表的布局和格式、汇总和筛选以及显示方式等，如图 4-69 所示。

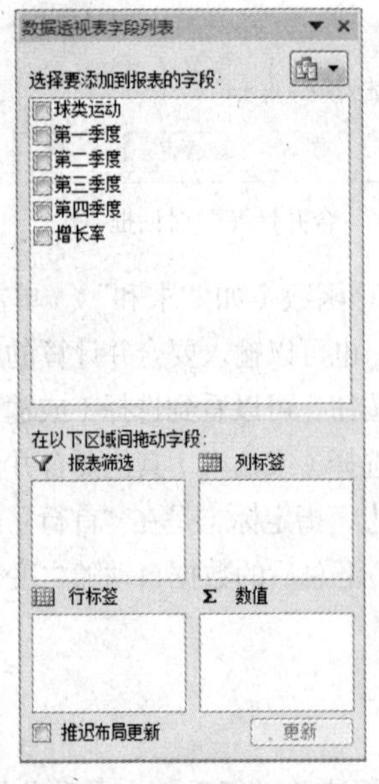

图 4-68 “数据透视表字段列表”对话框

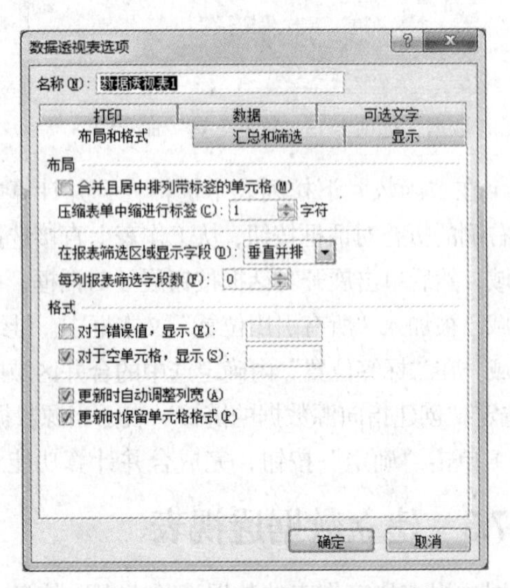

图 4-69 “数据透视表选项”对话框

4.7.6 工作表中的链接

工作表中的链接包括超链接和数据链接两种情况。超链接可以从一个工作簿或文件快速跳转到其他工作簿或文件，超链接可以建立在单元格的文本或图形上。数据链接可以使数据发生关联，更改一个数据时，与之相关联的数据也会改变。

建立超链接的具体操作步骤如下。

（1）首先选定要建立超链接的单元格或单元格区域。

（2）单击鼠标右键，在弹出的菜单中选择"超链接"命令，或者单击"插入"选项卡→"链接"命令组→"超链接"命令按钮，打开"插入超链接"对话框，如图 4-70 所示。

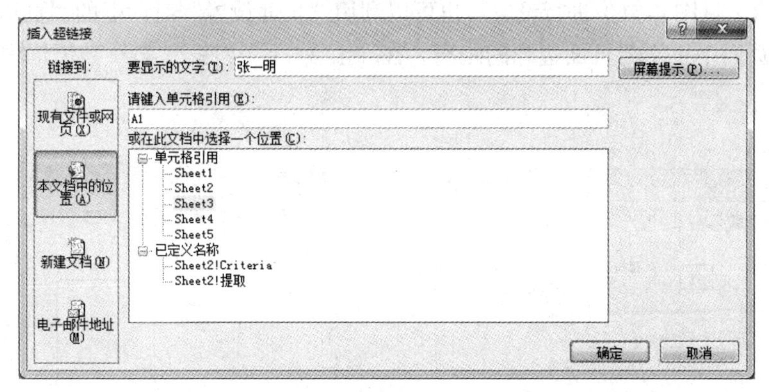

图 4-70 "插入超链接"对话框

（3）在"链接到"栏中选择要链接到的目标位置。目标位置包括现有文件或网页、本文档中的位置、新建文档和电子邮件地址等选项。如果选择"本文档中的位置"，则右侧"或在此文档中选择一个位置"列表框中将列出本工作簿的所有工作表供选择。如果单击"现有文件或网页"，可链接到其他工作簿中。

（4）在右侧的"请键入单元格引用"中输入要引用的单元格地址，在"或在此文档中选择一个位置"处选定一个位置。

（5）单击对话框右上角的"屏幕提示"，打开"设置超链接屏幕提示"对话框，在对话框内输入信息，当鼠标指针放置在建立的超链接位置时，显示相应的提示信息。

（6）单击"确定"按钮即完成。

利用"插入超链接"对话框可以修改超链接信息，也可以取消超链接。选定已建立超链接的单元格或单元格区域，单击鼠标右键，在弹出的快捷菜单中选择"取消超链接"命令即可取消超链接。

选择工作表中需要被引用的数据，单击"复制"按钮。打开相关联的工作表，在工作表中指定的单元格粘贴数据，在"粘贴选项"中选择"粘贴链接"可以建立数据链接。

4.8 页面设置与打印

4.8.1 页面布局

对工作表进行页面布局，可以控制打印出的工作表的版面。页面布局是利用"页面布局"选项卡内的“页面设置”等命令组完成的，主要包括页面设置、页边距、页眉/页脚等操作。

1. 页面设置

利用“页面布局”选项卡→“页面设置”命令组中的命令（见图 4-71）进行设置，也可以单击“页面设置”命令组右下角的“对话框启动器”按钮，打开“页面设置”对话框（默认打开“页面”标签）设置页面的打印方向、缩放比例、纸张大小以及打印质量等，如图 4-72 所示。

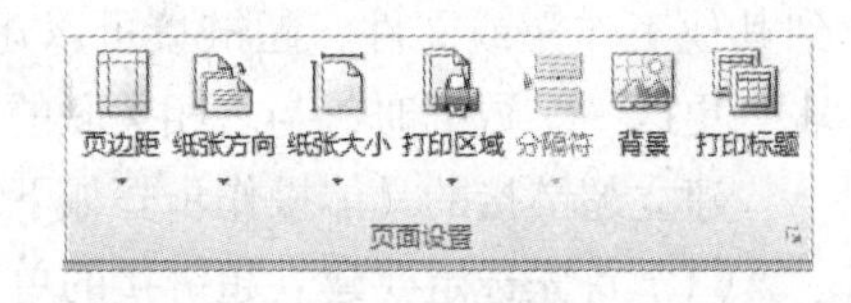

图 4-71 “页面布局”选项卡→“页面设置”命令组

2. 设置页边距

利用“页面布局”选项卡→“页面设置”命令组→“页边距”命令按钮（见图 4-71）进行设置。也可以利用“页面设置”对话框的“页边距”标签（见图 4-73）设置页面中正文与页面边缘的距离，在“上”“下”“左”“右”数值框中分别输入所需的页边距。

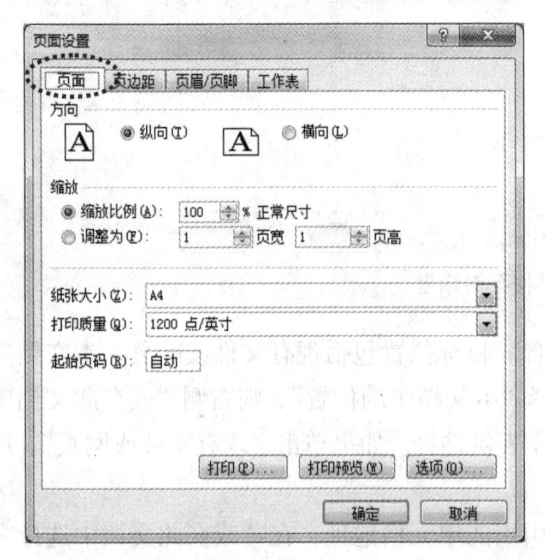

图 4-72 “页面设置”对话框的“页面”标签

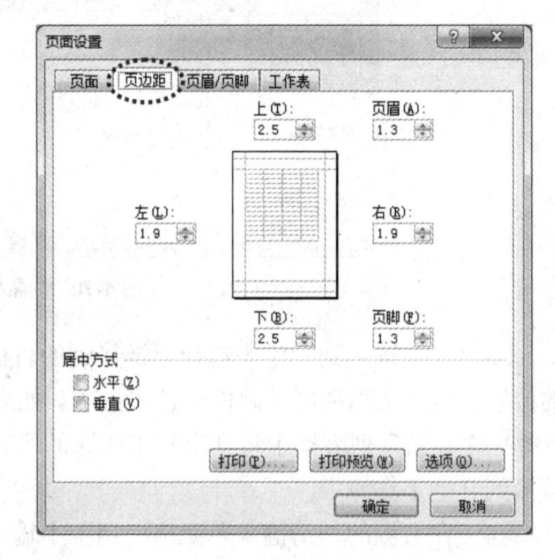

图 4-73 “页面设置”对话框的“页边距”标签

3. 设置页眉/页脚

利用“页面设置”对话框的“页眉/页脚”标签（见图 4-74），可以在“页眉”或“页脚”的下拉列表框中选择内置的页眉格式和页脚格式。

如果要自定义页眉或页脚，可以单击“自定义页眉”或“自定义页脚”按钮，在打开的对话框中完成所需的设置。

如果要删除页眉或页脚，则选定要删除页眉或页脚的工作表，在“页眉”或“页脚”下拉列表框中选择“无”，表示不使用页眉或页脚。

4. 设置工作表

利用“页面设置”对话框的“工作表”标签（见图 4-75），设置工作表。可以利用“打印区域”右侧的折叠对话框按钮选定打印区域；利用“打印标题”右侧的折叠对话框按钮选定行标题或列标题区域，为每页设置打印行或列标题；利用“打印”设置有无网格线、行号列标和批注等；利用“打印顺序”设置是“先行后列”还是“先列后行”。

图 4-74　“页面设置”对话框—“页眉/页脚”标签

图 4-75　“页面设置”对话框的“工作表”标签

4.8.2　预览与打印

在打印之前可使用打印预览快速查看打印页的效果。

利用单击“文件”选项卡→“打印”命令，可同时进入预览与打印窗口界面。右侧是打印预览区域，可以预览工作表的打印效果。左侧是打印设置区域，可以设置打印份数、选择打印机，设置打印工作表的打印范围、页数，还可以对纸张大小、方向、边距、缩放等设置，最后，单击“打印”按钮即可。

也可以打开用“页面设置”对话框的“工作表”标签（见图 4-75），单击其右下方的“打印预览”按钮和“打印”按钮来预览与打印工作表。

还可以直接从快捷访问工具栏中单击相应按钮执行打印预览和打印和快速打印。

练习题 4

【操作题】

Excel 操作题 1。

打开实验素材\EX4\EX4-1\Exzc1.xlsx，按下列要求完成对此工作簿的操作并保存。

（1）将工作表 Sheet1 的 A1:D1 单元格合并为一个单元格，内容水平居中，设置标题格式为楷体、20 号、蓝色。

（2）分别计算各部门的人数（利用 COUNTIF 函数）和平均年龄（利用 SUMIF 函数），结果分别置于 F4:F6 和 G4:G6 单元格区域。

（3）利用套用表格格式将 E3:G6 单元格区域设置为“表样式浅色 17”。

（4）选取“部门”列（E3:E6）和“平均年龄”列（G3:G6）内容，建立三维簇状条形图，图表标题为“平均年龄统计图”，删除图例，将图插入表的 A19:F35 单元格区域内。

（5）将工作表命名为“企业人员情况表”。

（6）保存文件“Exzc1.xlsx”。

Excel 操作题 2。

打开实验素材\EX4\EX4-2\Exzc2.xlsx，按下列要求完成对此工作簿的操作并保存。

（1）将工作表 Sheet1 的 A1:F1 单元格区域合并为一个单元格，内容水平居中，设置标题格式为楷体、20 号，行高为 30 磅。

（2）计算“产值”列的内容（产值的日产量*单价）。计算日产量的总计和产值的总计，分别置于“总计”行的 B13 和 D13 单元格中。

（3）计算“产量所占百分比”和“产值所占百分比”列的内容（百分比型，保留小数点后 1 位）。

（4）选取“产品型号”“产量所占百分比”和“产值所占百分比”列（不含总计行）的内容建立簇状圆锥图，图例置于底部，将图插入到表的 A15:F30 单元格区域内。

（5）将工作表命名为“日生产情况表”。

（6）保存文件“Exzc2.xlsx”。

Excel 操作题 3。

打开实验素材\EX4\EX4-3\Exzc3.xlsx，按下列要求完成对此工作簿的操作并保存。

（1）将工作表 Sheet1 的 A1:E1 单元格区域合并为一个单元格，内容水平居中，设置标题格式为微软雅黑，18 号。

（2）计算“销售额”列的内容（数值型，保留小数点后 0 位），按销售额降序计算“销售排名”列的内容（利用 RANK 函数）。

（3）利用条件格式将 E3:E11 单元格区域内排名前五的单元格字体颜色设置为绿色（用“小于”规则）。

（4）选取“产品型号”和“销售额”列内容，建立三维簇状柱形图，图表标题为“产品销售额统计图”，删除图例，将图插入表的 A13:E28 单元格区域内。

（5）将工作表命名为“产品销售统计表”。

（6）保存文件“Exzc3.xlsx”。

Excel 操作题 4。

打开实验素材\EX4\EX4-4\Exzc4.xlsx，按下列要求完成对此工作簿的操作并保存。

（1）复制工作表“图书销售情况表”，新的工作表命名为“图书销售透视表”。

（2）对工作表“图书销售情况表”内数据清单的内容进行自动筛选，条件为各分部第一或第四季度、社科类或少儿类图书。

（3）对筛选后的数据清单按主要关键字“经销部门”升序和次要关键字“销售额（元）”降序排列。

（4）对工作表“图书销售透视表”内数据清单的内容建立数据透视表，行标签为“经销部门”，列标签为“图书类别”，求和项为“数量（册）”，并置于现工作表的 H2:L7 单元格区域内。

（5）保存文件为“Exzc4.xlsx”。

Excel 操作题 5。

打开实验素材\EX4\EX4-5\Exzc5.xlsx，按下列要求完成对此工作簿的操作并保存。

（1）复制工作表“‘计算机动画技术’成绩单”，新的工作表命名为“成绩单分类汇总”。

（2）对工作表“‘计算机动画技术’成绩单”内数据清单的内容进行排序，条件是：主要关键字为“系别”“升序”，次要关键字为“总成绩”“降序”，次要关键字为“学号”“升序”。

（3）设定总成绩数据的条件格式为“红—白—蓝色阶”。

（4）对工作表“成绩单分类汇总”内数据清单的内容进行分类汇总，分类字段为“系别”，汇总方式为“平均值”，汇总项为“考试成绩”，汇总结果显示在数据下方。

（5）保存文件“Exzc5.xlsx”。

Excel 操作题 6。

打开实验素材\EX4\EX4-6\Exzc6.xlsx，按下列要求完成对此工作簿的操作并保存。

（1）复制工作表“产品销售情况表”，新的工作表命名为“产品销售情况筛选”。

（2）对工作表“产品售情况表”内数据清单的内容按主要关键字“产品名称”降序和次要关键字“分公司”降序排列。

（3）分类汇总各产品销售额总和，汇总结果显示在数据下方。

（4）对工作表“产品销售情况筛选”内数据清单的内容进行高级筛选，在数据清单前插入 4 行，条件区域设在 A1:G3 单元格区域，在对应字段列内输入条件，条件是：产品名称为“空调”或“电视”且销售额在前 20 名。

（5）保存文件“Exzc6.xlsx”。

第5章 演示文稿 PowerPoint 2010

PowerPoint 2010 是 Microsoft Office 2010 办公组件中的又一重要成员。PowerPoint 2010 以幻灯片的形式，制作集声音、文字、图形、影像（包括视频、动画、电影、特技等）于一体的演示文稿，并将其在计算机或投影屏幕上播放，也可以打印成幻灯片或透明胶片，还可以生成网页等。PowerPoint 2010 被广泛应用于交流观点、宣传展示、信息传递、教学演示等方面，为用户展示主题思想搭建了良好的交流平台。

5.1 PowerPoint 2010 基础

5.1.1 PowerPoint 2010 的启动

PowerPoint 2010 的启动方法与其他的 Microsoft Office 组件基本相同，主要有以下几种。

（1）选择“开始”菜单→“所有程序”→“Microsoft Office”→“Microsoft Office PowerPoint 2010”命令。

（2）如果在桌面上已经创建了 PowerPoint 2010 的快捷方式，则双击快捷方式图标。

（3）双击“Windows 资源管理器”窗口中的 PowerPoint 演示文稿文件（其扩展名为.pptx），PowerPoint 2010 会启动并且打开相应的文件。

5.1.2 窗口的组成

启动 PowerPoint 2010 应用程序后，系统会以“普通视图”模式打开演示文稿操作界面窗口，如图 5-1 所示。

PowerPoint 2010 应用程序窗口主要由标题栏、快速访问工具栏、选项卡、功能区、幻灯片编辑窗格、幻灯片/大纲浏览窗格、备注窗格、状态栏、视图切换按钮和显示比例滑块等部分组成。

1. 标题栏

标题栏位于 PowerPoint 窗口顶部，显示当前演示文稿文件名和应用程序名，默认名称为“演示文稿 1-Microsoft PowerPoint”。

2. 快速访问工具栏

快速访问工具栏位于标题栏最左侧，提供了“保存”“撤销”“重复”和自定义快速访问工具栏菜单几个选项，应用其右侧的图标，可以添加或更改一些最常用的快速访问按钮。

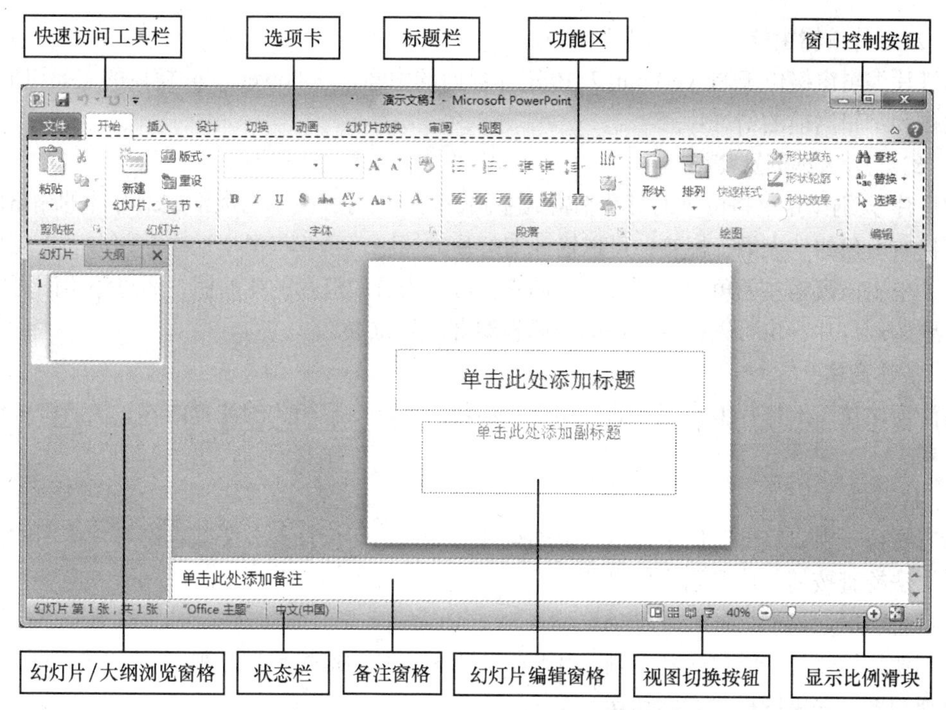

图 5-1　PowerPoint 2010 应用程序窗口

3. 选项卡

选项卡位于标题栏的下面，通常包括“文件”“开始”“插入”“设计”“切换”“动画”“幻灯片放映”“审阅”“视图”等不同类型的选项卡。不同选项卡包含不同类别的命令按钮组。单击某选项卡，将在功能区出现与该选项卡类别相对应的多组命令按钮供选择。

4. 功能区

功能区位于选项卡的下面，用于显示与选项卡对应的多个命令组，这些命令组中包含具体的命令按钮，每个按钮执行一项具体功能。

（1）“文件”选项卡位于所有选项卡的最左侧，单击该选项卡会弹出下拉菜单，提供了文件操作的常用命令，如“新建”“保存”“另存为”“打开”“关闭”“信息”“最近所用文件”“打印”等。

（2）“开始”选项卡包括“剪贴板”“幻灯片”“字体”“段落”“绘图”和“编辑”等命令组。

（3）“插入”选项卡包括“表格”“图像”“插图”“链接”“文本”“符号”“媒体”等命令组。

（4）“设计”选项卡包括“页面设置”“主题”“背景”等命令组。

（5）“切换”选项卡包括“预览”“切换到此幻灯片”“计时”等命令组。

（6）“动画”选项卡包括“预览”“动画”“高级动画”“计时”等命令组。

（7）“幻灯片放映”选项卡包括“开始放映幻灯片”“设置”“监视器”等命令组。

（8）“审阅”选项卡包括“校对”“语言”“中文简繁转换”“批注”“比较”等命令组。

（9）“视图”选项卡包括“演示文稿视图”“母版视图”“显示”“显示比例”“颜色/灰度”“窗口”“宏”等命令组。

另外，当幻灯片中插入对象（如表格、形状、图片等）时，则会在标题栏及下方自动显示“加载项”选项卡（又称为上下文选项卡），并提供选项卡下的命令组。例如，在幻灯片中插入图片，当选择图片时标题栏下方会出现“图片工具—格式”加载选项卡。

5. 幻灯片编辑窗格

幻灯片编辑窗格位于 PowerPoint 2010 工作界面的中间，是 PowerPoint 窗口的主要组成部分，用于制作和编辑当前的幻灯片。

6. 幻灯片/大纲浏览窗格

幻灯片/大纲浏览窗格位于幻灯片编辑区左侧，显示幻灯片文本的大纲或幻灯片的缩略图。单击该窗格右上角的“大纲”标签，可以输入幻灯片的标题，系统将根据这些标题自动生成相应的幻灯片；单击该窗格左上角的“幻灯片”标签，可以查看幻灯片的缩略图，通过缩略图可以快速找到需要的幻灯片，也可以拖动缩略图来调整幻灯片的位置。

7. 备注窗格

备注窗格位于幻灯片编辑区下面，用于添加与幻灯片内容相关的注释内容，供演讲者演示文稿时参考。

8. 状态栏

状态栏位于窗口底部，用于显示当前幻灯片的编号、幻灯片的总张数、幻灯片应用的主题、拼写和语法检查按钮，以及语言信息等。

9. 视图切换按钮

视图切换按钮位于窗口底部右侧，用于在“普通视图”“幻灯片浏览视图”“阅读视图”和“幻灯片放映视图”等视图模式之间切换。

10. 显示比例滑块

显示比例滑块位于窗口底部最右侧，用于调整当前演示文稿的显示比例，拖动显示比例滑块，可以放大或缩小演示文稿中文本或图形的视图模式。

5.1.3 PowerPoint 2010 的退出

PowerPoint 2010 常见的退出方法有以下几种。

（1）单击标题栏上的“关闭”按钮☒。

（2）执行“文件”→“退出”命令。

（3）双击标题栏左侧的控制菜单按钮。

（4）在标题栏上单击鼠标右键，在弹出的快捷菜单中单击“关闭”命令。

（5）按<Alt+F4>组合键。

如果对当前文档进行了编辑修改但还没有执行保存操作，在退出系统时会弹出一个提示信息框提示是否保存。选择“保存”则存盘退出；选择“不保存”则退出但不保存；选择“取消”则取消本次退出操作，返回演示文稿的编辑状态。

5.2 演示文稿视图模式

视图是应用程序的工作环境和在计算机屏幕上的显示方式，各种视图有各自的特色和功能，在各种视图中都可以对演示文稿进行特定的加工操作，并且在一种视图模式中对演示文稿进行的修改，会自动反映在其他视图中。

PowerPoint 2010 根据不同的需要提供了多种视图模式来显示演示文稿的内容，主要包括“普通视图”“幻灯片浏览视图”“备注页视图”“阅读视图”和“幻灯片放映视图”等。其中，“普通视图”“幻灯片浏览视图”和“幻灯片放映视图”是最常用的 3 种视图模式。制作演示文稿使用“普通视图”，查看所有幻灯片使用“幻灯片浏览视图”，放映幻灯片使用“幻灯片放映视图”。

切换 PowerPoint 2010 视图非常简单，可以通过“视图”选项卡→“演示文稿视图”命令组中横排的 4 个视图命令按钮切换；或者使用“状态栏”中的视图切换按钮切换。以不同的视图模式显示演示文稿的内容，便于查看与编辑演示文稿，如图 5-2 所示。

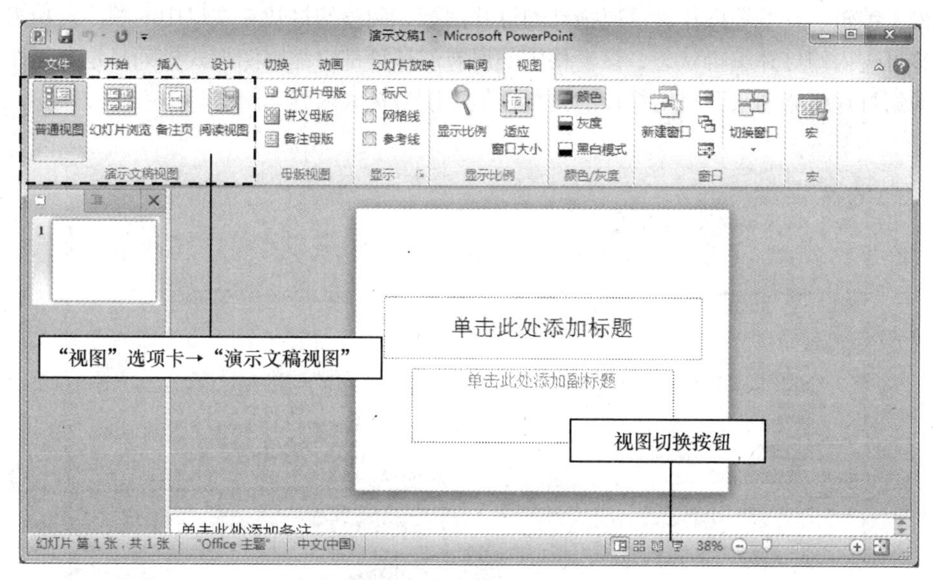

图 5-2　视图的切换方法

5.2.1　普通视图

“普通视图”模式是 PowerPoint 2010 创建演示文稿的默认视图模式，是最基本的视图模式。在其他情况下，单击“视图”选项卡→“演示文稿视图”命令组→“普通视图”命令按钮，或者单击“状态栏”→“普通视图”按钮，即可进入“普通视图”模式，如图 5-3 所示。在该视图中可以编辑演示文稿的总体结构和单张幻灯片的内容，还可以为其添加备注等。

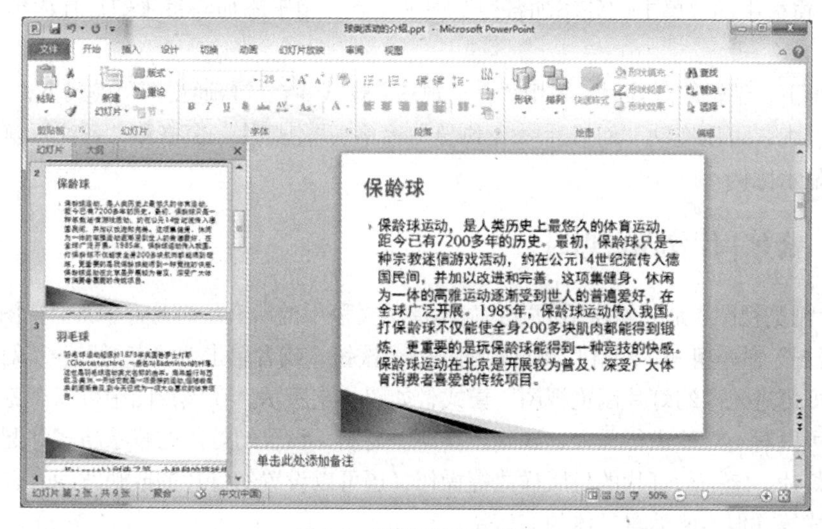

图 5-3　“普通视图”模式

在“普通视图”下，窗口工作区域主要包括“幻灯片/大纲浏览”窗格、“幻灯片编辑”窗格和“备注”窗格。

“幻灯片/大纲浏览”窗格包含“大纲”和“幻灯片”两个标签（系统默认情况下是“幻灯片”标签显示状态），单击“大纲”标签可进入大纲编辑状态，该窗格中显示演示文稿中所有幻灯片的目录结构并列出所有幻灯片的文字内容（见图 5-4），可对每张幻灯片的标题、副标题、文本部分进行输入、编辑、查看等操作，可以拖动幻灯片图标，调整幻灯片在文稿中的顺序。单击“幻灯片”标签可进入幻灯片编辑状态，该窗格中的所有幻灯片都以缩略图形式排列显示（见图 5-3），可以拖动幻灯片缩略图来调整幻灯片的位置，但不能编辑其内容。

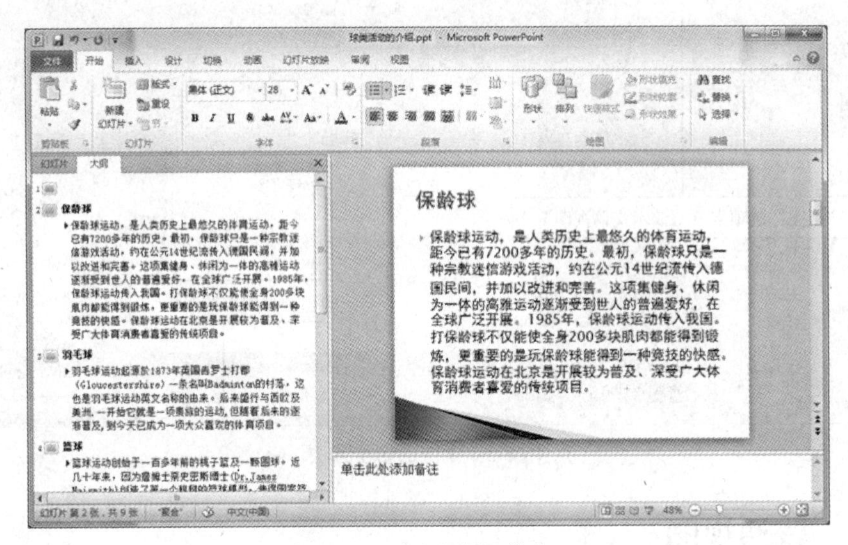

图 5-4 “大纲视图”模式

“幻灯片编辑”窗格是系统窗口的主要组成部分，只可以显示单张幻灯片，用于制作和编辑当前的幻灯片，可以通过“幻灯片/大纲浏览”窗格切换不同的幻灯片，在该窗格中对其进行编辑或格式化处理。

“备注”窗格中的“单击此处添加备注”提示文字，用于添加与每张幻灯片内容相关的注释内容。

通常情况下，编辑幻灯片时，采用“普通视图”模式。在“普通视图”模式下，“幻灯片”窗格占的比例较大，可以拖动“幻灯片/大纲浏览”窗格、“幻灯片”窗格和“备注”窗格之间的窗格线来改变显示比例。

5.2.2 幻灯片浏览视图

“幻灯片浏览视图”是以缩略图的方式显示演示文稿中的所有幻灯片。单击“视图”选项卡→“演示文稿视图”命令组→“幻灯片浏览视图”命令按钮，或者单击“状态栏”→“幻灯片浏览视图”按钮，即可进入“幻灯片浏览视图”模式，如图 5-5 所示。在该视图中可以浏览演示文稿的整体效果，可以对幻灯片进行插入、删除、移动、复制、设置幻灯片的背景格式和配色方案、隐藏选定的幻灯片、统一幻灯片的母版样式等操作，还可以设置幻灯片的放映时间、选择幻灯片的动画切换方式等，但不能编辑具体的幻灯片。

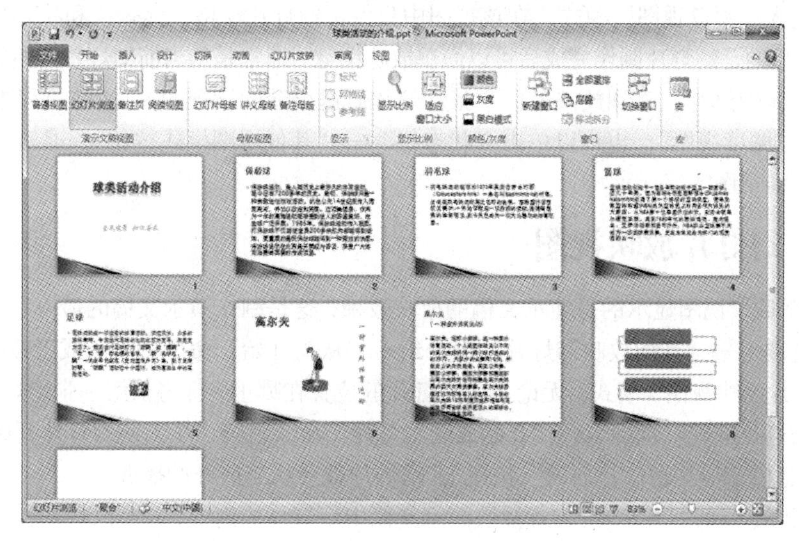

图 5-5 “幻灯片浏览视图”模式

5.2.3 备注页视图

在 PowerPoint 2010 状态栏中没有“备注页视图”按钮，只有单击“视图”选项卡→“演示文稿视图”命令组→“备注页视图”命令按钮，才可进入“备注页视图”模式，如图 5-6 所示。在该视图中可以输入幻灯片的备注信息，一般是对幻灯片中的部分内容做注释，记载幻灯片创建的意义、日期或对与幻灯片相关的信息加以说明。也可以在普通视图的备注区域输入备注信息，在此视图中不能编辑幻灯片中的对象。

图 5-6 “备注页视图”模式

5.2.4 阅读视图

“阅读视图”是一种可以自我观看文稿效果的放映方式，不使用全屏幻灯片放映。单击“视图”选项卡→“演示文稿视图”命令组→“阅读视图”命令按钮，或者单击“状态栏”→“阅读视图”

按钮，即可进入“阅读视图”模式。在该视图中只保留幻灯片窗格、标题栏和状态栏，其他编辑功能被屏蔽，目的是幻灯片制作完成后可以简单放映浏览。通常是从当前幻灯片开始放映，单击可以切换到下一张幻灯片，直到放映最后一张幻灯片后退出“阅读视图”。放映过程中随时可以按<Esc>键退出“阅读视图”，也可以单击“状态栏”→“其他视图模式按钮”，退出“阅读视图”并切换到之前的视图。

5.2.5 幻灯片放映视图

“幻灯片放映”视图显示的是演示文稿的放映效果，这是制作演示文稿的最终目的。单击“幻灯片放映”选项卡→“开始放映幻灯片”命令组→“从头开始”命令按钮（或者按<F5>键），即可进入“幻灯片放映视图”模式，无论当前幻灯片的位置在哪里，都将从第一张幻灯片开始播放。如果单击“幻灯片放映”选项卡→“开始放映幻灯片”命令组→“从当前幻灯片开始”命令按钮（或单击“状态栏”→“幻灯片放映”按钮），幻灯片就会从当前开始播放。

“幻灯片放映”视图是以全屏方式播放演示文稿中幻灯片的内容，并可以看到各对象在实际放映中的动画、切换等效果。但是只能观看放映，不能修改幻灯片。在播放的过程中，若要换页，则可以单击（或者按<Enter>键或空格键）。要退出“幻灯片放映”视图，可单击鼠标右键，在弹出的快捷菜单中选择“结束放映”命令（或者按<Esc>键）。

5.3 演示文稿的创建、打开和保存

利用 PowerPoint 制作的文件叫“演示文稿”，它是 PowerPoint 管理数据的文件单位，以独立的文件形式存储在磁盘上，其文件扩展名为.pptx。演示文稿中的每一页叫作一张“幻灯片”，一个演示文稿可以包括多张幻灯片，每张幻灯片在演示文稿中，既相互独立，又相互联系。

5.3.1 创建演示文稿

与 Word、Excel 基本相同，启动 PowerPoint 2010 后，系统会自动建立一个空的演示文稿，并以“演示文稿 1”命名，用户可直接在此演示文稿中制作当前幻灯片。如果用户还需要创建其他新的演示文稿，可以采用以下几种方法。

（1）执行“文件”→“新建”命令，窗口右侧出现“新建演示文稿”任务窗格。该任务窗格的各个标签提供了多种文档模板，这些模板预先定义好格式。

（2）单击“自定义快速访问工具栏”按钮，在弹出的下拉菜单中选择“新建”项，之后可以单击快速访问工具栏中新添加的“新建”按钮创建空白演示文稿。

（3）按<Ctrl+N>组合键，会直接建立一个空白演示文稿。

5.3.2 打开演示文稿

使用下列几种方法都可以打开一个已经存在的演示文稿。

（1）在“Windows 资源管理器”窗口中，双击要打开的文件。

（2）在 PowerPoint 演示文稿窗口中，执行“文件”→“打开”命令，在弹出的“打开”对话框中找到要打开的文件，双击文件或者单击“打开”按钮。

（3）单击“自定义快速访问工具栏”按钮，在弹出的下拉菜单中选择“打开”项，之后单击

快速访问工具栏中新添加的“打开”按钮即可。

5.3.3 保存演示文稿

使用下列几种方法都可以保存演示文稿。

（1）执行“文件”→“保存”命令。

（2）单击快速访问工具栏上的“保存”按钮。

（3）按<Ctrl+S>组合键。

5.4 演示文稿的编辑制作

演示文稿一般由若干张幻灯片组成，编辑演示文稿就是对幻灯片及幻灯片中的对象进行插入、删除、移动、复制等编辑处理。用户可以在普通视图或幻灯片浏览视图中编辑幻灯片。

5.4.1 编辑幻灯片

1. 输入文本

文本内容是幻灯片的基础，但幻灯片上不能直接输入文本。在幻灯片中添加文字的方法有很多，最简单的方式是直接将文本输入幻灯片的占位符和文本框中。

（1）在占位符中输入文本。

占位符是指幻灯片中一种带有虚线或阴影线的边框。在这些边框内可以放置标题、正文、图表、表格、图片等对象。

创建一个空演示文稿时，系统会自动插入一张“标题幻灯片”。该幻灯片中有两个虚线框，这两个虚线框就是占位符，占位符中显示“单击此处添加标题”和“单击此处添加副标题”的字样，如图 5-1 所示。将光标移至占位符中单击，即可输入文字。

（2）使用文本框输入文本。

如果当前幻灯片中没有占位符，或要在占位符之外的其他位置输入文本，可以在幻灯片中插入文本框，操作方法如下。

单击“插入”选项卡→“文本”命令组→“文本框”命令，在幻灯片的适当位置绘制文本框（横排文本框/垂直文本框），在文本框的插入点处输入文本内容。

在 PowerPoint 中，对文字的复制、粘贴、删除、移动和设置文字字体、字号、颜色等以及设置段落格式等操作，均与 Word 中的相关操作类似，在此不详细叙述。

只有在幻灯片中的占位符中输入的文本内容，才能在大纲视图中显示出来。

2. 选定幻灯片

（1）选定单张幻灯片。在“幻灯片/大纲”窗格或“幻灯片浏览视图”中单击幻灯片，可选定单张幻灯片。

（2）选定多张连续的幻灯片。在“幻灯片/大纲”窗格或“幻灯片浏览视图”中单击要选定的第一张幻灯片，按住<Shift>键，再单击要选定的最后一张幻灯片，可选定多张连续的幻灯片。

（3）选定多张不连续的幻灯片。在“幻灯片/大纲”窗格或“幻灯片浏览视图”中，单击要选定的第一张幻灯片，按住<Ctrl>键，再依次单击其他要选定的幻灯片，可选定多张不连续的幻灯片。

（4）选定全部幻灯片。在“幻灯片/大纲”窗格或“幻灯片浏览视图”中，执行“开始”选项卡→“编辑”命令组→“选择”下拉菜单→“全选”命令，或者按<Ctrl+A>组合键，可选定全部幻灯片。

3. 插入幻灯片

在“幻灯片/大纲”窗格或“幻灯片浏览视图”中均可以插入空白幻灯片，方法有以下几种。

（1）单击“开始”选项卡→“幻灯片”命令组→“新建幻灯片”命令按钮（或者选择下拉列表框中的某种版式）。

（2）在“幻灯片/大纲”窗格或“幻灯片浏览视图”中单击鼠标右键，在弹出的快捷菜单中选择“新建幻灯片”命令。

（3）按<Ctrl+M>组合键。

4. 移动或复制幻灯片

在“幻灯片浏览视图”或“幻灯片/大纲”窗格中移动或复制操作的灯片，有以下 4 种方法。

（1）选定需要移动或复制的幻灯片，按住鼠标左键拖动到目标位置可移动幻灯片。按住<Ctrl>键的同时，按住鼠标左键拖动到目标位置可复制幻灯片。

（2）选定需要移动或复制的幻灯片，按<Ctrl+X>组合键剪切，进入目标位置，按<Ctrl+V>组合键可以移动幻灯片。按<Ctrl+C>组合键复制，进入目标位置后按下<Ctrl+V>组合键，可复制幻灯片。

（3）在需要移动或复制的幻灯片上单击鼠标右键，在弹出的快捷菜单中选择“剪切”“复制”“粘贴”命令来移动或复制幻灯片。

（4）选定需要移动或复制的幻灯片，在“开始”选项卡→“剪贴板”命令组中选择“剪切”“复制”“粘贴”命令来移动或复制幻灯片。

5. 删除幻灯片

在“幻灯片浏览视图”或“幻灯片/大纲”窗格中选择要删除的幻灯片，按<Delete>键，或者选中幻灯片，单击鼠标右键，执行快捷菜单中的“删除幻灯片”命令。若删除多张幻灯片，先选择这些幻灯片，然后执行删除操作。

5.4.2 插入图片、形状和艺术字

在 PowerPoint 2010 中，可以将诸多不同来源的图片和剪贴画插入演示文稿中，包括从提供剪贴画的网站下载、从网页复制或从保存图片的文件夹插入。

1. 插入剪贴画或图片

（1）插入剪贴画。插入剪贴画的操作步骤如下。

① 打开需要插入剪贴画的幻灯片。

② 单击“插入”选项卡→“图像”命令组→“剪贴画”命令按钮，打开“剪贴画”任务窗格。

③ 在任务窗格的“搜索文字”文本框中，键入用于描述所需剪贴画的关键字。在“结果类型”下拉列表中选择或取消“插图”“照片”“视频”和“音频”复选框，以搜索所需媒体类型。

④ 单击“搜索”按钮。

⑤ 在结果列表中单击剪贴画，即可将剪贴画插入幻灯片中，如图 5-7 所示。

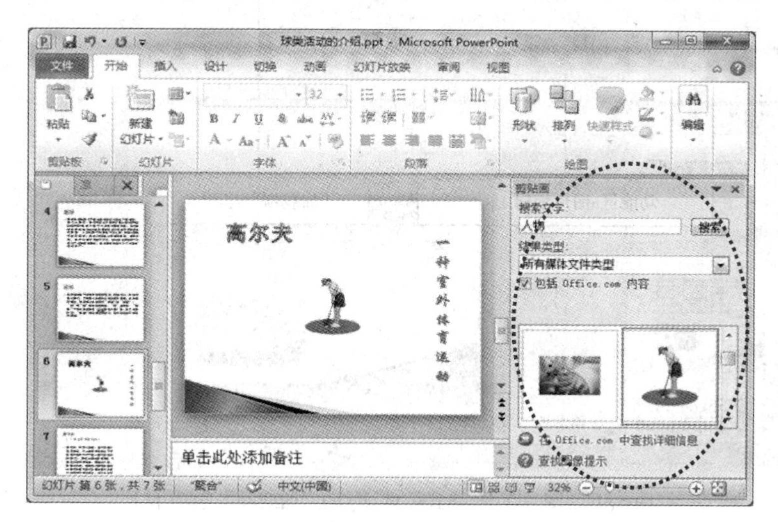

图 5-7　插入剪贴画

（2）插入图片。插入来自文件的图片，具体操作步骤如下。

① 单击“插入”选项卡→“图像”命令组→“图片”命令按钮，打开“插入图片”对话框，如图 5-8 所示。

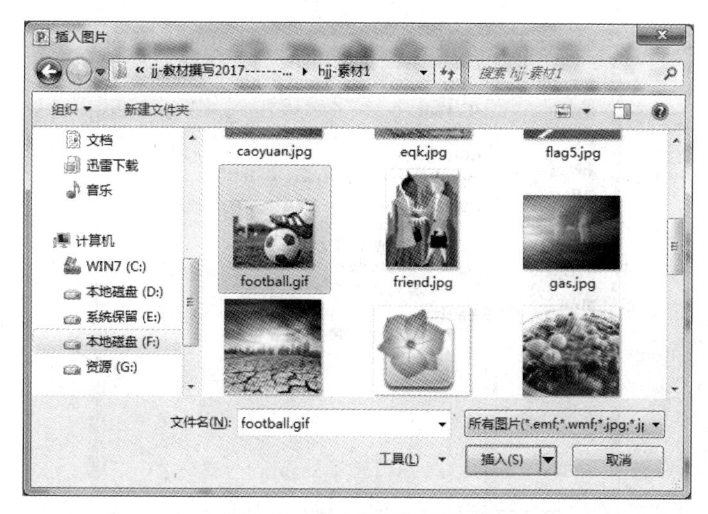

图 5-8　“插入图片”对话框

② 在“插入图片”对话框中，选择所需图片。

③ 单击“插入”按钮或双击图片文件名，即可将图片插入幻灯片中。

（3）调整图片的大小和位置。在幻灯片中选定图片，功能区中出现“图片工具-格式”选项卡（“加载项”选项卡），如图 5-9 所示。利用“图片工具-格式”选项卡中的命令按钮可以编辑插入的图片，包括调整图片颜色/背景色/艺术效果、图片样式、排列方式及裁剪大小等。

可以按照需要调整图片的大小和位置，可以手动粗略调整，也可以精确调整。单击选中要调整的图片，拖曳图片的四个角和边框可调整图片的大小，将图片拖到想要的位置可以调整图片的位置。

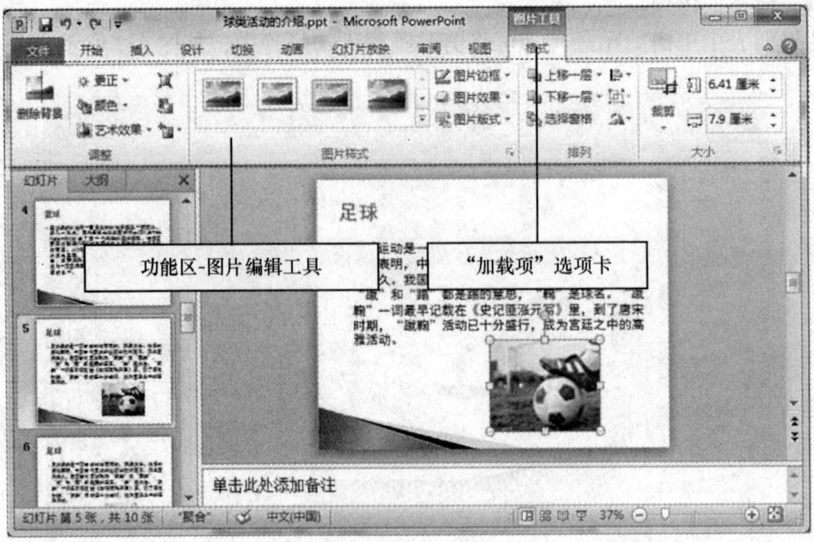

图 5-9 “图片工具-格式”选项卡（“加载项”选项卡）

若要精确调整图片的大小和位置，可以选中要调整的图片，选择“图片工具-格式”选项卡→“大小”命令组，修改其“高度”和“宽度”来修改图片的大小；也可以单击“大小”命令组右下角的“对话框启动器”按钮，在打开的“设置图片格式”对话框，精确设定图片的大小和位置，如图 5-10 所示。

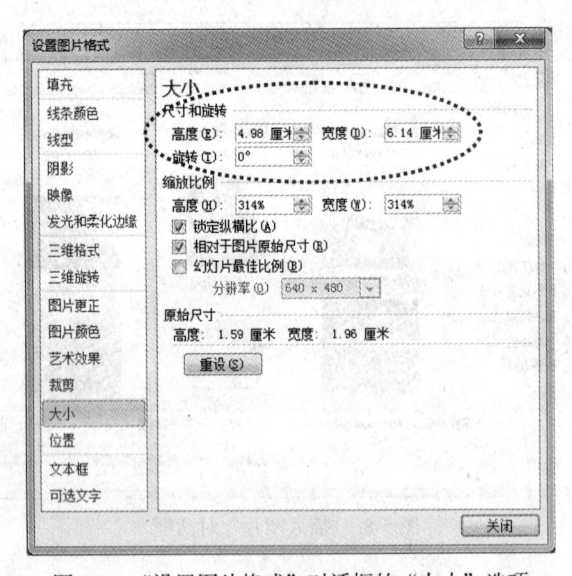

图 5-10 “设置图片格式”对话框的“大小”选项

（4）图片的裁剪。要裁剪图片中的某个部分时，可以通过“图片工具-格式”选项卡→“裁剪”命令处理。单击“格式”选项卡→“裁剪”命令按钮以后，鼠标和图片中尺寸控制点的样式均会发生改变。通过某个图片尺寸控制点向内拖动鼠标时，线框以外的部分将被剪去，如图 5-11 所示。

（5）旋转图片。旋转图片能使图片按要求向不同方向倾斜，可以手动粗略旋转，也可以精确旋转指定角度。单击选中要旋转的图片，拖动上方绿色控点即可随意旋转图片。

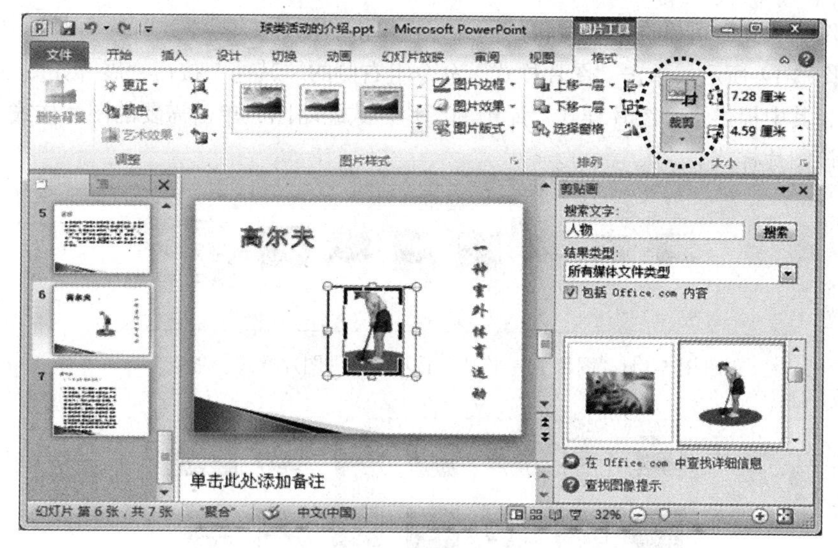

图 5-11　裁剪图片

要精确旋转图片，可以选中要旋转的图片，选择“图片工具-格式”选项卡→“排列”命令组→“旋转”命令，在展开的下拉列表框中选择“向右旋转 90°”“向左旋转 90°”、“垂直翻转”“水平翻转”，如图 5-12 所示。

要按其他角度旋转图片，可以选择“旋转”下拉列表框→“其他旋转选项”，在弹出的“设置图片格式”对话框中进行设置，如图 5-13 所示。

图 5-12　“旋转”下拉列表框

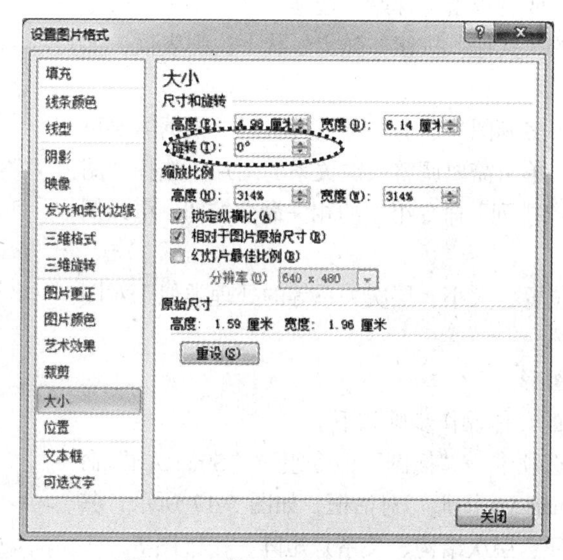

图 5-13　“设置图片格式”对话框

（6）设置图片样式。图片样式是不同格式设置选项（如“图片边框”“图片效果”“图片版式”等）的组合，显示在“图片样式”库中的缩略图中。将指针放在缩略图上时，可以预先查看“图片样式”的外观，然后再应用这些样式。

要设置图片样式，可以选中要编辑的图片，再单击“图片工具-格式”选项卡→“图片样式”命令组，如图 5-14 所示。单击“图片样式”命令组右侧的“其他”按钮，展开如图 5-15 所示的下拉列表框，其中提供了“图片样式”库中的图片样式缩略图，单击需要的图片样式，即可为所选图片设置该图片样式。

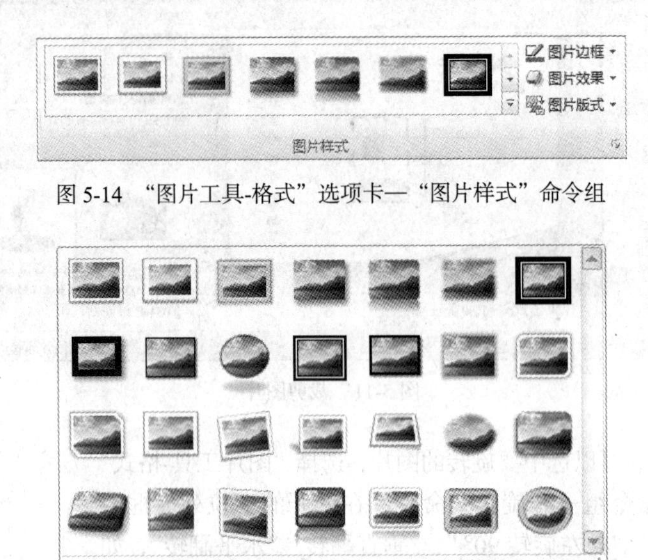

图 5-14 “图片工具-格式”选项卡—“图片样式”命令组

图 5-15 “图片样式”下拉列表框

2. 插入形状

插入形状有两种方法：单击“插入”选项卡→“插图”命令组→“形状”命令按钮，或者单击“开始”选项卡→“绘图”命令组→“形状”列表右侧的“其他”按钮，弹出形状下拉列表框，如图 5-16 所示。

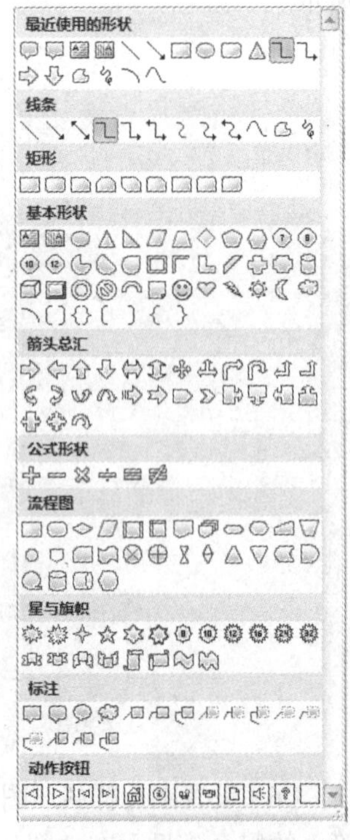

图 5-16 形状列表

当在幻灯片上插入了多幅图片、剪贴画或形状后，根据需要可以调整图片的层次位置。单击需要调整层次关系的图片，选择“图片工具-格式”选项卡→“排列”命令组中的相关命令按钮，可以调整图片的层次关系。

另外，对剪贴画的位置、大小、层次关系等的处理类似于对图片的处理，这里不再叙述。

3. 插入 SmartArt 图形

插入 SmartArt 图形的具体操作步骤如下。

（1）单击“插入”选项卡→“插图”命令组→“SmartArt”命令按钮，打开“选择 SmartArt 图形”对话框，如图 5-17 所示，其中包括列表、流程、循环、层次结构、关系、矩阵、棱锥图等。

（2）在“选择 SmartArt 图形”对话框中选择所需图形，然后根据提示输入图形中的必要文字，如图 5-18 所示。

如果需要编辑加入的 SmartArt 图形，还可以通过“SmartArt 工具”的“设计”选项卡中的相应命令进行。

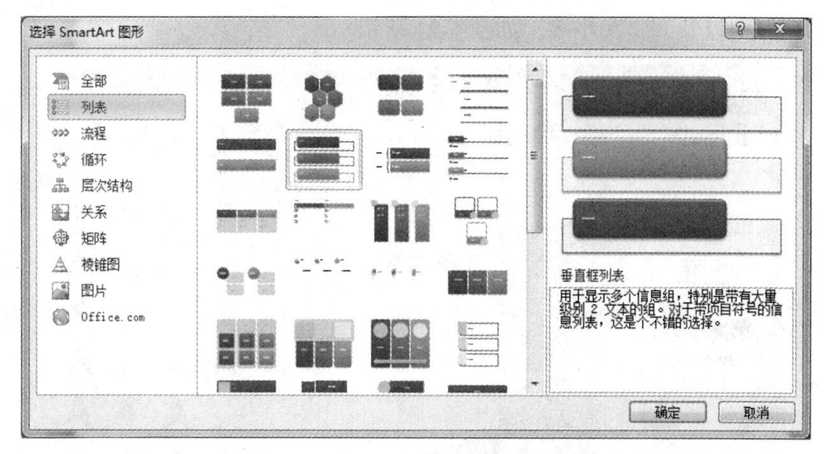

图 5-17　“选择 SmartArt 图形”对话框

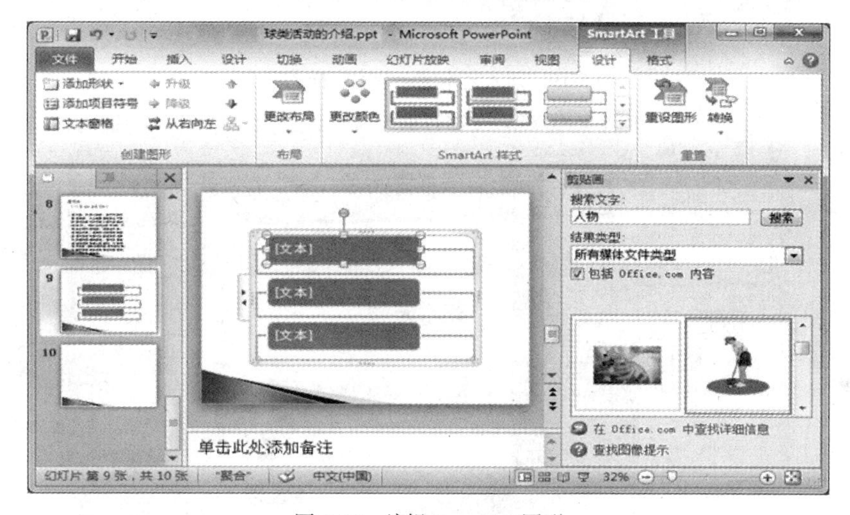

图 5-18　编辑 SmartArt 图形

4. 插入图表

利用 PowerPoint 2010 可以制作出常用的图表，包括二维图表和三维图表。在 PowerPoint 2010 中可以链接或嵌入 Excel 文件中的图表，并可以在数据表窗口中修改和编辑图表。

单击“插入”选项卡→“插图”命令组→“图表”命令按钮，系统显示一个类似 Excel 编辑环境的界面，用户可以使用类似 Excel 中的操作方法编辑处理相关图表。

5. 插入艺术字

（1）创建艺术字。单击“插入”选项卡→“文本”命令组→“艺术字”命令按钮，弹出艺术字样式列表，如图 5-19 所示。

在艺术字样式列表中选择一种艺术字样式（如“渐变填充-青绿，强调文字颜色 1”），出现指定样式的艺术字编辑框，其中显示提示信息“请在此放置您的文字”，如图 5-20 所示。在艺术字编辑框中输入艺术字文字内容（如“全民健身 知识普及”）。和普通文本一样，可以改变艺术字的字体和字号等。

（2）修饰艺术字效果。艺术字以普通文字为基础，经过一系列的处理加工，使输出的文字具有阴影、形状、色彩等艺术效果。但艺术字是一种图形对象，它具有图形的属性，创建好的艺术字还可以设置类似图形的样式效果，可以在“绘图工具-格式”选项卡下根据需要设置艺术字的形状、样式、排列方向以及调整大小等，如图 5-21 所示。

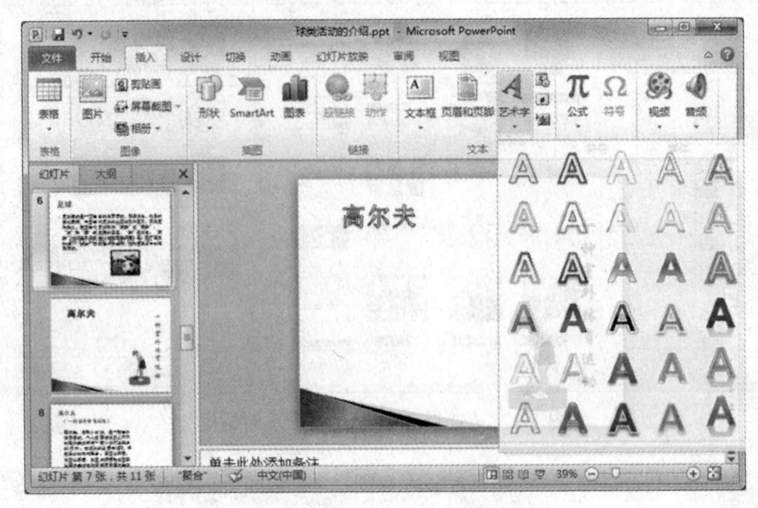

图 5-19　插入艺术字—艺术字样式列表

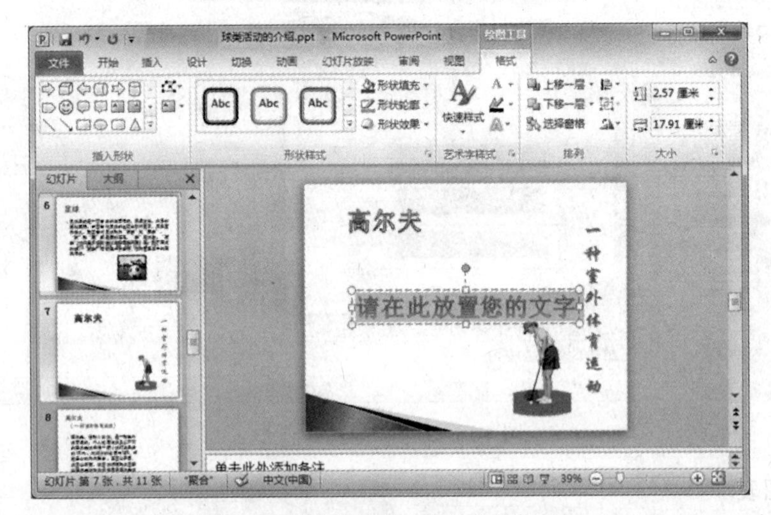

图 5-20　插入艺术字—输入艺术字内容

图 5-21　插入艺术字—修改艺术字效果

5.4.3　插入音频和视频

PowerPoint 2010 提供了功能强大的媒体剪辑库，其中包含音频和视频。为了改善幻灯片放映时的视听效果，可以在幻灯片中插入声音、视频等多媒体对象，从而制作出有声有色的幻灯片。

1. 插入音频

单击“插入”选项卡→“媒体”命令组→“音频”命令按钮的下拉按钮，显示“文件中的音频”“剪贴画音频”“录制音频”等命令，如图 5-22 所示。例如，选择添加“剪贴画音频”，打开“剪贴画”任务窗格，在该窗格中列出了剪辑库中的所有声音文件。单击“剪贴画”任务窗格中要插入的音频文件，系统会在幻灯片上出现一个“喇叭”图标，可以通过“音频工具”设置插入的音频文件的播放、音量等。完成设置之后，该音频文件会按前面的设置，在放映幻灯片时播放。

2. 插入视频

单击“插入”选项卡→“媒体”命令组→“视频”命令按钮的下拉按钮，显示“文件中的视频”“来自网站的视频”“剪贴画视频”等命令，如图 5-23 所示。例如，选择“文件中的视频”，打开“插入视频文件”对话框，选择要插入的视频文件后，系统会在幻灯片上出现该视频文件的窗口，可以像编辑其他对象一样，改变它的大小和位置。可以通过“视频工具”设置插入的视频文件的播放、音量等。完成设置之后，该视频文件会按前面的设置，在放映幻灯片时播放。

图 5-22　插入音频

图 5-23　插入视频

添加其他视频文件的操作与添加“文件中的视频”的操作类似，在此就不详细叙述了。

在向幻灯片插入“文件中的音频”和“文件中的视频”时，添加的音频和视频文件的路径不能修改，否则音频和视频文件在放映幻灯片时将不能播放。

5.4.4　插入表格

PowerPoint 2010 具有表格制作功能。在幻灯片中除了可以插入文本、形状、图片外，还可以插入表格等对象，使演示文稿的表达方式更加丰富。

1. 创建表格

在 PowerPoint 演示文稿中，可以按以下方法创建表格。

（1）使用内容区占位符创建表格。和插入剪贴画与图片一样，在内容区占位符中也有“插入表格”图标（见图 5-24），具体操作步骤如下。

① 单击内容区占位符中的“插入表格”图标，打开“插入表格”对话框，如图 5-25 所示。

② 在对话框中确定表格的行数和列数。

③ 单击“确定”按钮，即可创建指定行数和列数的表格。

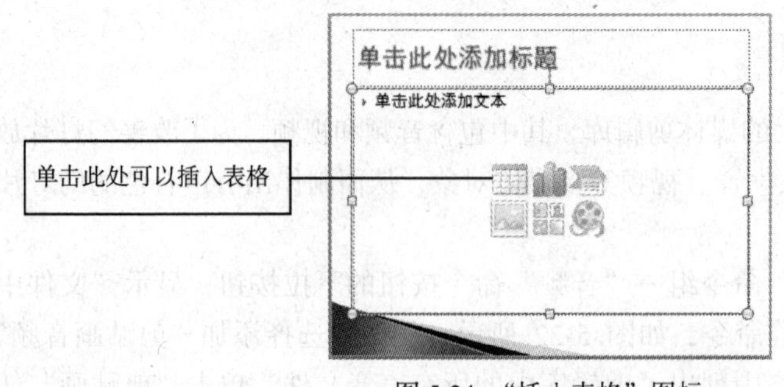

图 5-24 “插入表格”图标

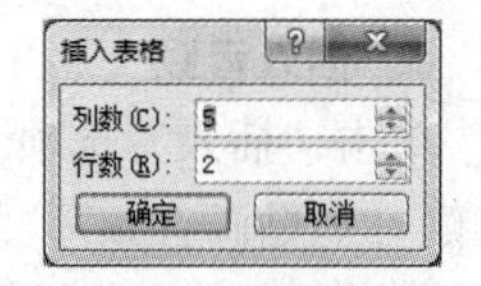

图 5-25 “插入表格”对话框

（2）使用功能区命令快速生成表格，具体操作步骤如下。

① 打开要插入表格的幻灯片。

② 单击“插入”选项卡→“表格”命令组→“表格”命令按钮，弹出“表格”下拉列表框，如图 5-26 所示。

③ 在示意网格中拖动鼠标选择行数和列数，即可快速生成相应的表格。

（3）使用“插入表格”对话框创建表格，具体操作步骤如下。

① 打开要插入表格的幻灯片。

② 单击“插入”选项卡→“表格”命令组→“表格”命令按钮，弹出如图 5-26 所示的“表格”下拉列表框。

③ 在下拉列表框中单击“插入表格”命令，打开如图 5-25 所示的“插入表格”对话框。

图 5-26 “表格”下拉列表框

④ 在对话框中确定表格的行数和列数。

⑤ 单击“确定”按钮，即可创建指定行数和列数的表格。

（4）使用绘制表格功能自定义绘制表格，具体操作步骤如下。

① 单击“插入”选项卡→“表格”命令组→“表格”命令按钮，弹出“插入表格”下拉列表框。

② 在下拉列表框中选择“绘制表格”选项，此时鼠标指针呈铅笔形状。

③ 在幻灯片上拖动鼠标左键手动绘制表格。注意首次是绘制出表格的外围边框，之后可以绘制表格的内部框线。

创建表格后，光标在左上角第一个单元格中，此时可以向表格输入内容了。单击某个单元格，出现插入点光标，在该单元格中输入内容，直到完成全部单元格内容的输入。

2. 编辑表格

表格制作完成后，若不满意，可以编辑修改，如修改单元格的内容，设置文本对齐方式，调表格大小和行高、列宽，插入和删除行（列），合并与拆分单元格等。在修改表格对象前，应先选择这些对象。这些操作可以在“表格工具-布局”选项卡中进行。

（1）选定表格。编辑表格前，必须先选择要编辑的表格对象，如整个表格、行（列）、单元格、单元格范围等。

使用功能区命令选择表格、行（列）的操作方法为：将光标定位在表格的任一单元格，单击“表格工具-布局”选项卡→“表”命令组→“选择”命令按钮，在弹出的下拉列表框中有“选择表格”“选择列”和“选择行”命令。单击“选择表格”命令，可选择该表格。单击“选择行”（“选择列”）命令，选中光标所在行（列）。

（2）设置表格大小及行高和列宽。用拖动鼠标调整行高和列宽的操作方法为：选择表格，表格四周出现 8 个控点，将鼠标指针移至控点，出现双向箭头时沿箭头方向拖动，即可改变表格大小。沿水平（垂直）方向拖动，可以改变表格的宽度（高度），在表格四角拖动控点，则等比例缩放表格的宽和高。

使用功能区中的命令调整行高和列宽的操作方法为：单击表格内的任意单元格，在“表格工具-布局”选项卡→“表格尺寸”命令组，可以输入表格的宽度和高度数值，若选择“锁定纵横比”复选框，则保证按比例缩放表格。

在“表格工具-布局”选项卡→“单元格大小”命令组，可以输入行高和列宽的数值，精确设定当前选定区域的行高和列宽。

（3）插入表格行和列。将光标置于某行的任意单元格中，单击“表格工具-布局”选项卡→“行和列”命令组→“在上方插入”（或“在下方插入”）命令按钮，即可在当前行的上方（或下方）插入一空白行。

用同样的方法，单击“表格工具-布局”选项卡→“行和列”命令组→“在左侧插入”（“在右侧插入”）命令按钮，即可在当前列的左侧（右侧）插入一空白列。

（4）删除表格行、列和整个表格。将光标置于被删行（或列）的任意单元格中，单击“表格工具-布局”选项卡→“行和列”命令组→“删除”按钮，在出现的下拉列表框中选择“删除行”（或“删除列”）命令，则该行（列）被删除。若选择“删除表格”，则光标所在的整个表格被删除。

（5）合并和拆分单元格。合并单元格是指将若干相邻单元格合并为一个单元格，合并后的单元格宽度（高度）是被合并的几个单元格宽度（高度）之和。而拆分单元格是指将一个单元格拆分为多个单元格。

合并单元格的方法为：选择相邻要合并的所有单元格（如同一行相邻的 2 个单元格），单击“表格工具-布局”选项卡→“合并”命令组→“合并单元格”命令按钮，则所选单元格合并为一个大单元格。

拆分单元格的方法为：选择要拆分的单元格，单击“表格工具-布局”选项卡→“合并”命令组→“拆分单元格”命令按钮，弹出“拆分单元格”对话框，在对话框中输入行数和列数，即可将单元格拆分为指定行列数的多个单元格。

3. 设置表格格式

（1）套用表格样式。系统提供的表格样式已经设置了相应的表格边框线和底纹，可以重新定义已经选用的表格框线。具体方法为：单击表格的任意单元格，选择“表格工具—设计”选项卡→“表格样式”命令组，单击样式列表右侧的“其他”按钮，在弹出的下拉列表框中展开“文档最佳匹配对象”“淡”“中”“深”4 类表格样式，将鼠标指针移动到某样式上，可以实时预览相应的效果。从中选择一种表格样式，即可为所选表格设置表格样式，如图 5-27 所示。

对于已经选用的表格样式可以清除并重新选用其他表格样式，具体方法为：单击表格的任意单元格，选择“表格工具-设计”选项卡→“表格样式”命令组，单击样式列表右侧的“其他”按钮，在弹出的下拉列表框中单击“清除表格”命令，则表格变成无样式的表格。然后重新选用其他表格样式。

（2）设置表格框线。系统提供的表格样式已经设置了相应的表格边框线和底纹，可以重新定义已经选用的表格边框线。具体方法为：单击表格的任意单元格，选择“表格工具-设计”选项卡→“绘图边框”命令组，单击“笔颜色”按钮，在下拉列表框中选择边框线的颜色；单击“笔样式”按钮，在下拉列表框中选择边框线的线型；单击“笔画粗细”按钮，在下拉列表框中选择边框线的线条宽度。

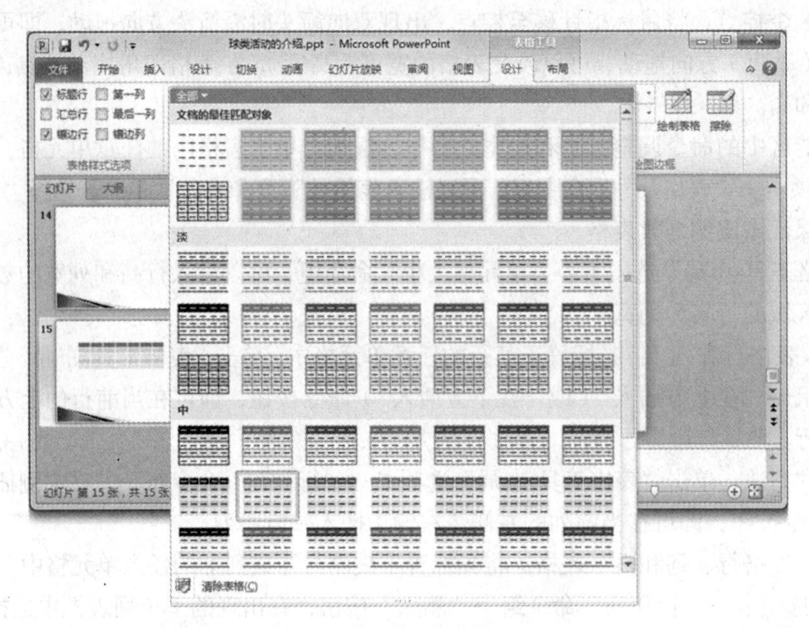

图 5-27　套用表格样式

设置好表格边框线颜色、线型和线条宽度后，再确定设置该边框线的对象。选择整个表格，选择“表格工具-设计”选项卡→“表格样式”命令组，在“边框”下拉列表框中显示“无框线”“所有框线”“外侧框线”“内部框线”“上框线”“下框线”“左框线”“右框线”“内部横框线”“内部竖框线”“斜下框线”“斜上框线”等各种边框线设置命令（见图 5-28），选择其中的命令，即可设置表格内、外边框线。

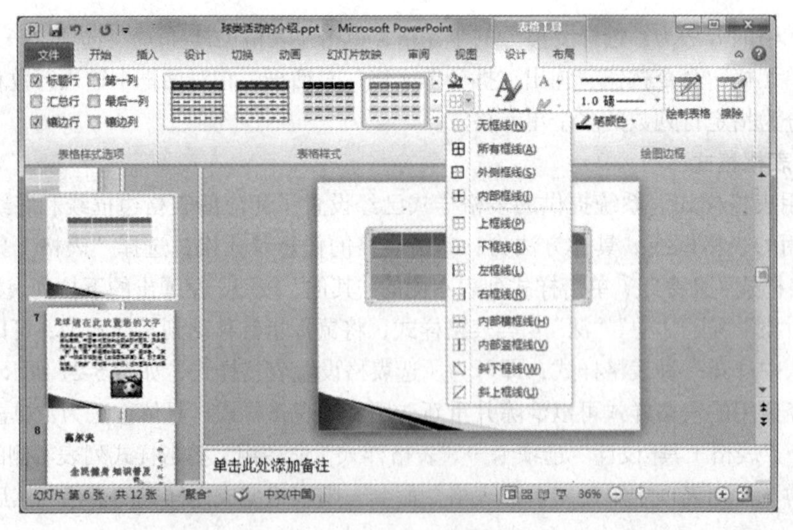

图 5-28　设置表格框线

（3）设置表格底纹。选择要设置底纹的表格区域，选择“表格工具-设计”选项卡→“表格样式”命令组，“底纹”下拉列表框中显示各种底纹设置命令（见图 5-29），选择其中的命令，即可设置表格底纹。

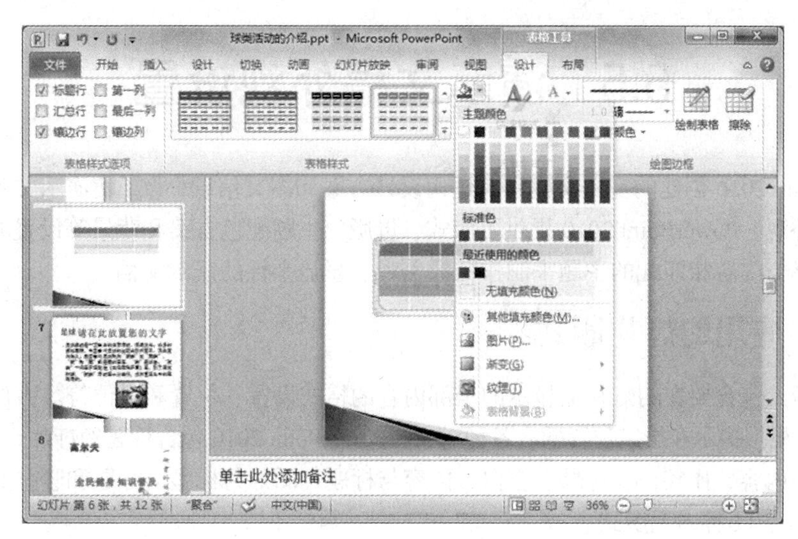

图 5-29　设置表格底纹

选择“渐变”命令，在下拉列表框中显示“无渐变”“浅色变体”“深色变体”和“其他渐变”底纹设置命令，可以用指定颜色变体作为区域中单元格的底纹。

选择“图片”命令，弹出“插入图片”对话框，可以用插入的图片作为区域中单元格的底纹。

选择“纹理”命令，在下拉列表框中显示各种纹理，可以用选择的纹理作为区域中单元格的底纹。

列表中的“表格背景”命令是针对整个表格底纹的。选择“表格背景”命令，在下拉列表框中选择“颜色”或“图片”命令，可以用指定颜色或图片作为整个表格的底纹背景。

（4）设置表格效果。选择表格，选择“表格工具-设计”选项卡→“表格样式”命令组，在“效果”下拉列表框中显示“单元格凹凸效果”“阴影”“映像”等效果命令，如图 5-30 所示。其中，“单元格凹凸效果”命令主要使表格单元格边框呈现各种凹凸效果。“阴影”是为表格建立内部或外部各种方向的光晕。“映像”是在表格四周创建倒影的特效。

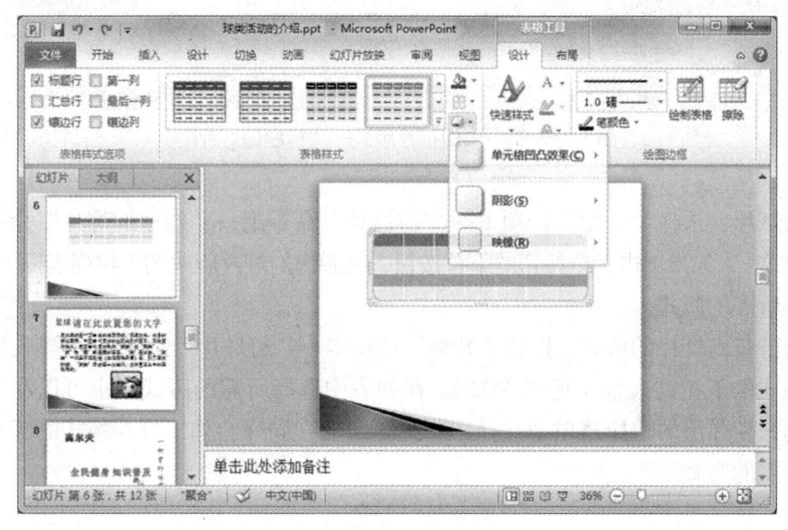

图 5-30　设置表格效果

5.5 演示文稿外观设置

PowerPoint 2010 创建的空白文稿没有任何设计方案和图文信息，为了使演示文稿中的幻灯片具有统一的外观，PowerPoint 2010 提供了版式、母版、主题配色方案和背景等设置方法，可以应用版式，选择与内容相匹配的主题来制作精致美观、彰显个性的演示文稿。

5.5.1 应用幻灯片版式

幻灯片版式包含要在幻灯片上显示的全部内容的格式设置、位置和占位符。占位符是版式中的容器，可以根据提示在指定位置插入各种对象。PowerPoint 2010 包含标题幻灯片、标题和内容、节标题、两栏内容、比较、仅标题、空白、内容与标题、图片与标题、标题和竖排文字、垂直排列标题与文本等 11 种内置版式。

新建一个演示文稿时，第一张幻灯片的版式默认是“标题幻灯片”，如图 5-31 所示。

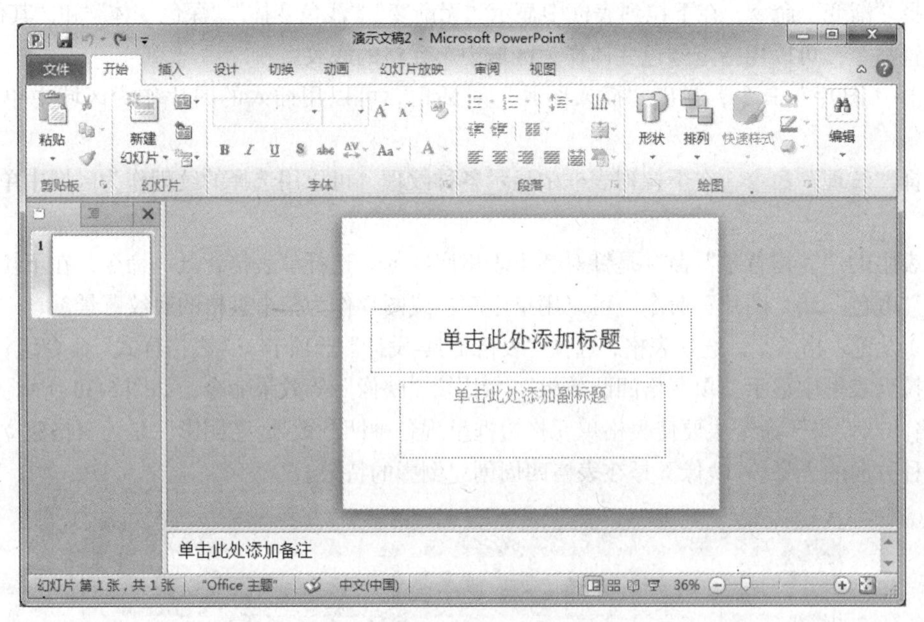

图 5-31 第一张幻灯片版式—“标题幻灯片”

要新建幻灯片，选择“开始”选项卡→“幻灯片”命令组→“新建幻灯片”命令，新建一个固定版式的幻灯片；如果单击命令按钮的下拉按钮，会弹出幻灯片版式的下拉列表框（见图 5-32），在列表中选择所需的版式。

若要改变已有幻灯片的版式，选择“开始”选项卡→“幻灯片”命令组→“版式”命令按钮，弹出幻灯片版式的下拉列表框（见图 5-32），在列表中选择所需的版式。也可以在幻灯片空白处单击鼠标右键，在弹出的快捷菜单中选择“版式”命令，同样会弹出灯片版式的下拉列表框，在列表中选择所需的版式。

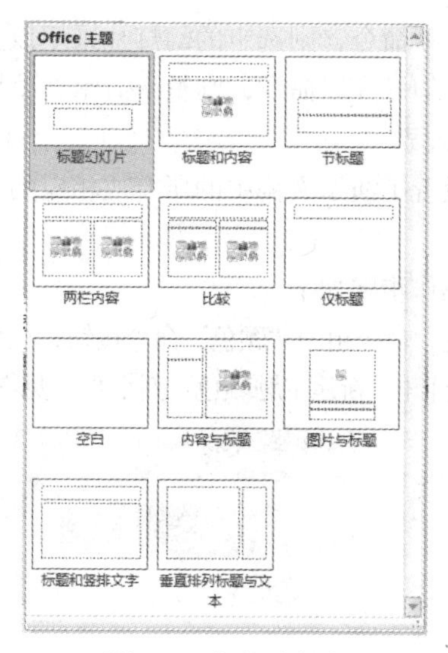

图 5-32　幻灯片版式

5.5.2　应用幻灯片主题

主题是主题颜色、主题字体和主题效果三者的组合。PowerPoint 提供了 40 多种内置主题，一种主题就是一种配色方案，系统为幻灯片中的各个对象预设了各种不同的颜色，使得整体色彩搭配都较合理，可以在此基础上设置颜色、字体和效果，使幻灯片的整体风格具有独特性。

1. 应用主题

打开演示文稿，选择“设计”选项卡→“主题”命令组，单击样式列表右侧的“其他”按钮，打开系统内置的所有主题样式，如图 5-33 所示。将鼠标指针移动到某一主题样式上，会显示该主题样式的名称并实时预览相应的效果。从中选择一种主题样式，系统会按所选主题的颜色、字体和图形外观效果修饰演示文稿。

图 5-33　“设计”选项卡→“主题”命令组

若只希望修饰演示文稿中的部分幻灯片，则选择这些幻灯片，然后右击某种主题样式，在下拉列表框中显示“应用于相应幻灯片”“应用于所有幻灯片”“应用于选定幻灯片”等主题设置命令，若选择“应用于选定幻灯片”命令，则选定的幻灯片采用该主题样式效果自动更新，其他幻灯片不变；若选择“应用于所有幻灯片”命令，则整个演示文稿均采用所选主题。

2. 更改主题颜色、字体和效果

系统提供的主题样式已经设置了演示文稿中的所有或相应的幻灯片，可以重新设置已经选用的主题的颜色、字体和效果。

（1）更改主题颜色，具体操作步骤如下。

选择“设计”选项卡→“主题”命令组→“颜色”命令按钮，在弹出的下拉列表框中选择“新建主题颜色”命令，如图 5-34 所示，打开“新建主题颜色”对话框（见图 5-35），根据需要设置主题颜色。

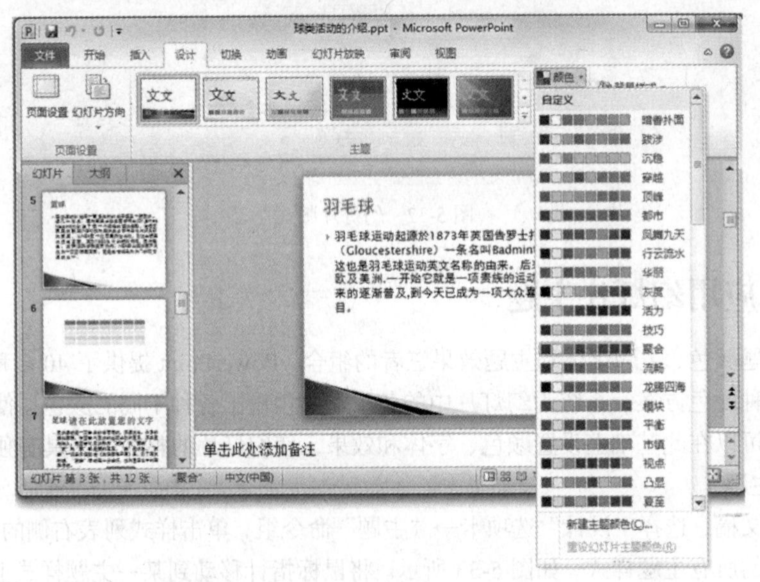

图 5-34 “设计”选项卡→“主题”命令组→“颜色”命令按钮

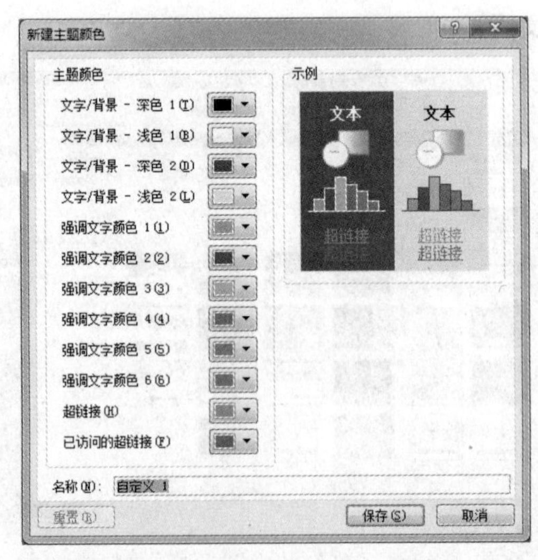

图 5-35 “新建主题颜色”对话框

（2）更改主题字体，具体操作步骤如下。

选择“设计”选项卡→“主题”命令组→“字体”命令按钮，在弹出的下拉列表框中选择“新建主题字体”命令，如图 5-36 所示，打开“新建主题字体”对话框（见图 5-37），根据需要设置主题字体。

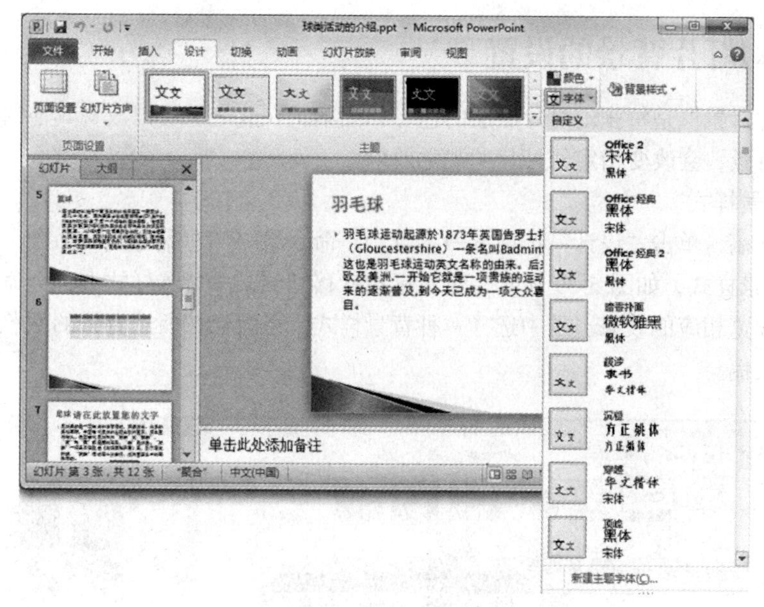

图 5-36 “设计”选项卡→“主题”命令组→“字体”命令按钮

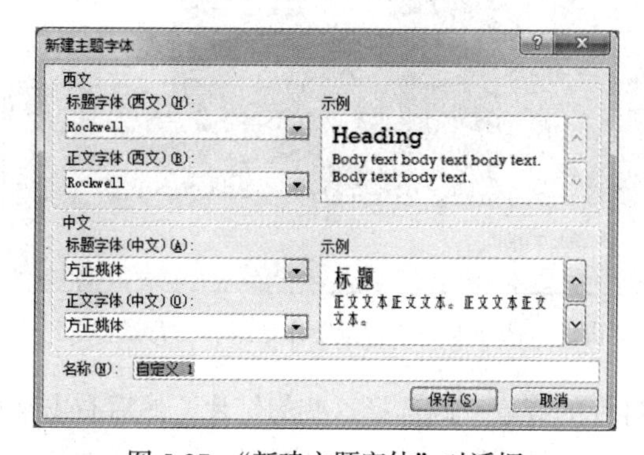

图 5-37 “新建主题字体”对话框

（3）更改主题效果，具体操作步骤如下。

选择“设计”选项卡→“主题”命令组→“效果”命令按钮，在弹出的下拉列表中根据需要设置主题效果，如图 5-38 所示。

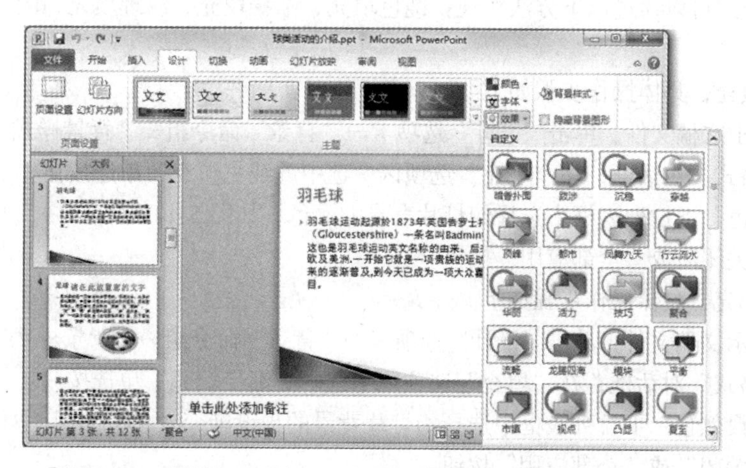

图 5-38 “设计”选项卡→“主题”命令组→“效果”命令按钮

5.5.3 幻灯片背景的设置

幻灯片的“背景”是每张幻灯片底层的色彩和图案，在此之上可以放置其他的图片或对象。调整幻灯片的背景，会改变指定幻灯片的视觉效果。

1. 更改背景样式

打开演示文稿，单击“设计”选项卡→“背景”命令组→“背景样式”命令，打开系统内置的所有 12 种背景样式，如图 5-39 所示。将鼠标指针移动到某一背景样式上，会显示该背景的样式编号并实时预览相应的效果。从中选择一种背景样式，系统会按所选背景的颜色、填充和外观效果修饰演示文稿。

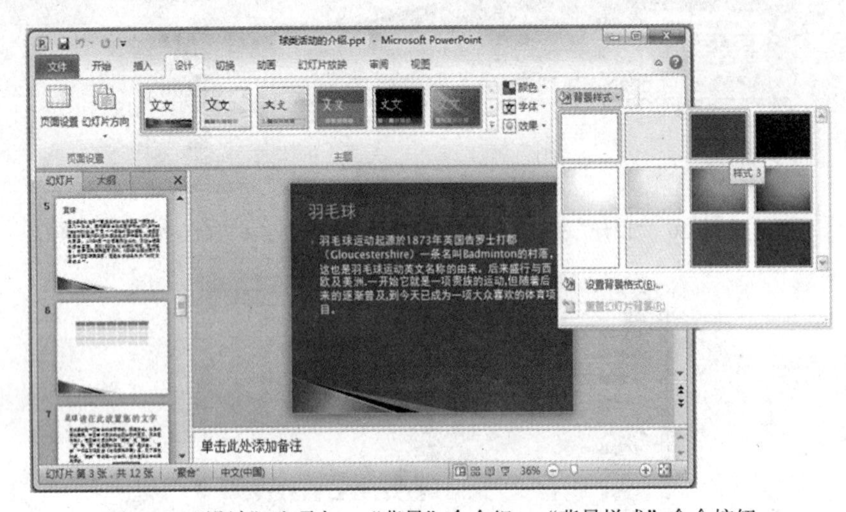

图 5-39 “设计”选项卡→“背景”命令组→“背景样式”命令按钮

若只希望改变部分幻灯片的背景，则选择这些幻灯片，然后右击某种背景样式，在出现的下拉列表框中显示“应用于所有幻灯片”“应用于选定幻灯片”“添加到快速访问工具栏”等主题设置命令，若选择“应用于选定幻灯片”命令，则选定的幻灯片采用该背景样式，而其他幻灯片不变；若选择“应用于所有幻灯片”命令，则整个演示文稿均采用所选背景。

2. 设置背景样式

设置背景样式可以通过以下方法实现：纯色填充、渐变填充、纹理填充、图片填充、图案填充等。

（1）纯色填充，具体操作步骤如下。

① 打开演示文稿文件，单击“设计”选项卡→“背景”命令组→“背景样式”命令按钮，打开“设置背景格式”对话框，在“填充”选项区中选中“纯色填充”单选按钮。

② 在“颜色”下拉列表框中选择幻灯片背景的颜色，如图 5-40 所示。

③ 单击“关闭”或“全部应用”按钮。

（2）渐变填充，具体操作步骤如下。

① 打开演示文稿文件，单击“设计”选项卡→“背景”命令组→“背景样式”命令按钮，打开“设置背景格式”对话框，在“填充”选项区中选中“渐变填充”单选按钮。

② 在“预设颜色”下拉列表框中选择幻灯片背景的预设渐变效果，如图 5-41 所示。

③ 单击“关闭”或“全部应用”按钮。

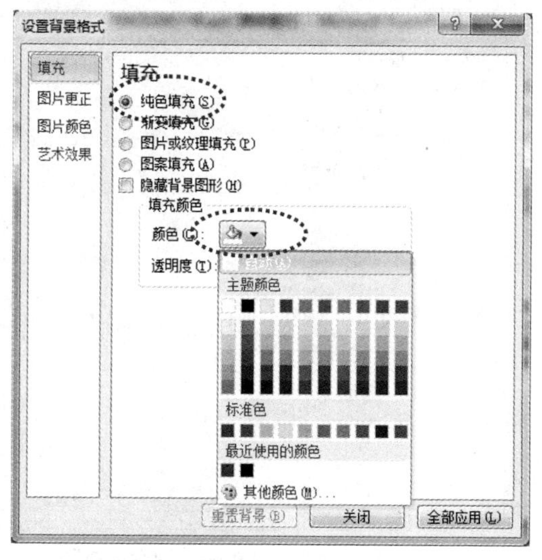

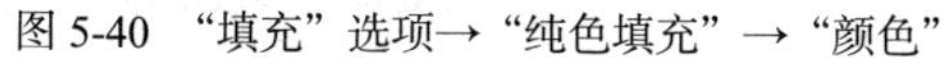
图 5-40 “填充”选项→“纯色填充”→“颜色”

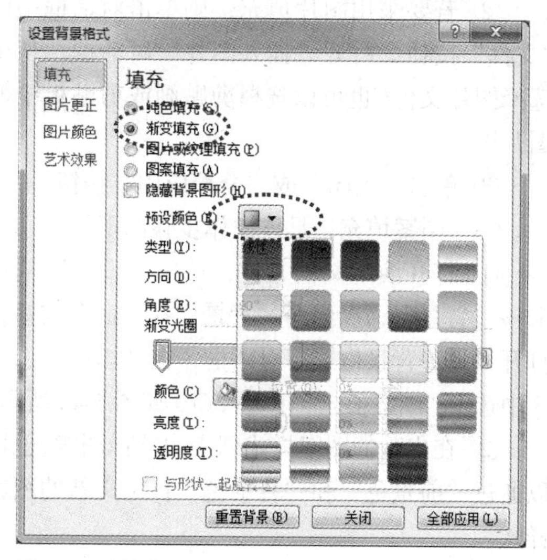

图 5-41 “填充”选项→“渐变填充”→“预设颜色”

（3）纹理填充，具体操作步骤如下。

① 打开演示文稿文件，单击“设计”选项卡→“背景”命令组→“背景样式”命令按钮，打开“设置背景格式”对话框，在“填充”选项区中选中“图片或纹理填充”单选按钮。

② 若要采用纹理填充，则在“纹理”下拉列表框中选择内置的纹理，如图 5-42 所示。

③ 单击“关闭”或“全部应用”按钮。

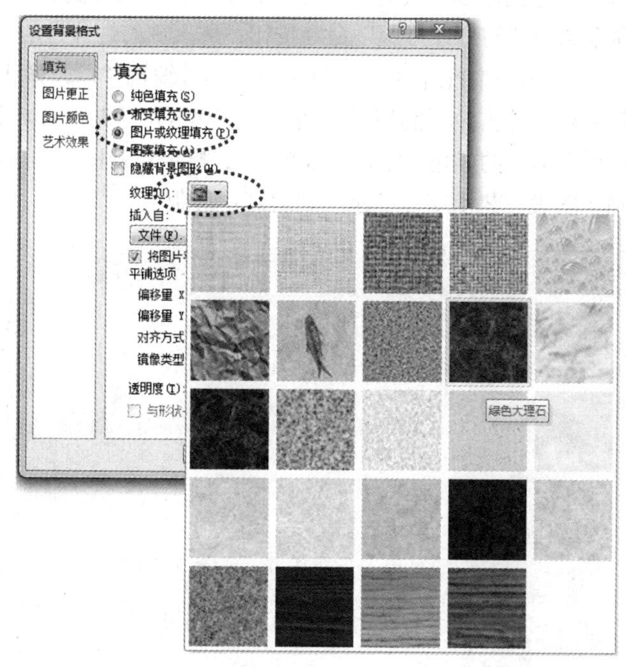

图 5-42 “填充”选项→“图片或纹理填充”→“纹理”

（4）图片填充，具体操作步骤如下。

① 打开演示文稿文件，单击“设计”选项卡→“背景”命令组→“背景样式”命令按钮；打开“设置背景格式”对话框，在“填充”选项区中选中“图片或纹理填充”单选按钮。

② 若要采用图片填充，则单击对话框中的“文件”按钮，打开“插入图片”对话框，从中选择图片文件(也可以选择剪贴画或剪贴板中的图片)。

③ 单击“关闭”或“全部应用”按钮。

(5) 图案填充，具体操作步骤如下。

① 打开演示文稿文件，单击“设计”选项卡→“背景”命令组→“背景样式”命令按钮；打开“设置背景格式”对话框，在“填充”选项区中选中“图案填充”单选按钮，如图5-43所示。

② 在出现的图案样式列表中选择图案，也可以通过“前景色”和“背景色”自定义新的图案样式。

③ 单击“关闭”或“全部应用”按钮。

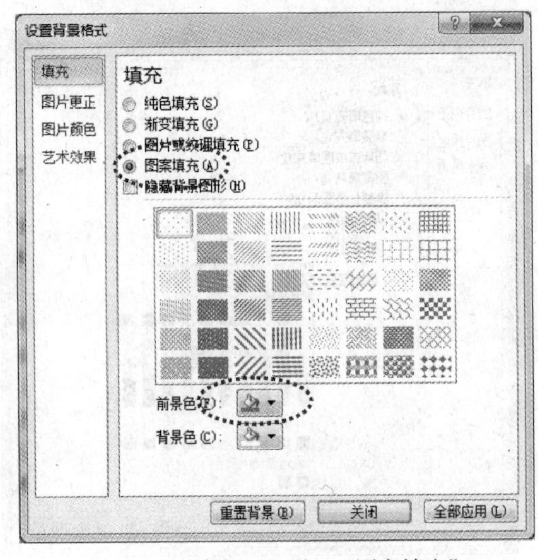

图5-43 “填充”选项→“图案填充”

5.5.4 使用母版

PowerPoint 2010的母版包括幻灯片母版、讲义母版和备注母版。只有分别设计各种母版的所有格式，才能体现在相应版式的幻灯片中。

1. 幻灯片母版

使用幻灯片母版可以快速制作多张具有相同背景、字体、图案等的幻灯片。单击“视图”选项卡→“母版视图”命令组→“幻灯片母版”命令按钮，进入“幻灯片母版”窗口，如图5-44所示。自带的一个幻灯片母版中包括11个版式。每个版式都可编辑“标题样式”“段落文本样式”“日期和时间”“幻灯片编号”等占位符的格式，还可以拖动占位符调整各对象的位置。可以编辑幻灯片母版的主题(包括主题中的颜色、字体、效果等)，指定背景样式，还可以通过“插入”选项卡将对象(如剪贴画、图表、艺术字等)添加到幻灯片母版上。

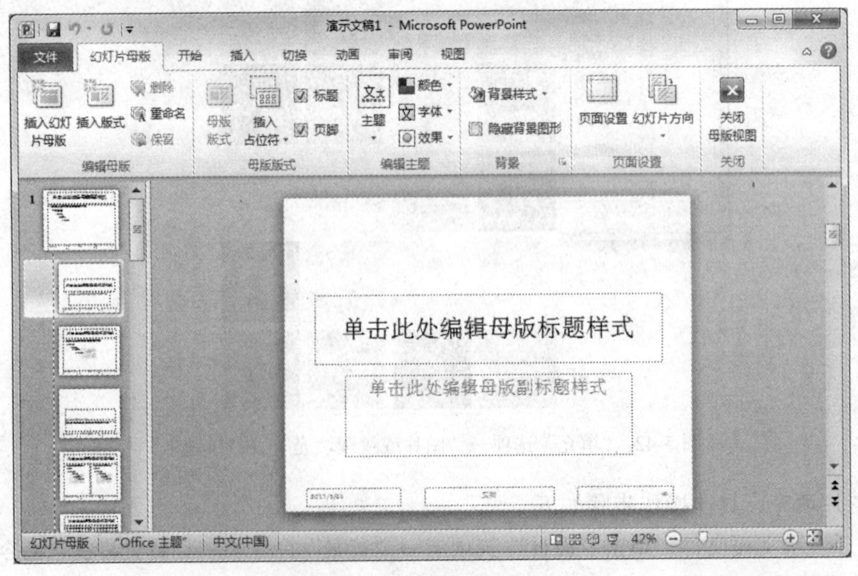

图5-44 “幻灯片母版”窗口

因为幻灯片母版中的设置或更改将会反映到每一张幻灯片上。所以，想在文稿的每一张幻灯片上都具有相同的对象或格式时，只需在幻灯片母版中设置一次即可。

幻灯片母版设置好后，单击“幻灯片母版”选项卡→“关闭母版视图”按钮，返回到原始文稿中。

2. 讲义母版

讲义母版将多张幻灯片显示在一页中，控制幻灯片以讲义形式打印的格式。单击“视图”选项卡→“母版视图”命令组→“讲义母版”命令按钮，进入“讲义母版”窗口，如图 5-45 所示。在讲义母版中可以设置页面、讲义方向、每页幻灯片数量、页码、页眉/页脚、日期、编辑主题等，也可以插入页眉和页脚，还可以在“打印”窗口中设置打印内容为讲义，并选择每页打印讲义幻灯片的数量。

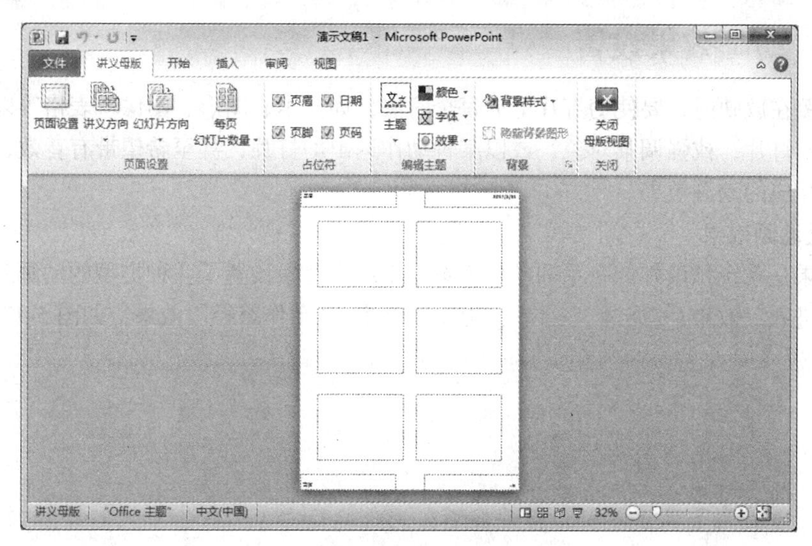

图 5-45 “讲义母版”窗口

3. 备注母版

备注母版主要用于设置备注的格式，可以使备注具有统一的外观。单击“视图”选项卡→“母版视图”命令组→“备注母版”命令按钮，进入“备注母版”窗口，如图 5-46 所示。备注母版主要用于设置输入的备注内容格式。

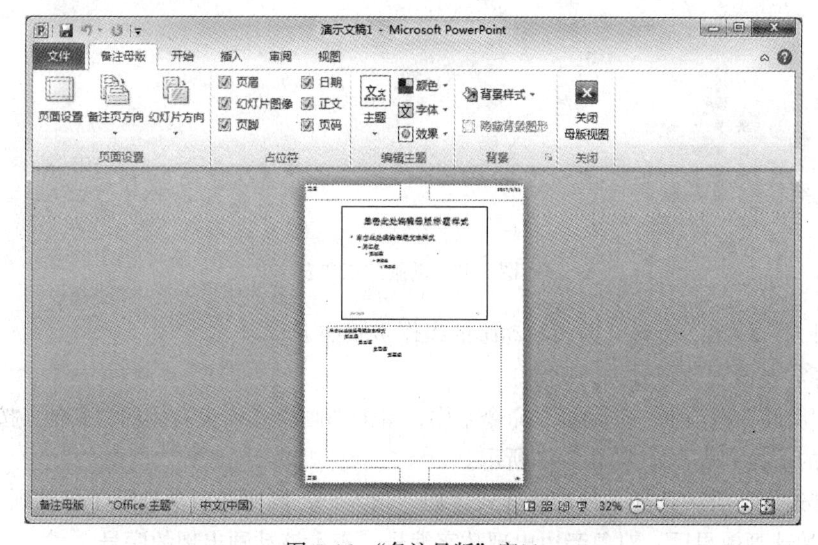

图 5-46 “备注母版”窗口

5.6 演示文稿动画设置与放映

PowerPoint 2010 提供的动画方案包括对象的动画效果和幻灯片的切换效果两种。对象的动画效果是指幻灯片中各个对象元素进入、强调或退出播放时的动态效果。幻灯片的切换效果就是幻灯片之间在进入、退出时的切换交互效果。创建演示文稿的最终其目的是为观众放映。根据不同场合的放映需求，可以设置幻灯片的不同放映方式。

5.6.1 动画效果设置

演示文稿在放映时，要使幻灯片上的每个对象，如文本、图形、图像、表格等以一定的次序或动作进入幻灯片，或强调某对象，或以某种动作退出幻灯片，甚至希望带有音效，就必须给这些对象添加相应的动画效果。

1. 设置动画效果

动画效果是系统预设好的一系列动作方案。系统为对象设置了 4 种类型的动画效果，分别用于对象的“进入”效果、“强调”效果、“退出”效果、“动作路径”效果，如图 5-47 所示。

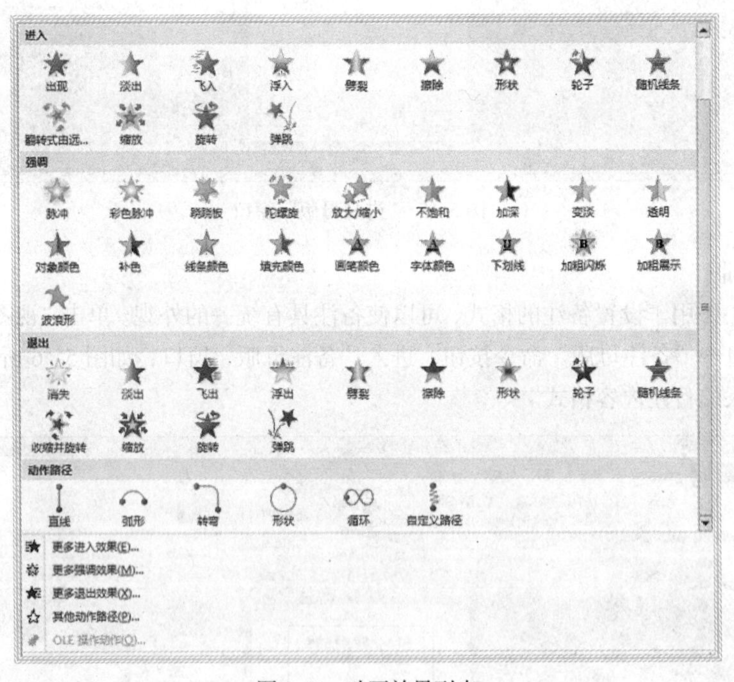

图 5-47 动画效果列表

（1）“进入”效果。设置“进入”动画的操作步骤如下。

① 选择需要设置动画效果的对象。

② 在“动画”选项卡→“动画”命令组中，单击动画样式列表右侧的“其他”按钮，出现各种动画效果的下拉列表框，如图 5-47 所示。

③ 在“进入”类中选择一种动画样式（如“飞入”），则所选对象被赋予该动画效果。

对象添加动画效果后，对象旁边出现数字编号，表示该动画出现的序号。

如果对所列动画效果仍不满意，还可以单击动画样式下拉列表框下方的“更多进入效果”命令，打开“更改进入效果”对话框，其中按“基本型”“细微型”“温和型”和“华丽型”列出更多动画效果供选择，如图 5-48 所示。

（2）“强调”效果。对象的“强调”效果主要用于突出显示播放画面中的对象，起强调的作用。设置方法类似于设置“进入”动画。设置“强调”动画的操作步骤如下。

① 选择需要设置动画效果的对象。

② 在“动画”选项卡→“动画”命令组中，单击动画样式列表右侧的“其他”按钮，出现各种动画效果的下拉列表框，如图 5-47 所示。

③ 在“强调”类中选择一种动画样式（如“陀螺旋”），则所选对象被赋予该动画效果。

同样，还可以单击动画样式下拉列表框下方的“更多强调效果”命令，打开“更改强调效果”对话框，选择更多类型的“强调”动画效果。

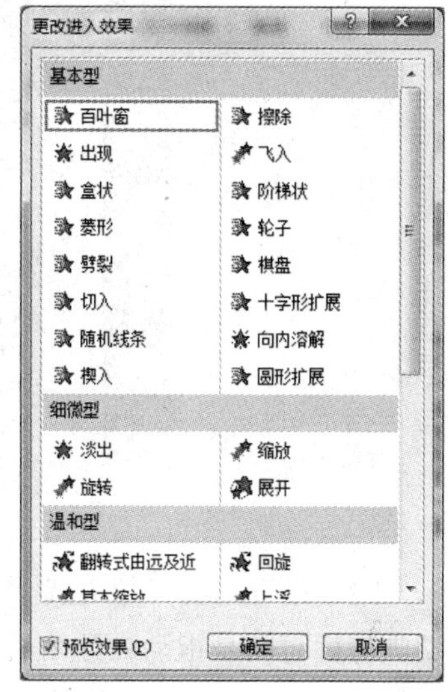

图 5-48 “更改进入效果”对话框

（3）“退出”效果。对象的“退出”效果是指播放画面中的对象离开播放画面的动画效果。设置“退出”动画的操作步骤如下。

① 选择需要设置动画效果的对象。

② 在“动画”选项卡→“动画”命令组中，单击动画样式列表右侧的“其他”按钮，出现各种动画效果的下拉列表框，如图 5-47 所示。

③ 在“退出”类中选择一种动画样式（如“飞出”），则所选对象被赋予该动画效果。

同样，还可以单击动画样式下拉列表框下方的“更多退出效果”命令，打开“更改退出效果”对话框，选择更多类型的“退出”动画样式。

（4）“动作路径”效果。对象的“动作路径”效果是指播放画面中的对象按指定路径移动的动画效果。设置“动作路径”动画的操作步骤如下。

① 选择需要设置动画效果的对象。

② 在“动画”选项卡→“动画”命令组中，单击动画样式列表右侧的“其他”按钮，出现各种动画效果的下拉列表框，如图 5-47 所示。

③ 在“动作路径”类中选择一种动画样式（如“弧形”），则所选对象被赋予该动画效果。

同样，还可以单击动画效果下拉列表框下方的“其他动作路径”命令，打开“更改动作路径”对话框，选择更多类型的“动作路径”动画效果。

2. 设置动画属性

幻灯片动画属性包括动画效果选项、动画开始方式、持续时间和声音效果等。设置动画时，如不设置动画属性，系统将采用默认的动画属性（例如，设置“陀螺旋”动画，其“方向”默认为“顺时针”，开始动画方式为“单击时”等）。若对默认的动画属性不满意，也可以进一步对动画属性进行重新设置。

（1）设置“动画效果”选项。动画效果选项是指动画的方向和形式。选择设置动画的对象，单击“动画”选项卡→“动画”命令组→“效果选项”命令按钮，在出现的各种效果选项的下拉列表框中选择。不同的动画效果有不同的设置内容，如图 5-49 所示。

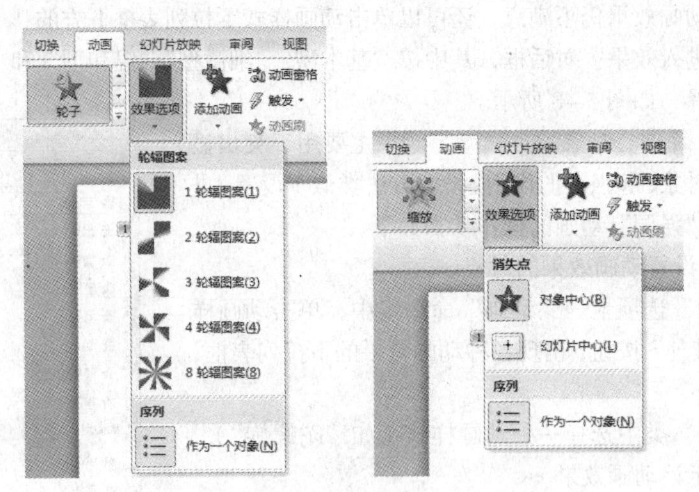

图 5-49 “效果选项”列表

（2）设置动画开始方式、持续时间和延迟时间。动画开始方式是指开始播放动画的方式，动画持续时间是指动画开始后的整个播放时间，动画延迟时间是指播放操作开始后延迟播放的时间。

选择设置动画的对象，在“动画”选项卡→“计时”命令组中的“开始”下拉列表框中选择动画开始方式，如图 5-50 所示。

动画开始方式有 3 种：“单击时”“与上一动画同时”和“上一动画之后”。“单击时”是指单击鼠标时开始播放动画。“与上一动画同时”是指播放前一动画的同时播放该动画，可以在同一时间组合多个效果。“上一动画之后”是指前一动画播放之后开始播放该动画。

另外，还可以在“动画”选项卡→“计时”命令组中的“持续时间”文本框内调整动画持续时间，在“延迟”文本框内调整动画延迟时间，如图 5-51 所示。

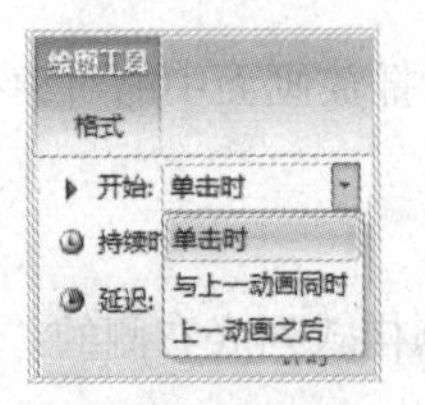

图 5-50 动画开始方式

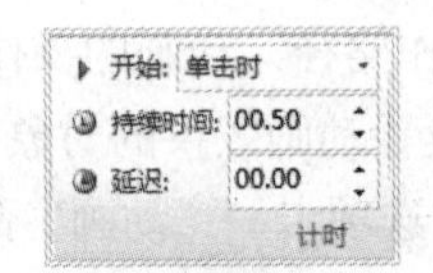

图 5-51 设置动画计时

（3）设置动画音效。设置动画时，默认动画无音效，需要音效时可以自行设置。以设置“陀螺旋”动画对象音效为例，说明设置音效的方法。

选择设置动画音效的对象（该对象已设置“陀螺旋”动画），单击“动画”选项卡→“高级动画”命令组→“动画窗格”命令按钮，演示文稿窗口右侧调出“动画窗格”（见图 5-52），在“动画窗格”中动画对象下拉列表框中选择“效果选项”（见图 5-53），打开“陀螺旋”对话框，如图 5-54 所示。在“效果”选项卡的“声音”下拉列表框中选择一种音效（如“打字机”），单击“确定”按钮即可。

动画效果选项对话框也可通过单击功能区的“动画”选项卡→“动画”命令组右下角的“对话框启动器”按钮打开。可以看到，在“效果”选项卡下可以设置动画方向、形式和音效效果，在“计时”选项卡下可以设置动画开始方式、动画持续时间（在“期间”栏设置）和动画延迟时间等。因此，需设置多种动画属性时，可以直接调出该动画效果选项对话框，分别设置各种动画效果。

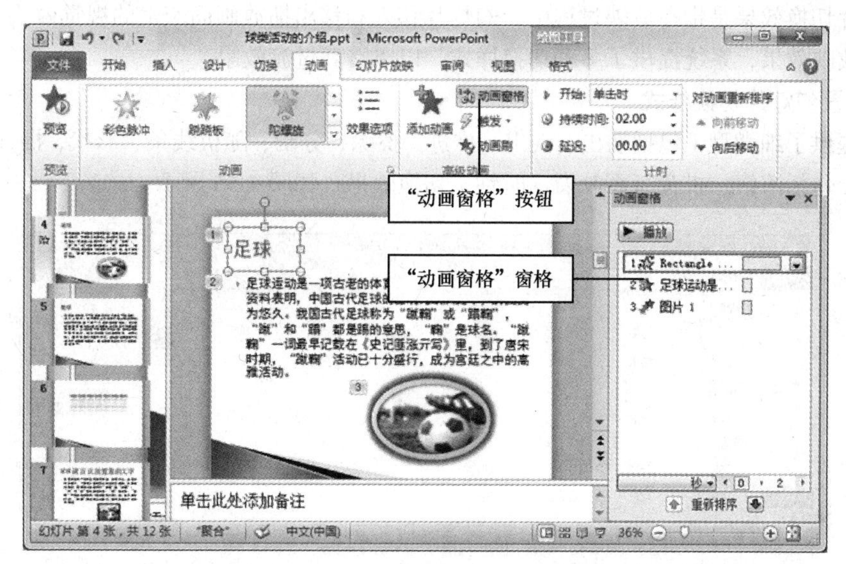

图 5-52 "动画窗格"按钮→"动画窗格"窗口

图 5-53 动画窗格→"效果选项"

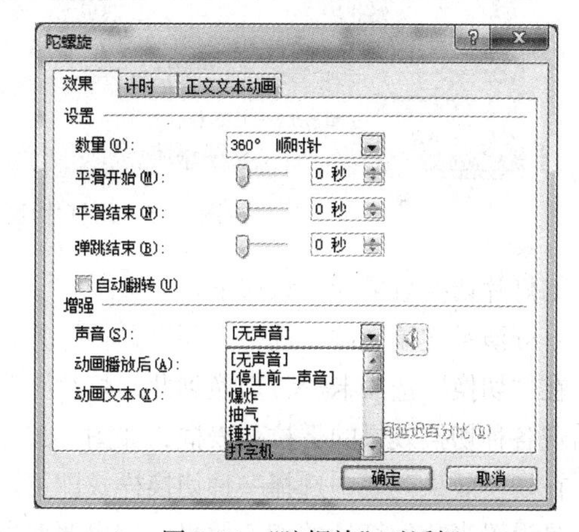

图 5-54 "陀螺旋"对话框

3. 调整动画播放顺序

对象添加动画效果后，对象旁边出现该动画播放的序号。一般来说，该序号与设置动画的顺序一致，即按照设置动画的顺序播放动画。对多个对象设置动画效果后，如果对原有播放顺序不满，可以调整对象动画播放顺序，方法如下。

单击"动画"选项卡→"高级动画"命令组→"动画窗格"命令按钮，调出动画窗格。动画窗格显示所有动画对象，它左侧的数字表示该对象动画播放的序号，与幻灯片中动画对象旁边显示的序号一致。选择动画对象，单击底部的"重新排序"两侧的"↑"或"↓"，即可改变该动画对象的播放顺序，如图 5-53 所示。

4. 预览动画效果

动画设置完成后，可以预览动画的播放效果。单击"动画"选项卡→"预览"命令组→"预览"命令按钮，或单击动画窗格上方的"播放"按钮，即可预览动画。

5.6.2 切换效果设置

幻灯片切换效果是指在放映过程中，幻灯片移入和移出播放画面产生的视觉效果。为了增强幻灯片的放映效果，系统提供了多种切换样式，以丰富其过渡效果。

1. 设置幻灯片切换样式

系统提供了细微型（包括切出、淡出、推进、擦除、分割、随机线条、形状、揭开、覆盖等）和华丽型（包括溶解、棋盘、百叶窗、时钟）切换效果，如图 5-55 所示。

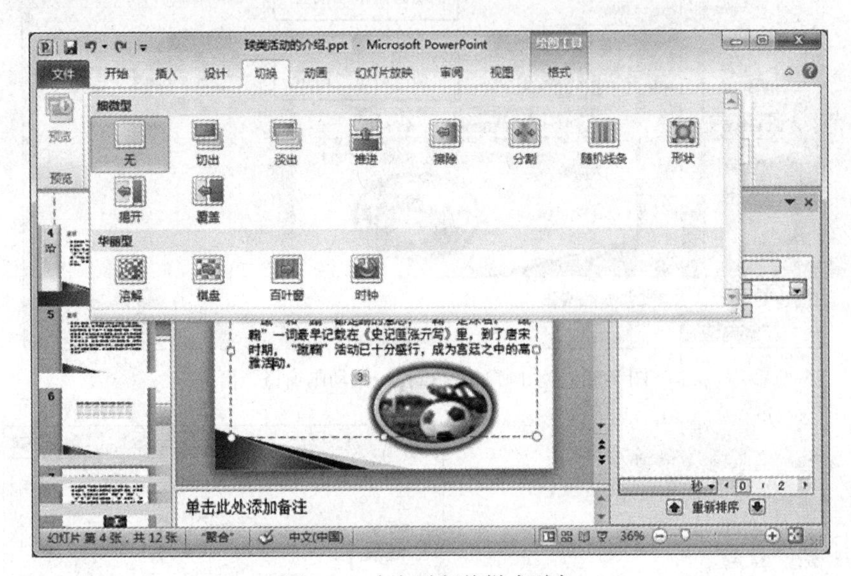

图 5-55 幻灯片切换样式列表

设置幻灯片切换效果的步骤如下。

（1）打开演示文稿文件，选中需要设置切换方式的幻灯片（组）。

（2）在“切换”选项卡→“切换到此幻灯片”命令组中，单击切换样式列表右侧的“其他”按钮，出现各种切换效果的下拉列表框，如图 5-55 所示。

（3）在切换效果列表中选择一种切换样式即可。

默认是设置当前幻灯片的切换效果。如果要对所有幻灯片应用此切换效果，单击“切换”选项卡→“计时”命令组→“全部应用”命令按钮。

2. 设置切换属性

幻灯片切换属性包括切换效果选项、切换方式、持续时间和声音效果等。设置幻灯片切换效果时，如不设置切换属性，系统将采用默认的切换属性（例如，设置“覆盖”切换效果，切换属性默认为：效果选项为“自右侧”，换片方式为“单击鼠标时”，持续时间为“1 秒”，声音效果为“无声音”）。若对默认的切换属性不满意，也可以进一步对切换属性进行重新设置。

（1）设置“切换效果”选项。在“切换”选项卡→“切换到此幻灯片”命令组→“效果选项”下拉列表框中选择一种切换效果（如“自底部”）。

（2）设置动画切换方式、声音和持续时间。在“切换”选项卡→“计时”命令组右侧设置“换片方式”，如图 5-56 所示。选择“单击鼠标时”复选框，表示单击鼠标时才切换幻灯片。选择“设置自动换片时间”复选框，表示经过

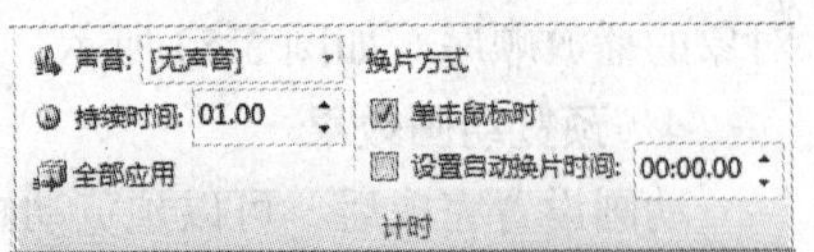

图 5-56 幻灯片切换效果

该时间段后自动切换到下一张幻灯片。

在“切换”选项卡→“计时”命令组左侧设置换片声音、时间及应用范围。在“声音”下拉列表框中选择一种音效（如“爆炸”）。在“持续时间”文本框中输入切换持续时间。单击“全部应用”按钮，表示要对所有幻灯片应用此切换效果。

5.6.3　幻灯片放映

幻灯片有 3 种放映类型：演讲者放映、观众自行浏览、在展台浏览，不同的播放类型分别适合不同的播放场合。在默认情况下，PowerPoint 2010 会按照预设的“演讲者放映”方式来放映幻灯片。

1. 放映类型

（1）演讲者放映。演讲者放映是最常用的放映方式。这种方式可全屏显示幻灯片，并且能手动控制幻灯片的放映，在放映过程中可由演讲者控制速度和时间，也可使用排练计时自动放映，还可以录制旁白等。

（2）观众自行浏览。观众自行浏览是指演示可以由观众自己动手操作。在标准窗口中观看放映，包含自定义菜单和命令，便于观众自己浏览演示文稿。但只能自动放映或利用滚动条放映，不能单击鼠标按键放映。

（3）在展台浏览。在展台浏览是最简单的放映方式。这种方式将自动全屏放映幻灯片，并且循环放映幻灯片，放映过程中除了通过超链接或动作按钮来进行切换以外，其他的功能都不能使用，要停止放映，只能按键盘上的<Esc>键来终止。

2. 设置放映方式

设置幻灯片放映方式的操作步骤如下。

（1）打开演示文稿文件，单击“幻灯片放映”选项卡→“设置”命令组→“设置幻灯片放映”命令按钮，打开“设置放映方式”对话框，如图 5-57 所示。

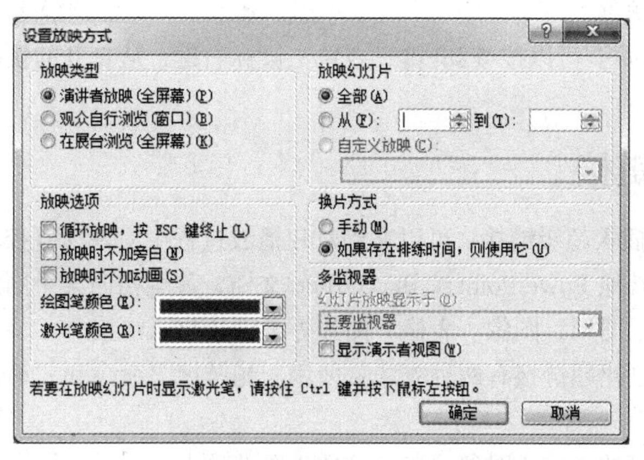

图 5-57 “设置放映方式”对话框

（2）在“放映类型”选项区中，可以选择“演讲者放映（全屏幕）”“观众自行浏览（窗口）”和“在展台浏览（全屏幕）”三种方式之一。

（3）在“放映幻灯片”选项区中，可以确定幻灯片的放映范围（全部或部分幻灯片）。放映部分幻灯片时，可以指定放映幻灯片的开始序号和终止序号。

（4）在“换片方式”选项区中，可以选择控制放映速度的两种换片方式之一。

（5）单击“确定”按钮即可。

3. 幻灯片放映

（1）启动幻灯片放映。启动幻灯片放映的方法有很多，常用的有以下几种。

① 单击窗口右下角（视图切换按钮区）的“放映幻灯片”按钮，从当前幻灯片开始放映。

② 单击“幻灯片放映”选项卡→“从头开始”（或者“从当前幻灯片开始”，或者“自定义幻灯片放映”）命令按钮。

③ 按<F5>键（按<F5>键从幻灯片第一页开始放映，或者按<Shift+F5>组合键从当前幻灯片开始放映）。

（2）幻灯片放映控制。控制幻灯片放映方式，通常用以下方法：

在幻灯片放映时，可以用鼠标和键盘来控制幻灯片放映（如翻页、定位等操作）。用<Space>键、<Enter>键、<PageDown>键、<→>键、<↓>键，可将幻灯片切换到下一页；用<BackSpace>键、<↑>键、<←>键将幻灯片切换到上一页。

也可以单击鼠标右键，从打开的快捷菜单中选择相关命令，如图 5-58 所示。

① 单击“下一张”或“上一张”命令，可将幻灯片切换到下一页或上一页。

② 将鼠标指针指向“定位至幻灯片”菜单，弹出所有幻灯片标题，单击目标幻灯片标题，可从该幻灯片开始放映。

③ 将鼠标指针指向“指针选项”菜单，在弹出的下一级菜单中，将鼠标指针形状改为笔（或荧光笔）形，鼠标指针呈圆点状，按住鼠标左键可在幻灯片上勾画书写。单击“墨迹颜色”命令，在弹出的颜色列表中选择所需颜色来改变笔画颜色。

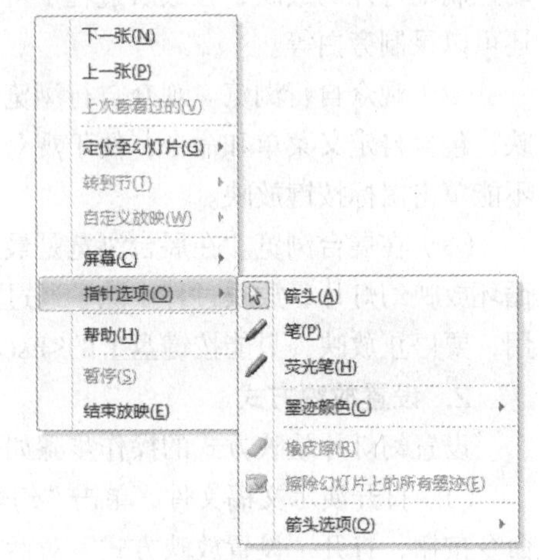

图 5-58 放映控制菜单

④ 退出幻灯片放映：可以按<Esc>键；或单击鼠标右键，从打开的快捷放映控制菜单中单击“结束放映”命令。

5.6.4 设置链接

在 PowerPoint 中插入超级链接，可以在幻灯片播放过程中实现交互控制，方便地在各张幻灯片间跳转，或跳转到其他 PowerPoint 文稿、Office 文档，甚至指向某个网站。PowerPoint 可以用任何文本或对象（包括图形、图像、表格、图片等）创建超级链接。

在某张幻灯片中创建超链接有两种方法：使用“超链接”命令和“动作按钮”。

1. 编辑超链接

选择要创建超链接的文本或对象，单击“插入”选项卡→“链接”命令组→“超链接”命令按钮，打开“插入超链接”对话框，如图 5-59 所示，单击左边“链接到”列表中的按钮，选择要链接到的目标位置。

现有文件或网页：在右侧选择或输入此超链接要链接到的文件或 Web 页的地址。

本文档中的位置：右侧将列出本演示文稿的所有幻灯片以供选择。

新建文档：单击该按钮，打开“新建文档名称”对话框。在“新建文档名称”文本框中输入新建文档的名称，单击“更改”按钮，设置新文档所在的文件夹名，然后在“何时编辑”选项组中设置是否立即开始编辑新文档。

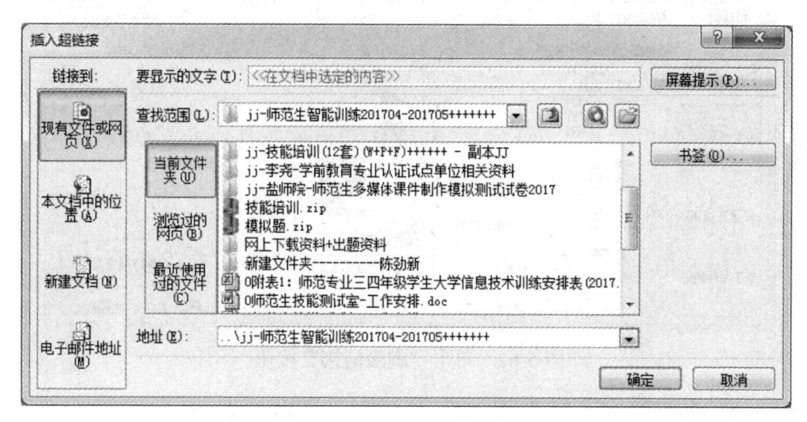

图 5-59 “插入超链接”对话框

电子邮件地址：单击该按钮，打开“电子邮件地址”对话框。在“电子邮件地址”文本框中输入要链接的邮件地址，在“主题”文本框中输入邮件的主题。当用户希望访问者给自己回信，并且将信件发送到自己的电子信箱中时，可以创建一个电子邮件地址的超链接。

选好目标位置后，单击“确定”按钮，就为这些文字或对象创建了超链接。

设置了超链接的文本带有下划线，并显示系统配色方案指定的颜色。图片、形状和其他对象的链接没有附加格式。放映幻灯片时，将鼠标指针移到超链接上，鼠标指针会变成手形，单击可以跳转到链接的目标位置。

2. 编辑动作链接

在“插入”选项卡→“插图”命令组→“形状”下拉列表框中选择“动作按钮”，如图 5-60 所示，其中不同的按钮可代表不同的超链接位置。选取需要的动作按钮，在幻灯片中单击或拖曳出该按钮图形，在释放鼠标的同时，打开“动作设置”对话框，如图 5-61 所示，从中选择鼠标动作、超链接到的目标位置和单击鼠标时要运行的程序播放的声音等，单击“确定”按钮。

图 5-60 动作按钮

图 5-61 “动作设置”对话框

对选定的文本或对象执行“插入”选项卡→“链接”命令组→“动作”命令按钮，同样能进入“动作设置”对话框进行设置。

3. 删除超链接

要删除超链接，可以用鼠标右键单击设置超链接的对象，在弹出的快捷菜单中选择“取消超链接”；也可以单击“插入”选项卡→“链接”命令组→“超链接”命令按钮，打开“编辑超链接”对话框，如图 5-62 所示，然后单击“删除链接”按钮即可。

如果要删除整个超链接，则选中包含超链接的文本或图形，然后按<Delete>键，可以删除该超链接以及代表该超链接的文本或图形。

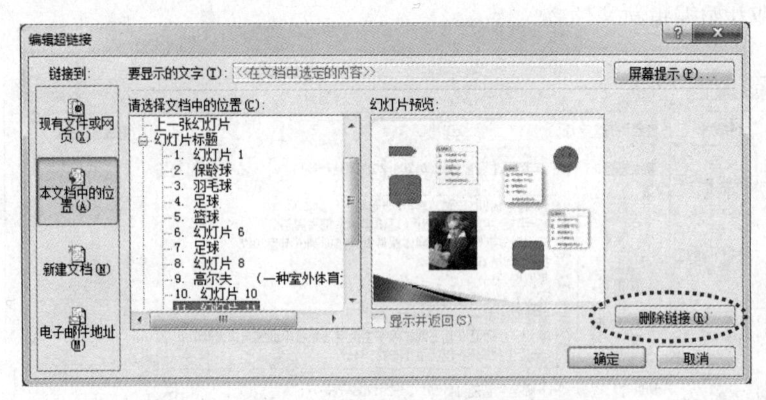

图 5-62 单击“删除链接”按钮

5.7 演示文稿的输出与打印

5.7.1 演示文稿的打包

1. 打包成 CD

将演示文稿打包成 CD 的操作步骤如下。

（1）选择“文件”选项卡→“保存并发送”命令，在弹出的窗口中“文件类型”栏下选择“将演示文稿打包成 CD”选项，单击窗口右侧的“打包成 CD”按钮，如图 5-63 所示。

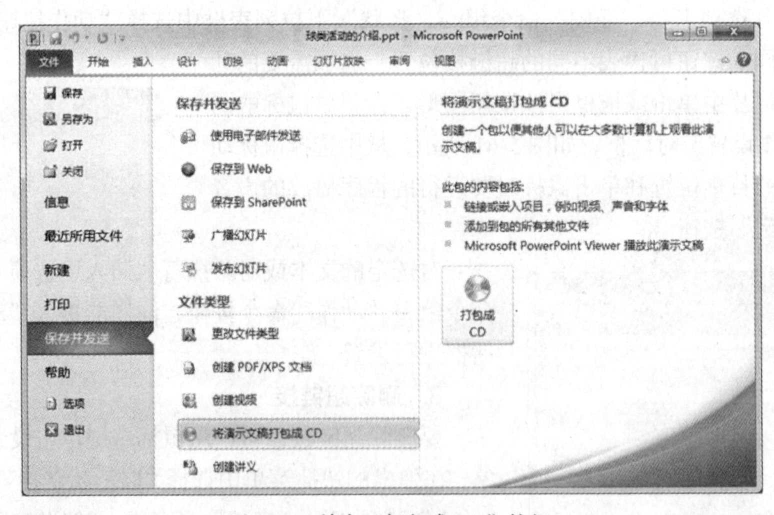

图 5-63 单击“打包成 CD”按钮

（2）打开“打包成 CD”对话框，单击“复制到 CD”按钮，如图 5-64 所示，即可将演示文稿保存为 CD。

（3）单击“复制到文件夹”按钮，在出现的对话框（见图 5-65）中输入文件夹的名称，选择保存位置，单击“确定”按钮，将演示文稿保存到文件夹，此时可以脱离 PowerPoint 环境播放演示文稿。

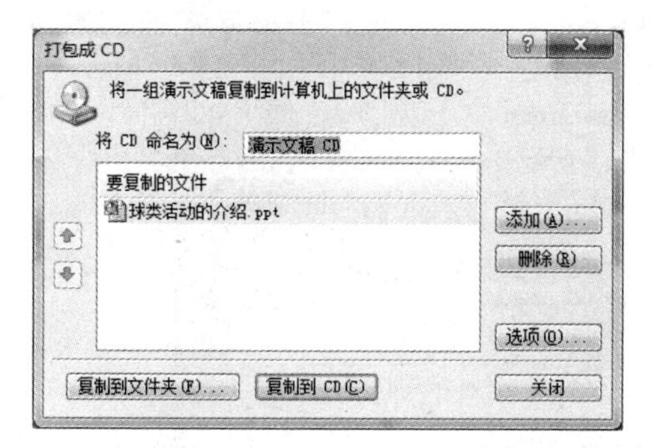

图 5-64　“打包成 CD”对话框

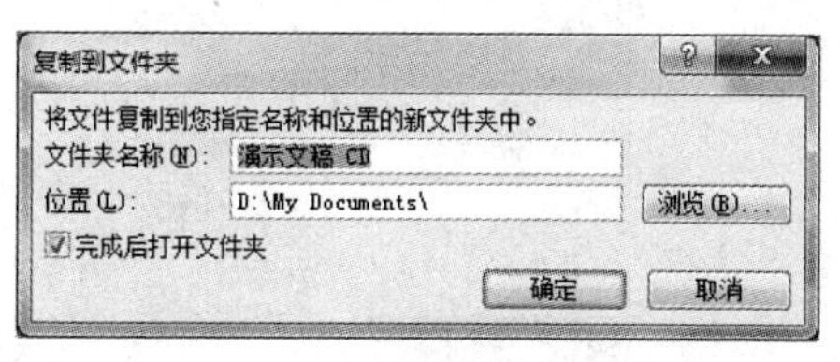

图 5-65　“复制到文件夹”对话框

2. 打包成讲义

将演示文稿打包成讲义的操作步骤如下。

（1）选择“文件”选项卡→“保存并发送”命令，在弹出的窗口中“文件类型”栏下选择“创建讲义”选项，单击“创建讲义”按钮，如图 5-66 所示。

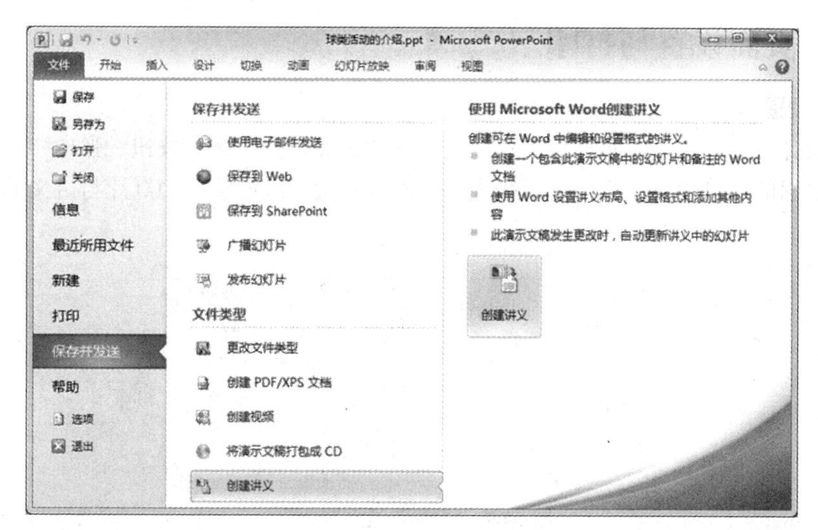

图 5-66　单击“创建讲义”按钮

（2）打开“发送到 Microsoft Word”对话框，如图 5-67 所示，选择使用的版式，单击“确定”按钮，即可将演示文稿打包成讲义。

3. 直接将演示文稿转换为放映方式

直接将演示文稿转换为放映方式的操作步骤如下。

（1）选择“文件”选项卡→“保存并发送”命令，在“更改文件类型”栏下选择“PowerPoint 放映”选项，如图 5-68 所示。

（2）在“另存为”对话框中输入文件名和存放路径，设置文件类型为“PowerPoint 放映（*.ppsx）”，单击“保存”按钮。

（3）双击上述保存的放映格式文件，即可观看播放效果。

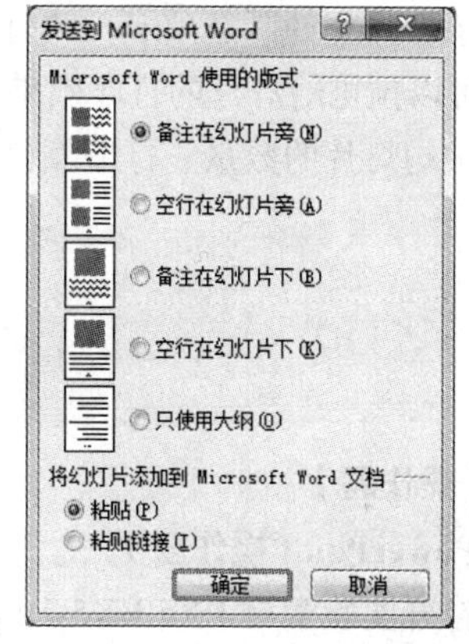

图 5-67　“发送到 Microsoft Word”对话框

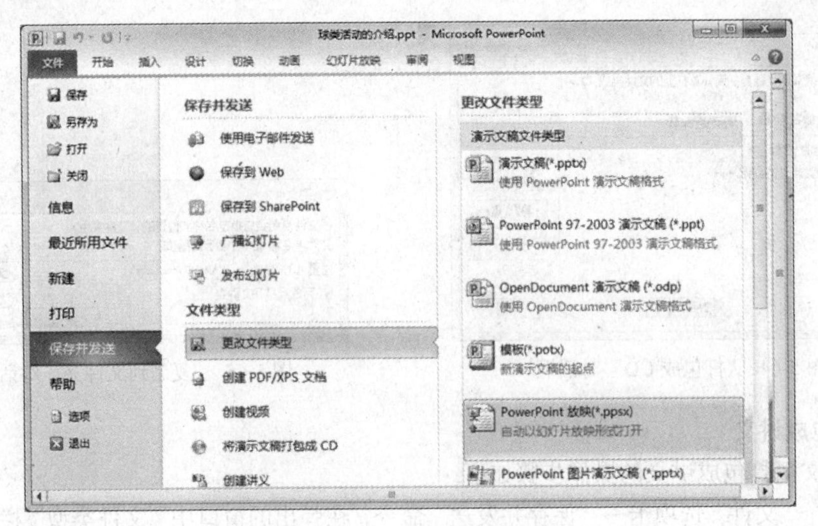

图 5-68 选择“更改文件类型”

5.7.2 页面设置与打印

1. 页面设置

单击“设计”选项卡→“页面设置”命令组→“页面设置”命令按钮，弹出“页面设置”对话框，设置页面的幻灯片显示比例、纸张大小、幻灯片编号起始值、幻灯片与讲义的方向等，如图 5-69 所示。

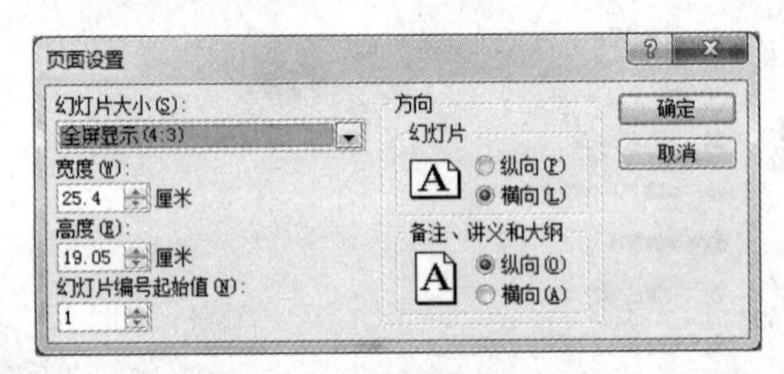

图 5-69 “页面设置”对话框

2. 预览与打印

在打印之前，可以使用打印预览快速查看打印页的效果。

单击“文件”选项卡→“打印”命令，可同时进入预览与打印窗口界面。右侧是打印预览区域，可以预览幻灯片的打印效果。左侧是打印设置区域，可以设置打印机属性、打印幻灯片范围、整页中幻灯片的数量、打印颜色、打印份数等选项。最后，单击“打印”按钮即可。

练习题 5

【操作题】

PowerPoint 操作题 1。

打开实验素材\EX5\EX5-1\Ppzc1.pptx，按下列要求完成对此演示文稿的操作并保存。

（1）设置第 1 张幻灯片标题“供水的生产与需求”的格式为黑体、48 号、加粗。

（2）将第 2 张幻灯片的版式改为“两栏内容”，在该幻灯片右部插入图片“自来水.jpg”并设置其高度为 8 cm、宽度为 6 cm。

（3）在第 2 张幻灯片中，为目录文字“水资源概况”“城市供水行业”“城市供水能力”“用水需求情况”创建超链接，分别链接到相应标题的幻灯片。

（4）在第 4 张幻灯片右下角插入一个“上一张”动作按钮，单击该按钮返回上一张幻灯片。

（5）设置第 3 张幻灯片文字“水资源概况”的动画效果为从顶部飞入，按字/词方式引入文本。

（6）为所有幻灯片应用素材文件夹中的设计模板“moban1.pot”。

（7）设置所有幻灯片切换效果为自左侧棋盘、持续时间为 2 秒、单击鼠标换页、伴有照像机声音。

（8）保存文件“Ppzc1.pptx”。

PowerPoint 操作题 2。

打开实验素材\EX5\EX5-2\Ppzc2.pptx，按下列要求完成对此演示文稿的操作并保存。

（1）使用“模块”主题修饰所有幻灯片。

（2）全部幻灯片切换效果为“库”，效果选项为“自左侧”。

（3）设置放映方式为“观众自行浏览”。

（4）在第 1 张幻灯片之前插入版式为“空白”的新幻灯片，插入 5 行 2 列的表格。表格样式为“中度样式 4”。第 1 列的第 1～5 行依次输入“方针”“稳粮”“增收”“强基础”和“重民生”。第 2 列的第一行输入“内容”，将第 2 张幻灯片文本的第 1～4 段依次复制到表格第 2 列的第 2～5 行。

（5）将第 7 张幻灯片移到第 1 张幻灯片前。

（6）删除第 3 张幻灯片。

（7）第 1 张幻灯片的主标题和副标题的动画均设置为“翻转式由远及近”。动画顺序为先副标题后主标题。

（8）保存文件“Ppzc2.pptx”。

PowerPoint 操作题 3。

打开实验素材\EX5\EX5-3\Ppzc3.pptx，按下列要求完成对此演示文稿的操作并保存。

（1）使用“市镇”主题修饰全文。

（2）全部幻灯片切换效果为“传送带”，效果选项为“自左侧”。

（3）设置第 1 张幻灯片标题“有关水的国家法规”的格式为微软雅黑、48 号、加粗。

（4）为第 2 张幻灯片设置“羊皮纸”纹理，为目录文字“《中华人民共和国水污染防治法》”“《城市供水条例》”“《城市节约用水管理规定》”创建超链接，分别链接到同名标题的幻灯片。

（5）在第 2 张幻灯片中插入声音文件“Music.mid”，要求跨幻灯片播放、播放时隐藏、循环播放。

（6）为第 3 张幻灯片插入备注“新《中华人民共和国水法》于 2016 年 7 月修订。”。

（7）设置第 1 张幻灯片标题文字的动画效果为“弹跳”，按字/词方式引入文本，设置与上一动画同时开始。

（8）保存文件“Ppzc3.pptx”。

PowerPoint 操作题 4。

打开实验素材\EX5\EX5-4\Ppzc4.pptx，按下列要求完成对此演示文稿的操作并保存。

（1）将所有幻灯片背景的填充效果预设为“雨后初晴”，方向为“线性对角-左上到右下”。

（2）在位置（水平：2.91cm，自：左上角，垂直：1.53cm，自：左上角）插入样式为“填充-

蓝色，强调文字颜色 2，暖色粗糙棱台”的艺术字“非洲主要国家”，艺术字宽度为 20cm，高度为 3.1cm，文本效果为“转换-弯曲-正三角”。

（3）通过幻灯片母版视图在每张幻灯片的右下角插入图片“pic1.png”，设置图片的高度和宽度均为 4cm。

（4）在所有幻灯片的页脚插入时间，样式为“××××年××月××日”，设置自动更新。

（5）为第 1 张幻灯片中的“肯尼亚”“尼日利亚”等 5 个国名称建立超链接，分别指向相应标题的幻灯片。

（6）设置所有幻灯片切换方式为形状，效果选项为切出，单击鼠标时换页，并伴有风铃声。

（7）在第 6 张幻灯片文字下方插入图片 flag5.jpg，并设置其动画效果为自左侧飞入。

（8）保存文件“Ppzc4.pptx”。

PowerPoint 操作题 5。

打开实验素材\EX5\EX5-5\Ppzc5.pptx，按下列要求完成对此演示文稿的操作并保存。

（1）为所有幻灯片应用素材文件夹中的设计主题 moban01.pot。

（2）设置所有幻灯片的切换效果为溶解、每隔 2s 换页。

（3）设置除标题幻灯片外的其余幻灯片显示自动更新的日期（样式为“××××年××月××日”）和幻灯片编号。

（4）在第一张幻灯片中插入“yinyue.mp 3”音频，放映时隐藏图标跨幻灯片循环播放。

（5）在最后一张幻灯片的右下角插入一个“第一张”动作按钮，超链接指向第一张幻灯片。

（6）设置在展台浏览（全屏幕）的幻灯片放映方式。

（7）保存文件“Ppzc5.pptx”。

PowerPoint 操作题 6。

打开实验素材\EX5\EX5-6\Ppzc6.pptx，按下列要求完成对此演示文稿的操作并保存。

（1）使用“流畅”主题修饰所有幻灯片。

（2）设置所有幻灯片切换方式为“分割”，效果选项为“中央向上下展开”。

（3）插入标题幻灯片作为第一张幻灯片。输入标题为“日月潭旅游景点”，设置其格式为 66 磅、华文行楷、加粗、阴影、黄色（红色 230、绿色 230、蓝色 130）。

（4）在第 1 张幻灯片的适当位置插入剪贴画视频 businessmen。

（5）将第 2 张幻灯片的版式改为“两栏内容”，在其右部插入图片“日月潭.jpg”，设置其宽度和高度均缩放 300%，位置为水平方向距离左上角 14 cm，垂直方向距离左上角 9 cm。

（6）在第 2 张幻灯片中，为文字“日月潭”“竹山”“园通寺”“玄光寺”和“杉林溪”建立超链接，分别指向相应标题的幻灯片。

（7）保存文件“Ppzc6.pptx”。

第6章 计算机网络与 Internet 应用

Internet 是通过各种通信设备和 TCP/IP 等协议，将分布在世界各地的几百万个网络、几千万台计算机和上亿个用户连接在一起的全球性网络。它提供的服务非常广泛，如电子邮件、文件传输、地址查询、网络媒体和 WWW 服务等。随着计算机技术与网络技术的不断发展，Internet 在人们的生活、工作和学习中已经成了不可替代的信息平台。

6.1 计算机网络概述

6.1.1 计算机网络的定义

计算机网络是指将地理位置不同的具有独立功能的多台计算机及其外部设备，通过通信设备和通信线路互相连接起来，在网络操作系统、网络管理软件及网络通信协议的管理和协调下，实现资源共享和数据传输的计算机系统。具体可以从以下几个方面理解这个定义。

（1）两台或两台以上的计算机相互连接起来才能构成网络。网络中的各计算机具有独立功能，既可以联网工作，也可以脱离网络独立工作。

（2）计算机之间要通信、交换信息，彼此就需要有某些约定和规则，这些约定和规则就是网络协议。网络协议是计算机网络工作的基础。

（3）网络中的各计算机间相互通信，需要有一条通道以及必要的通信设备。通道是指网络传输介质，它可以是有线的（如双绞线、同轴电缆等），也可以是无线的（如激光、微波等）。通信设备是在计算机与通信线路之间按照一定通信协议传输数据的设备。

（4）计算机网络的主要目的是实现资源共享，即能够共享网络中的所有硬件、软件和数据资源。

6.1.2 计算机网络的组成

计算机网络按逻辑功能可分为资源子网和通信子网两部分，如图 6-1 所示，其中虚线框外划归为资源子网。

资源子网是计算机网络中面向用户的部分，负责数据处理工作。它包括网络中独立工作的计算机及其外围设备、软件资源和整个网络共享数据。

通信子网则是网络中的数据通信系统，它由用于信息交换的网络节点处理机和通信链路组成，主要负责通信处理工作，如网络中的数据传输、加工、转发和变换等。

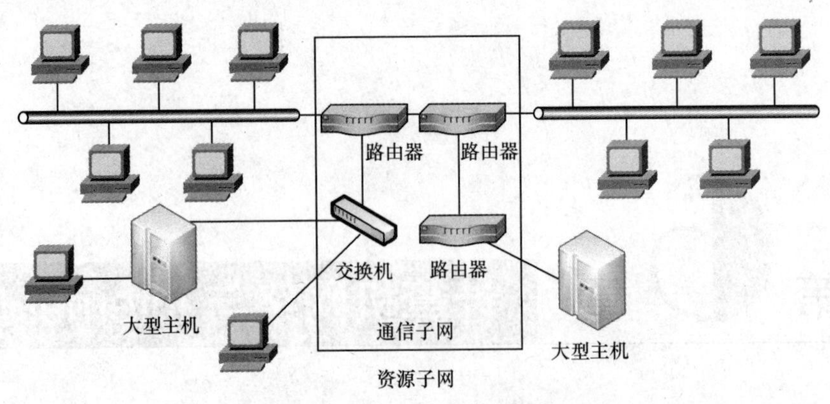

图 6-1 通信子网与资源子网

计算机网络按物理结构可分为网络硬件和网络软件两部分，其组成结构如图 6-2 所示。

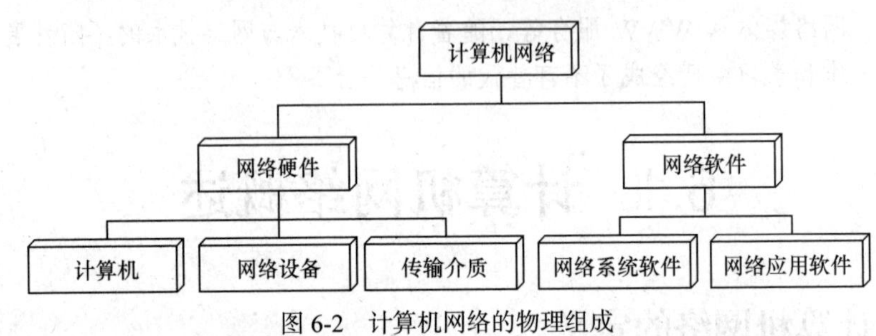

图 6-2 计算机网络的物理组成

网络硬件是指计算机网络中运行的实体，对网络的性能起决定性作用。它包括网络中使用的计算机（客户机和服务器）、网络互连设备和传输介质。

网络软件则是支持网络运行、提高效益和开发网络资源的工具。它包括网络中的网络系统软件和网络应用软件。

为了使网络内各计算机之间的通信可靠、有效，通信各方必须共同遵守统一的通信规则，即通信协议。通过它可以使各计算机之间相互理解会话、协调工作，如 OSI 参考模型和 TCP/IP 协议等。

6.1.3 计算机网络的发展

计算机网络出现的历史不长，但发展迅速，经历了从简单到复杂、从地方到全球的发展过程，从形成初期到现在，大致可以分为 4 个阶段。

1. 诞生阶段

计算机网络诞生于 20 世纪五六十年代，是面向终端的具有通信功能的单机系统。

在第一代计算机网络中，所有的终端共享主机资源，终端到主机都单独占一条线路，线路利用率低，而且主机既要负责通信，又要负责数据处理，因此主机的效率低。这种网络组织形式是集中控制形式，可靠性较低，如果主机出现问题，所有终端都被迫停止工作。面对这种情况，人们提出了改进方法，就是在远程终端聚集的地方设置一个终端集中器，把所有的终端聚集到终端集中器，而且终端到集中器之间是低速线路，而终端到主机是高速线路，这样使得主机只负责以集中方式处理数据，而不负责通信工作，大大提高了主机的利用率。

2. 形成阶段

形成阶段从 ARPANET 与分组交换技术开始，是以通信子网为中心的主机互连。

ARPANET（通常称为 ARPA 网）是第一个远程分组交换网，第一次实现了由通信网络和资源网络复合构成的计算机网络系统，标志了计算机网络真正诞生，是这一阶段的典型代表。

3. 互通阶段

从 20 世纪 70 年代起，是网络体系结构与网络协议的标准化。

此阶段各计算机厂商和研究机构相继推出自己的网络体系结构及实现这些结构的软硬件产品。由于没有统一的标准，不同厂商的产品之间互连很困难，人们迫切需要一种开放性的标准化实用网络环境，国际标准化组织（ISO）提出了著名的开放式系统互联（Open System Interconnection，OSI）参考模型，对网络体系的形成与网络技术的发展起到了重要的作用。OSI 是一个纯理论分析模型，而 TCP/IP 体系结构则成为网络体系真正的工业标准。

4. 网络互连阶段

从 20 世纪 90 年代末至今，是以网络互连为核心的计算机网络。

网络互连通常是通过路由器等互连设备将不同的网络连接在一起。此阶段局域网技术发展成熟，出现了光纤及高速网络技术、多媒体网络、智能网络，而迅速发展的 Internet、信息高速公路、无线网络与网络安全，使得信息时代全面到来。因特网作为国际性的网际网与大型信息系统，在当今经济、文化、科学研究、教育与社会生活等方面发挥越来越重要的作用。

6.1.4 数据通信

数据通信是指在两个计算机或终端之间以二进制的形式进行信息交换、传输数据。计算机网络是计算机技术和数据通信技术相结合的产物，研究计算机网络就要先了解数据通信的相关概念及常用术语。

1. 信道

信道是信息传输的媒介或渠道，它把携带信息的信号从它的输入端传递到输出端，好比车辆行驶的道路。根据传输媒介的不同，常用的信道可分为两类：一类是有线的，一类是无线的。常见的有线信道包括双绞线、同轴电缆、光缆等；无线信道有地波传播、短波、超短波、人造卫星中继等。

2. 数字信号和模拟信号

通信的目的是传输数据，信号是数据的表现形式。数据通信技术要研究的是如何将表示各类信息的二进制比特序列通过传输媒介在不同计算机之间传输。信号可以分为数字信号和模拟信号两类：数字信号是一种离散的脉冲序列，计算机产生的电信号用两种不同的电平（0 和 1）表示。模拟信号是一种在时间和取值上都是连续变化的信号，如电话线上传输的按照声音强弱幅度连续变化产生的电信号，就是一种典型的模拟信号，可以用连续的电波表示，数字信号与模拟信号的波形对比如图 6-3 所示。

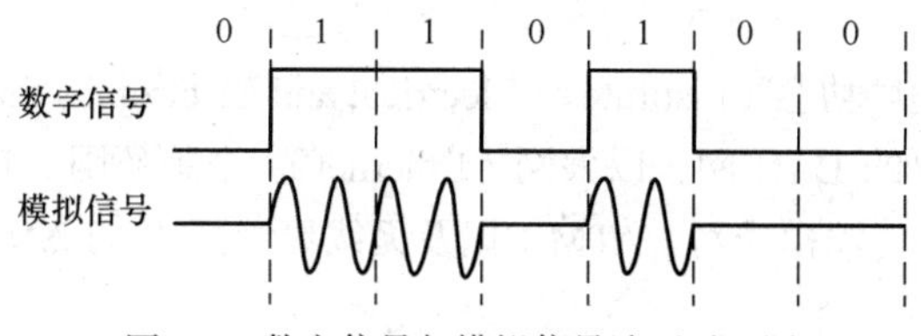

图 6-3　数字信号与模拟信号波型对比图

3. 调制与解调

普通电话线是针对语音通话而设计的模拟信道，适用于传输模拟信号，但是计算机产生的离散脉冲表示的是数字信号，因此要利用电话交换网传输计算机的数字脉冲信号，就必须先将数字脉冲信号转换成模拟信号：将发送端数字脉冲信号转换成模拟信号的过程称为为调制；将接收端模拟信号还原成数字脉冲信号的过程称为解调。将调制和解调两种功能结合在一起的设备称为调制解调器（Modem），即我们通常所说的“猫”。

4. 带宽与传输速率

在模拟信道中，以带宽表示信道传输信息的能力。带宽以信号的最高频率和最低频率之差表示，即频率的范围。信道的带宽越宽（带宽数值越大），其可用的频率就越多，其传输的数据量就越大。

在数字信道中，用数据传输速率（比特率）表示信道的传输能力，即每秒传输的二进制位数（bit/s，比特/秒），单位为 bit/s、kbit/s、Mbit/s、Gbit/s 与 Tbit/s 等，其中：

1 kbit/s=1×10^3 bit/s

1 Mbit/s=1×10^6 bit/s

1 Gbit/s=1×10^9 bit/s

1 Tbit/s=1×10^{12} bit/s

研究证明，信道的最大传输速率与信道带宽之间存在明确的关系，所以人们经常用“带宽”来表示信道的数据传输速率。“带宽”与“速率”几乎成了同义词。带宽与数据传输速率是通信系统的主要技术指标之一。

5. 误码率

误码率是指二进制数据在传输过程中被传错的概率，是通信系统的可靠性指标。数据在信道传输中一定会因某种原因出现错误。传输错误是不可避免的，但是一定要控制在某个允许的范围内。在计算机网络系统中，一般要求误码率低于 10^{-6}。

6.1.5 计算机网络的分类

计算机网络可根据网络使用的传输技术、网络的拓扑结构、网络协议等不同的标准进行分类，根据网络覆盖的地理范围和规模分类是最普遍采用的分类方法，它能较好地反映网络的本质特征。由于网络覆盖的地理范围不同，它们采用的传输技术也不同，因此形成不同的网络技术特点与网络服务功能。依据这种分类标准，可以将计算机网络分为局域网、城域网和广域网 3 类。

1. 局域网

局域网（Local Area Network，LAN）是在局部地区范围内的网络，它覆盖的地区范围较小，其最大传送距离一般不超过 10 km，因此适用于一个部门或一个单位组建的网络。典型的局域网如办公室网络、企业与学校的主干局域网、机关和工厂等有限范围内的计算机网络。局域网具有高数据传输速率（10 Mbit/s～10 Gbit/s）、低误码率、成本低、组网容易、易管理、易维护、使用灵活方便等优点。

美国电气和电子工程师协会（Institute of Electrical and Electronics Engineers，IEEE）的 802 标准委员会定义了多种主要的 LAN 网：以太网（Ethernet）、令牌环网（Token Ring）、光纤分布式接口网络（FDDI）、异步传输模式网（ATM）以及无线局域网（WLAN）。

2. 城域网

城域网（Metropolitan Area Network，MAN）是介于广域网与局域网之间的一种高速网络，一般是指在一个城市但不在同一地理小区范围内的计算机互连，用于连接距离在 10～100 km 的大量企业、学校、公司的多个局域网的互联，引入光纤连接，多采用 ATM 技术做骨干网，实现大量用户之间的信息传输。

3. 广域网

广域网（Wide Area Network，WAN）也称为远程网，它覆盖的范围比城域网更广，一般是在不同城市之间的 LAN 或者 MAN 互连，地理范围可从几十千米到几千千米，传输速率比较低，一般在 96 kbit/s～45 Mbit/s。广域网覆盖一个国家、地区，甚至横跨几个洲，形成国际性的远程计算机网络。广域网可以使用电话交换网、微波、卫星通信网或它们的组合信道进行通信。

6.1.6　网络拓扑结构

计算机网络拓扑是将构成网络的节点和连接节点的线路抽象成点和线，用几何中的拓扑关系表示网络结构，从而反映网络中各实体的结构关系。常见的网络拓扑结构主要有星型、总线型、树型、环型及网状等几种，如图 6-4 所示。

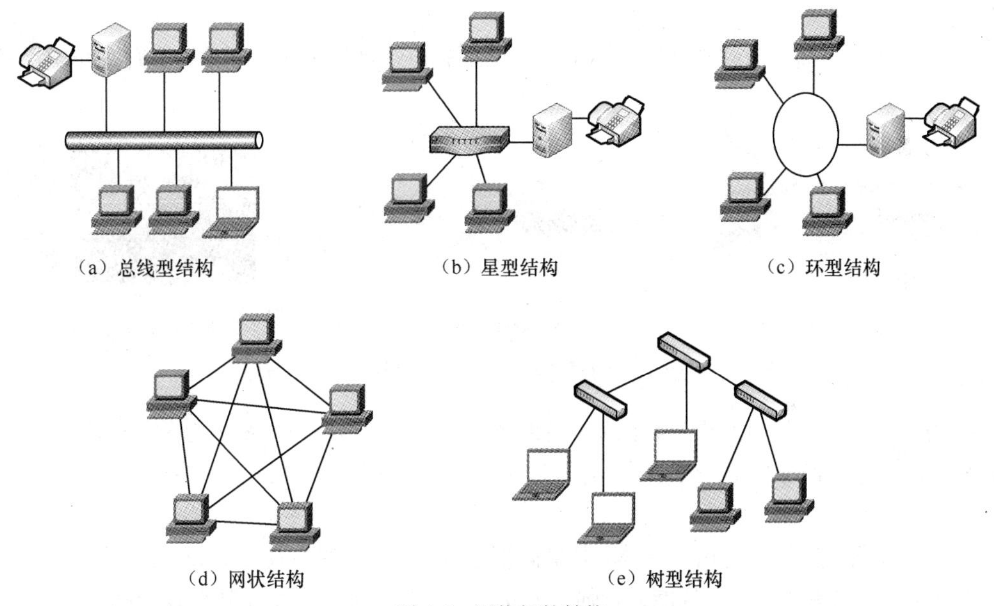

（a）总线型结构　（b）星型结构　（c）环型结构

（d）网状结构　（e）树型结构

图 6-4　网络拓扑结构

（1）总线型拓扑。网络中所有的节点由一根总线相连，数据在总线上由一个节点传向另一个节点。总线型结构的特点是结构简单灵活，节点加入和退出都非常容易，使用方便，总线上某个节点出现故障也不会影响其他站点之间的通信，不会造成网络瘫痪，可靠性较高。其缺点是主干总线对网络起决定性作用，总线故障将影响整个网络。总线型结构曾是局域网普遍采用的形式，以太网是总线型结构的典型，通常这种局域网络的传输速率为 100 Mbit/s，网络连接选用同轴电缆或双绞线，总线型拓扑如图 6-4（a）所示。

（2）星型拓扑。网络中的每个节点都与中心节点连接，中心节点控制全网的通信，各节点必须通过中央节点才能实现通信。星型结构的特点是结构简单，建网容易，便于控制和管理。其缺点是这种集中控制方式的结构，要求中心节点有很高的可靠性，一旦中心节点出现故障，就会造成全网瘫痪。星型拓扑是最早的通用网络拓扑结构形式，如图 6-4（b）所示。

（3）环型拓扑。各节点通过中继器首尾相连形成一个闭合环型线路，环中的数据单向传送，由目的节点接收，如图 6-4（c）所示。环型拓扑结构简单，成本低，适用于数据不需要在中心节点上处理而主要在各自节点上处理的情况。其缺点是当节点过多时，将影响传输效率，不利于扩充，环中任意一个节点的故障都可能造成网络瘫痪。

（4）网状拓扑。节点任意连接，无规律。网状拓扑的优点是系统可靠性高，但是由于结构复杂，必须采用路由协议、流量控制等方法。广域网中基本都采用网状拓扑结构，如图 6-4（d）所示。

（5）树型拓扑。节点按层次连接，信息交换主要在上、下节点之间进行，如图 6-4（e）所示。树型拓扑可以看作是星型拓扑的一种扩展，主要适用于汇集信息的应用要求。这种结构的特点是扩充方便、灵活，成本低，易推广，适合于分主次或分等级的层次型管理系统。

6.1.7 网络硬件和网络软件

1. 网络硬件

（1）传输介质（Media）。传输介质是指数据传输系统中发送者和接收者之间的物理路径。数据传输的特性和质量取决于传输介质的性质。在计算机网络中使用的传输介质可以分为有线和无线两大类。

① 有线传输介质。有线介质主要有双绞线、同轴电缆和光缆等。图 6-5 为有线介质示意图。

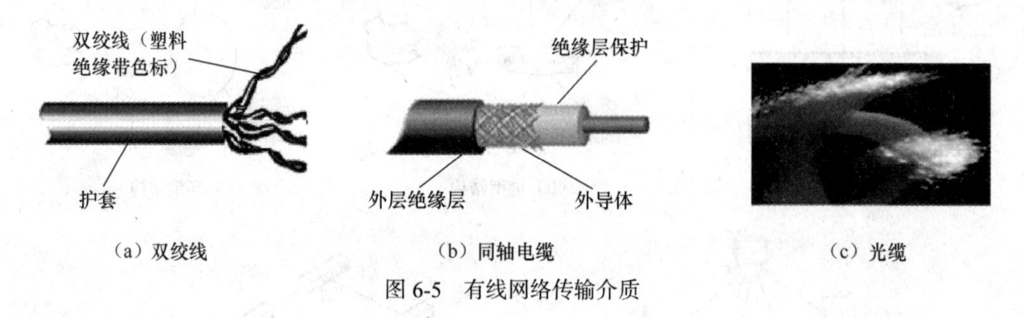

（a）双绞线　　（b）同轴电缆　　（c）光缆

图 6-5　有线网络传输介质

- 双绞线。双绞线由两根、4 根或 8 根绝缘导线组成，两根为一线作为一条通信链路。为了减少各线对之间的电磁干扰，各线对以均匀对称的方式螺旋状扭绞在一起。线对的绞合程度越高，抗干扰能力越强。
- 同轴电缆。同轴电缆由内导体、外屏蔽层、绝缘层及外部保护层组成。同轴电缆可连接的地理范围较双绞线更宽，抗干扰能力较强，使用与维护也方便，但价格较双绞线高。
- 光缆。光纤电缆简称为光缆。一条光缆中包含多条光纤。每条光纤是由玻璃或塑料拉成极细的能传导光波的细丝，外面再包裹多层保护材料构成的。光纤通过内部的全反射来传输一束经过编码的光信号。光缆因其数据传输速率高、抗干扰性强、误码率低及安全保密性好的特点，而被认为是最有前途的传输介质。光缆价格高于同轴电缆与双绞线。

② 无线传输介质。使用特定频率的电磁波作为传输介质，可以避免有线介质（双绞线、同轴电缆、光缆）的束缚，组成无线局域网。目前计算机网络中常用的无线传输介质有无线电（信号频率在 30 MHz～1 GHz）、微波（信号频率在 2～40 GHz）、红外线（信号频率在 3×10^{11}～2×10^{14} Hz）等。

（2）网络接口卡（NIC）。网络接口卡简称网卡，是构成网络必需的基本设备。每台联网的计算机都需要安装网卡，用于将计算机和通信电缆连接起来，以便经电缆在计算机之间进行高速数据传输。通常，网卡都插在计算机的扩展槽内。网卡的种类很多，它们各有自己适用的传输介质和网络协议。网卡属于 OSI 模型的数据链路层设备。

（3）交换机（Switch）。通过集线器（Hub）组建的共享式局域网在每个时间片上只允许有一个节点占用公用的通信信道；而通过交换机组建的交换式局域网，由于支持端口连接的各节点之间的多个并发连接，增大了网络带宽，改善了局域网的性能和服务质量。集线器属于 OSI 模型的物理层设备，而交换机属于 OSI 模型的数据链路层设备，也有一些具备路由功能的交换机属于网络层设备。

（4）无线 AP（Access Point）。无线 AP 也称为无线访问点，是传统的有线局域网络与无线局域网络之间的桥梁。通过无线 AP，任何一台装有无线网卡的主机都可连接有线局域网络。无线 AP 含义较广，不仅提供单纯性的无线接入点，也同样是无线路由器等类设备的统称，兼具路由、网管等功能。单纯性的无线 AP 就是一个无线交换机，仅仅提供无线信号的发射，其工作原理是将网络信号通过双绞线传送过来，AP 将电信号转换成无线电信号发送出来，形成无线网的覆盖。不同型号的无线 AP 具有不同的功率，可以实现不同程度、不同范围的网络覆盖。一般无线 AP 的最大覆盖距离可达 300m，非常适合于在建筑物之间、楼层之间等不便于架设有线局域网的地方构建无线局域网。

（5）路由器（Router）。处于不同地理位置的局域网通过广域网进行互连是当前网络互连的常见的方式。路由器是实现局域网与广域网互连的主要设备。路由器检测数据的目的地址，对路径进行动态分配，根据不同的地址将数据分流到不同的路径中。如果存在多条路径，则根据路径的工作状态和忙闲情况，选择一条合适的路径，动态平衡通信负载，路由器属于 OSI 的网络层设备。

2. 网络软件

绝大多数网络都通过划分层次来降低网络设计的复杂性，不同的硬件设备如何统一划分层次，并且能够保证通信双方对数据传输的理解一致，离不开网络软件——协议的支持。

为了降低网络设计的复杂性，绝大多数网络都划分层次，每一层都向上一层提供特定的服务。提供网络硬件设备的厂商很多，不同的硬件设备如何统一划分层次，并且能够保证通信双方对数据的传输理解一致，这些就要通过单独的网络软件，即协议来实现。通信协议就是通信双方都必须遵守的通信规则。

TCP/IP 是当前最流行的商业化协议，在因特网中得到了广泛的应用，被公认为是当前的工业标准或事实标准。TCP/IP 参考模型的分层结构将计算机网络划分为 4 个层次：应用层、传输层、互联层和网络接口层，如图 6-6 所示。

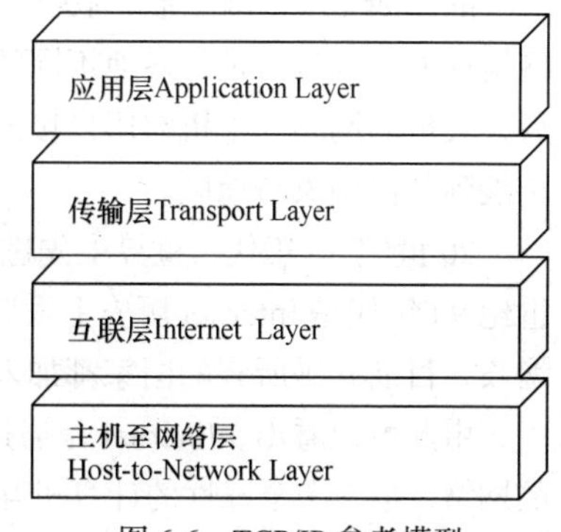

图 6-6 TCP/IP 参考模型

（1）应用层（Application Layer）：负责两个应用程序进程之间的通信，为应用软件提供网络接口，即主要为网络用户之间的通信提供专用的应用程序，包括 HTTP（超文本传输协议）、Telnet（远程登录）、FTP（文件传输协议）等协议。

（2）传输层（Transport Layer）：为两台主机间的进程提供端到端的数据包传输服务。主要协议有 TCP（传输控制协议）和 UDP（用户数据报协议）。

（3）互联层（Internet Layer）：确定数据包从源端到目的端如何选择路由。主要协议有 IP（因特网互连协议）、ICMP（因特网控制报文协议）。

（4）网络接口层，又称主机—网络层（Host—Network Layer）：规定了数据包从一个设备的网络层传输到另一个设备的网络层的方法。

6.1.8 无线局域网

随着技术的发展，无线局域网已逐渐代替有线局域网，成为现在家庭、小型公司主流的局域网组建方式。无线局域网（Wireless Local Area Networks，WLAN）利用射频技术，使用电磁波，取代由双绞线构成的局域网络。无线局域网（WLAN）的连接如图 6-7 所示。

WLAN 的实现协议有很多，其中应用最为广泛的是无线保真技术（Wi-Fi），由于其较高的传输速度、较大的覆盖范围等优点，在现代生活中发挥了重要的作用。Wi-Fi 不是具体的协议或标准，它是无线局域网联盟为了保障使用 Wi-Fi 标志的商品之间可以相互兼容而推出的。Wi-Fi 提供了能够将各种终端都使用无线进行互连的技术，为用户屏蔽了各种终端之间的差异性。

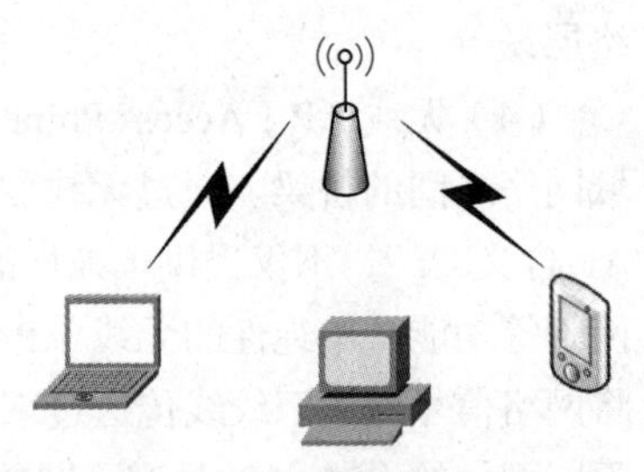

图 6-7 无线局域网示意图

要实现无线局域网功能，目前一般需要一台无线路由器、多台有无线网卡的计算机和手机等可以上网的智能移动设备。无线路由器可以看作一个转发器，它将宽带网络信号通过天线转发给附近的无线网络设备，同时还具有其他的网络管理功能，如 DHCP 服务、NAT 防火墙、MAC 地址过滤、动态域名等。

6.2 Internet 基础

Internet（因特网）是国际计算机互联网的英文称谓。它以 TCP/IP 网络协议将各种不同类型、不同规模、位于不同地理位置的物理网络连接成一个整体。它把分布在世界各地、各部门的电子计算机存储在信息总库里的信息资源通过电信网络连接起来，从而进行通信和信息交换，实现资源共享。

6.2.1 Internet 概述

Internet（因特网）始于 1968 年美国国防部高级研究计划局（ARPA）提出并资助的 ARPANET 网络计划，其目的是将各地不同的主机以一种对等的通信方式连接起来，最初只有 4 台主机。此后，大量的网络、主机与用户接入 ARPANET，很多地区性网络也接入进来，于是这个网络逐步扩展到其他国家与地区。

20 世纪 80 年代，世界上先进的工业国家纷纷接入 Internet，使之成为全球性的互连网络。20 世纪 90 年代是 Internet 历史上发展最为迅速的时期，互联网的用户数量以平均每年翻一番的速度增长，目前几乎所有的国家都加入了 Internet。

由此可以看出，Internet 是通过路由器将世界不同地区，规模、类型不一的网络互相连接起来的网络，是一个全球性的计算机互连网络，因此也称为"国际互联网"，它是信息资源极其丰富的世界上最大的计算机网络。

我国于 1994 年 4 月正式接入因特网，从此中国的网络建设进入了大规模发展阶段。到 1996 年初，中国的 Internet 已经形成了中国科技网（STNET）、中国教育和科研计算机网（CERNET）、中国公用计算机互联网（CHINANET）和中国金桥信息网（CHINAGBN）四大具有国际出口的网络体系。前两个网络主要面向科研和教育机构，后两个网络向社会提供 Internet 服务，以经营为目的，属于商业性质。

6.2.2 TCP/IP 网络协议的工作原理

TCP/IP 是 Internet 最基本的协议，它译为传输控制协议/因特网互联协议，又名网络通信协议。

图 6-6 中的网络接口层是最低层，包括各种硬件协议，面向硬件。应用层面向用户，提供一组常用的应用协议，如文件协议、电子邮件发送协议等。TCP/IP 由互联层的 IP 和传输层的 TCP 组成，是众多协议中最重要的两个核心协议，也是 Internet 的基础。它定义了电子设备如何连入 Internet，以及数据如何在它们之间传输的标准。

1. TCP

TCP（Transmission Control Protocol）位于传输层，负责向应用层提供面向连接的服务，确保网上发送的数据包可以完整接收，一旦某个数据报丢失或损坏，TCP 就向发送端发出信号，要求重新传输，以确保所有数据安全可靠地传输到目的地。依赖于 TCP 的应用层协议主要是需要大量传输交互式报文的应用，如远程登录（Telnet）协议、简单邮件传输协议（SMTP）、文件传输协议（FTP）、超文本传输协议（HTTP）等。

2. IP

IP（Internet Protocol）的主要作用是将不同类型的物理网络互连在一起。IP 负责给因特网的每一台联网设备规定一个地址，将不同格式的物理地址转换成统一的 IP 地址，并将下层物理网络不同格式的帧（物理网络传输的数据单元）进行转换，向上层传输层提供“IP 数据报”。同时，IP 还有另一个重要的功能，即路由选择功能，就是选择从网上某个节点到另一个节点的传输路径，将数据从一个节点按路径传输到另一个节点。

6.2.3 客户机/服务器体系结构

计算机网络中的每台计算机都是“自治”的，既要为本地用户提供服务，也要为网络中其他主机的用户提供服务，因此每台联网计算机的本地资源都可以作为共享资源，提供给其他主机用户使用。而网络上的大多数服务是通过一个服务程序进程来提供的，这些进程要根据每个获准的网络用户请求执行相应的处理，提供相应的服务，以满足网络资源共享的需要，实质上是进程在网络环境中进行通信。

在因特网的 TCP/IP 环境中，联网计算之间进程相互通信的模式主要采用客户机/服务器（Client/Server，C/S）结构，如图 6-8 所示。在这种结构中，客户机和服务器分别表现相互通信的两个应用程序进程，Client 和 Server 并不是人们常说的硬件中的概念，特别要注意与通常称作服务器的高性能计算机区分开。其中客户机向服务器发出服务请求，服务器响应客户的请求，提供客户机需要的网络服务。提出请求，发起本次通信的计算机进程叫作客户机进程，而响应、处理请求，提供服务的计算机进程叫作服务器进程。

因特网中常见的 C/S 结构的应用有远程登录、文件传输服务、超文本传输、电子邮件服务、域名解析服务等。

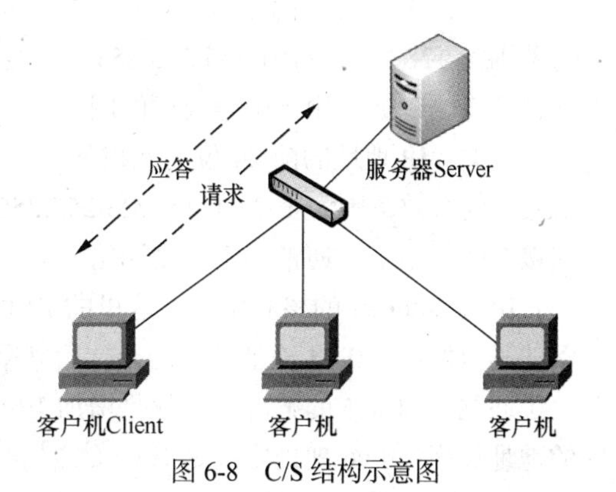

图 6-8 C/S 结构示意图

6.2.4 IP 地址和域名

因特网通过路由器将成千上万个不同类型的物理网络互连在一起，是一个超大规模的网络。为了使信息能够准确到达因特网上指定的目的节点，必须给因特网上的每个节点指定一个全局唯一的地址标识，就像每一部电话都具有一个全球唯一的电话号码一样。在因特网通信中，通过 IP

地址和域名实现明确的目的地指向。

1. IP 地址

IP 地址是 TCP/IP 中使用的互联层地址标识，是一种在 Internet 中通用的地址格式，并在统一管理下进行地址分配，保证一个地址对应网络中的一台主机。

IP 地址是一种层次型地址，在概念上分 3 个层次，如图 6-9 所示。

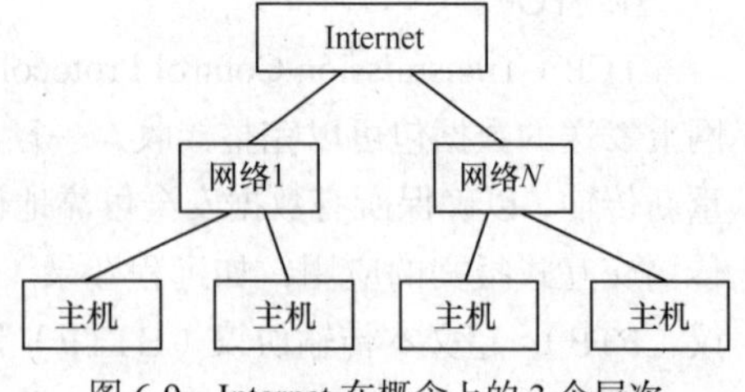

图 6-9 Internet 在概念上的 3 个层次

IP 地址用 32 位二进制（4 字节）表示，为了便于管理和配置，将每个 IP 地址分为 4 段，每一段用一个十进制数来表示，段和段之间用圆点隔开。每个段的十进制数范围是 0～255，例如，61.134.63.214 和 166.160.66.119 都是合法的 IP 地址。

一台主机的 IP 地址由“网络号+主机号”组成，由各级 Internet 管理组织分配，它们被分为不同的类别。根据地址的第一段分为 5 类：0～127 为 A 类，128～191 为 B 类，192～223 为 C 类，如表 6-1 所示。另外还有 D 类和 E 类留作特殊用途，D 类地址留给 Internet 系结构委员会使用，E 类地址保留今后使用。

表 6-1 常用 IP 地址的分类

网络类别	最大网络数	网络号取值范围	每个网络最大主机数
A	126（2^7-2）	1～126	$2^{24}-2$ = 16 777 214
B	16 384（2^{14}）	128～191	$2^{16}-2$ = 65 534
C	2 097 152（2^{21}）	192～223	2^8-2 = 254

A 类：IP 地址的前 8 位为网络号，其中第 1 位为 0，后 24 位为主机号，其有效范围为 1.0.0.1～126.255.255.254。此类地址的网络全世界仅可有 126 个，每个网络可连接 16 777 214 个主机节点，通常用于超大规模网络。

B 类：IP 地址的前 16 位为网络号，其中第 1 位为 1，第 2 位为 0，后 16 位为主机号，其有效范围为 128.0.0.1～191.255.255.254。该类地址的网络全球共有 16 384 个，每个可连接 65 534 个主机节点，以通常用于中等规模的网络。

C 类：IP 地址的前 24 位为网络号，其中第 1 位为 1，第 2 位为 1，第 3 位为 0，后 8 位为主机号，其有效范围为 192.0.0.1～223.255.255.254。该类地址的网络全球共有 2 097 152 个，每个可连接 254 台主机，通常用于小型网络。

IP 是 Internet 的核心协议。这里的 IP（即 IPv4）是在 20 世纪 70 年代末期设计的。随着因特网的迅速发展，IPv4 地址逐渐匮乏，后来采用了划分子网、NAT（网络地址转换）等方法暂时解决了问题，但根本的解决方法就是增加 IPv4 地址的位数。目前已经实施的 Ipv6 采用长达 128 位的地址长度，IPv6 地址空间是 IPv4 的 2^{96} 倍，能提供超过 3.4×10^{38} 个地址。在 IPv6 中除了解决地址短缺问题以外，还解决了在 IPv4 中存在的其他问题，如端到端 IP 连接、服务质量（QoS）、安全性、多播、移动性、即插即用等。IPv6 成为新一代的网络协议标准。

在 Windows 7 的“开始”菜单中选择“所有程序”→“附件”→“命令提示符”命令，打开 Windows 的命令行窗口，输入“ipconfig/all”命令后按<Enter>键，可以查看当前计算机上网卡的状态，包括它的物理地址和 IP 地址。

2. 域名

IP 地址能方便地标识因特网上的计算机，但难于记忆。为此，TCP/IP 引进了字符型的主机命名制，这就是域名（Domain Name）。

域名的实质就是用一组由字符组成的名字代替 IP 地址。为了避免重名，域名采用层次结构，各层次的子域名之间用圆点“.”隔开，从右至左分别是第一级域名（或称顶级域名）、第二级域名……直至主机名。其结构如下。

主机名.⋯.第二级域名.第一级域名

国际上，第一级域名采用的是标准代码，它分组织机构和地理模式两类。由于因特网诞生在美国，所以其第一级域名采用组织机构域名，美国以外的其他国家和地区都采用主机所在地的名称为第一级域名，如 CN（中国）、JP（日本）、KR（韩国）、UK（英国）等。

根据《中国互联网络域名注册暂行管理办法》规定，我国的第一级域名是 CN，次级域名也分为类别域名和地区域名，共计 40 个。类别域名有：AC（表示科研院及科技管理部门）、COM（表示工商和金融等企业）、EDU（表示教育单位）、GOV（表示国家政府部门）、ORG（表示各社会团体及民间非营利组织）、NET（表示互联网络、接入网络的信息和运行中心）6 个。地区域名有 34 个，如 BJ（北京市）、SH（上海市）、JS（江苏省）、ZJ（浙江省），等等。

例如，www.pku.edu.cn 是北京大学的一个域名。其中 www 是主机名，pku 是北京大学的英文缩写，edu 表示教育机构，cn 表示中国。

3. 域名系统（DNS）

把域名映射成 IP 地址的软件称为域名系统（Domain Name System，DNS）。域名系统采用客户机/服务器工作模式。域名服务器（Domain Name Server）实际上就是装有域名系统的主机，是一种能够解析域名的分层数据库。

对用户而言，使用域名比直接使用 IP 地址方便多了，但对于 Internet 的内部数据传输来说，使用的还是 IP 地址。通常通过 DNS 服务器实现二者之间的转换，其中将域名转换为 IP 地址称为域名解析，将 IP 地址转换为域名称为反向域名解析。

DNS 以一个大型的分布式数据库方式工作，许多 DNS 服务器形成一个大的协同工作的域名数据库，采用类似目录树的树型等级结构。当用户在应用程序中输入域名时，就包含了一个发送给 DNS 服务器的 DNS 域名转换请求信息，DNS 服务器从请求中取出域名，将它转换为对应的 IP 地址，然后在一个应答信息中将结果地址返回给用户。如果当前请求的服务器处理不了请求，就把它转发给它的上级服务器，一直到成功解析。

6.2.5 Internet 的接入

Internet 接入方式通常有专线连接、局域网连接、无线连接和 ADSL 连接等。其中企业用户常用专线连接，而个人用户主要使用 ADSL 及无线接入等。

1. ADSL 接入

ADSL（非对称数字用户环路）是运行在现有普通电话线上的一种宽带技术，为用户提供上、下行非对称的传输速率（带宽），是目前用电话线接入 Internet 的主流技术。

ADSL 技术最大特点是不需要改造信号传输线路，完全可以利用普通铜质电话线作为传输介质，配上专用的 Modem 即可实现数据高速传输。ADSL 支持上行速率为 640 kbit/s～1 Mbit/s，下行速率为 1～8 Mbit/s，其有效的传输距离在 3～5 km。在 ADSL 接入方案中，每个用户都有单独的一条线路与 ADSL 局端相连，它的结构可以看作是星型结构，数据传输带宽是由每一个用户独享的。

采用 ADSL 接入 Internet，除了一台带有网卡的计算机和一条直拨电话线外，还需向因特网服务提供商 ISP 申请 ADSL 业务。由相关服务部门负责安装话音分离器、ADSL 调制解调器（俗称“宽带猫”）和拨号软件。完成安装后，可以根据提供的用户名和口令拨号上网。

2. ISP 接入

要通过专线接入 Internet，寻找合适的 ISP（Internet 服务提供商）是非常重要的。一般 ISP 提供的功能主要有分配 IP 地址和网关及 DNS、提供联网软件、提供各种因特网服务和接入服务。

除了前面提到的 CHINANET、CERNET、CSTNET、CHINAGBN 这四家政府资助的 ISP 外，还有大批 ISP 提供 Internet 接入服务，如 163、169、联通、网通、铁通等。

3. 无线连接

无线局域网的构建不需要布线，因此提供了极大的便捷，省时省力，并且在网络环境发生变化、需要更改时，便于更改、维护。接入无线网需要一台无线 AP，AP 很像有线网络中的集线器或交换机，是无线局域网络中的桥梁。有了 AP，装有无线网卡的计算机或支持 WiFi 功能的手机等设备就可以与网络相连，这些计算机或无线设备就可以接入 Internet。

几乎所有的无线网络都在某一个点上连接到有线网络中，以便访问 Internet 上的文件。要接入 Internet，AP 还需要与 ADSL 或有线局域网连接，AP 就像一个简单的有线交换机一样，将计算机和 ADSL 或有线网连接起来，从而接入 Internet。无线 AP 价格较低，目前在家庭用户中广泛使用。

6.3 Internet 的应用

6.3.1 WWW

万维网（World Wide Web，WWW），又简称 Web，是 Internet 最重要的应用，也是应用最广泛的服务，是集文本、声音、图像、视频等多媒体信息于一身的全球信息资源网络。

万维网是一种基于超文本（Hypertext）方式的信息查询工具，人们通过万维网服务浏览和查询信息，它的影响力已远远超出了计算机领域，并且已经进入广告、新闻、销售、电子商务与信息服务等各个行业。万维网的出现使 Internet 从仅有少数计算机专家使用变为普通大众也能利用的信息资源，它是 Internet 发展中一个非常重要的里程碑。

WWW 采用 C/S 工作方式，由 3 部分组成：浏览器、Web 服务器和超文本传送协议。浏览器向 Web 服务器发出请求，Web 服务器向浏览器返回其所需的万维网文档，然后浏览器解释该文档并按照一定的格式将其显示在屏幕上。浏览器与 Web 服务器使用 HTTP 互相通信。

（1）浏览器（Browser）。是一个用于浏览 WWW 的客户端程序，其主要功能是使用户获取 Internet 上的各种资源。常用的浏览器如 Microsoft 的 Internet Explorer（简称 IE）。

（2）Web 服务器（Web Server）。是一台在 Internet 上向客户机提供 WWW 服务的、具有独立 IP 地址的计算机。Web 服务器负责管理构成网站的一个个由各种信息组成的超文本文件，随时准备响应远程浏览器发来的浏览请求，为用户提供需要的超文本文件。Web 服务器上的每一个超文本文件就是一个 Web 页，Web 服务器的入口网页称为主页或首页。

（3）超文本传输协议（Hyper Transfer Protocol，HTTP）。是 Web 客户机与 Web 服务器之间的应用层传输协议。Web 中信息的传输基于 HTTP。

（4）统一资源定位器（Uniform Resource Locator，URL）。用来定位信息资源所在的位置，其完整地描述了 Internet 上网页和其他资源的地址。URL 的格式如下。

传输协议://主机 IP 地址或者域名地址/资源所在路径和文件名。

其中，传输协议就是服务方式或获取数据的方法，常见的有 HTTP、FTP 等；协议后的冒号加双斜杠表示接下来是存放资源的主机的 IP 地址或域名；路径和文件名是用路径的形式表示 Web 页在主机中的具体位置。

例如，http://www.china.com.cn/news/tech/09/news_5.htm 就是一个 Web 页的 URL，浏览器可以通过这个 URL 得知：使用的协议是 HTTP，资源所在主机的域名为 www.china.com.cn，要访问的文件具体位置在文件夹 news/tech/09 下，文件名为 news_5.htm。

WWW 上的每个 Web 页面都有一个唯一的 URL 地址，也就是网页地址。

（5）超文本与超链接。WWW 的网页文件是用超文本标记语言（Hyper Text Makeup Language，HTML）编写成的，称为超文本文件。超文本文件的扩展名通常为.html 或.htm。超文本文件是一种含有文本、图形、图像、声音视频的多媒体文件，并往往包含指向其他超文本的链接，这种链接称为超链接（Hyperlink）。这些超链接通过颜色和字体的改变与普通文本区别开来，它含有指向其他 Internet 信息的 URL 地址，利用这些超链接，用户能轻松地从一个网页链接到其他相关内容的网页上，而不必关心这些网页分散在何处的主机中。

超文本与多媒体一起构成了超媒体（Hypermedia），万维网采用超文本和超媒体的信息组织方式，将信息的链接扩展到整个 Internet 上。

目前，WWW 提供了 Internet 的大部分主要功能，用户利用 WWW 不仅能访问到 Web Server 的信息，而且如 E-mail、FTP、BBS、搜索引擎、网络购物、网上娱乐、博客、社交网站等，都可通过 WWW 方便地实现。因此，Web 已经成为 Internet 上应用最广和最有前途的访问方式，并在商业领域发挥着越来越重要的作用。

6.3.2 IE 浏览器的使用

要访问 WWW，就必须安装浏览器。下面以 Windows 7 系统上的 Internet Explorer 9（IE 9，或简称 IE）为例，介绍浏览器的常用功能及操作方法。

1. IE 的启动与退出

IE 就是一个应用程序，IE 的启动与其他应用程序的启动过程基本相同。选择“开始”菜单→“所有程序”→“Internet Explorer”命令，或者单击 Windows 7 桌面或任务栏上的 IE 快捷方式，均可打开 IE 浏览器。

退出 IE 浏览器，单击 IE 窗口右上角的“关闭”按钮☒；或用鼠标右键单击任务栏的 IE 图标，选择快捷菜单中的“关闭窗口”命令，或按<Alt+F4>组合键均可。

IE 是一个选项卡式的浏览器，可以在一个窗口中打开多个网页。在退出关闭 IE 窗口时可能会提示选择“关闭所有选项卡”或“关闭当前的选项卡”，如图 6-10 所示。

如果选中“总是关闭所有选项卡”复选框，则以后单击关闭按钮时都会直接关闭所有选项卡。

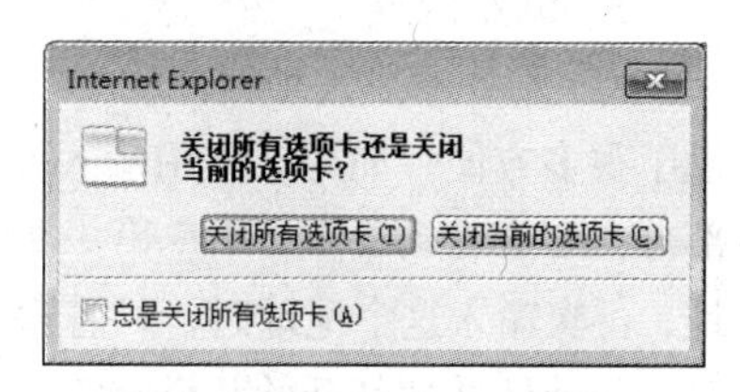

图 6-10　IE 浏览器的关闭提示

2. IE 的窗口

IE 浏览器界面经过了简化设计，界面十分简洁。打开 IE 窗口，会打开一个选项卡，即默认主页。主要有标题栏、地址栏、收藏夹、命令栏、工具栏、状态栏、网页信息区等组成。例如，图 6-11 所示是百度的页面，可以看出 IE 界面没有以往类似 Windows 应用程序窗口上的功能按钮，以便用户有更多的空间来浏览网站。

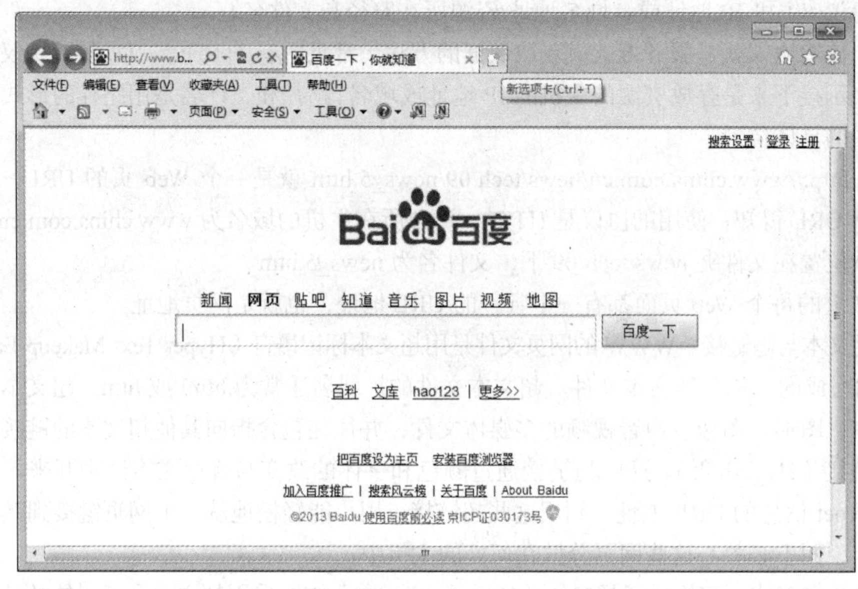

图 6-11　IE 窗口

在 IE 窗口的上方列出了最常用的功能，具体如下。

“前进”“后退”按钮：用来方便地返回先后访问过的页面。地址栏用来输入想要访问的网址，也可输入搜索的内容，是地址栏和搜索栏功能的合并。单击其中的按钮，打开下拉菜单可以看到收藏夹、历史记录，方便快捷。按钮用于刷新页面，则是停止访问。用来新建一个选项卡。

选项卡用于显示页面标题，其中 × 用来关闭网页；鼠标指针移到选项卡右边上变为，此时单击可新建一个选项卡。

功能按钮：分别是“主页”“收藏夹”“工具”按钮。单击“主页”按钮，每次打开 IE 会打开一个选项卡，选项卡中默认显示主页，主页的地址可以在 Internet 选项中设置，并且可以设置多个主页，这样打开 IE 时会打开多个选项卡显示多主页的内容。单击“收藏夹”按钮可以展开小窗口，IE 将收藏夹、源和历史记录集成在一起。“工具”包含对 IE 的管理和设置等功能，单击“工具”按钮可以看到“打印”“文件”“Internet 选项”等功能按钮。

控制按钮组：分别为最小化、最大化/还原、关闭按钮。

若要在 IE 窗口上显示藏夹栏、命令栏、工具栏、状态栏等，可以通过在浏览器窗口上方空白区域单击鼠标右键，在弹出的快捷菜单（如图 6-12 所示）中选择确定。

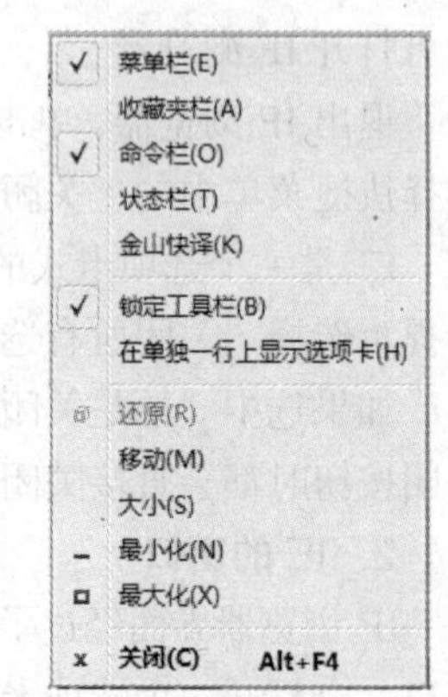

图 6-12　IE 显示工具栏菜单

3. 浏览网页

将光标点移到地址栏内就可以输入 Web 地址了，IE 为地址输入提供了很多方便，如用户不用输入像“http://”“ftp://”这样的协议开始部分，IE 会自动补上；用户第一次输入某个地址时，IE 会记忆这个地址，再次输入这个地址时，只需输入开始的几个字符，IE 就会检查保存过的地址并把其开始几个字符与用户输入的字符符合的地址罗列出来供用户选择。用户可以上下移动鼠标选择其一，然后单击即可转到相应地址。

此外，单击地址列表右端的下拉按钮，会出现曾经浏览过的 Web 地址记录，单击其中的一个地址，相当于输入了这个地址并回车。

输入 Web 地址后，按<Enter>键或单击“转到”按钮，浏览器就会按照地址栏中的地址转到相应的网站或页面。

打开 IE 浏览器自动进入的页面称为主页或首页，浏览时，可能需要返回前面浏览过的页面。此时，可以使用前面提到的“后退”“前进”按钮来浏览最近访问过的页面。如果按住“后退”和“前进”按钮不松手，就会打开一个下拉列表，列出最近浏览过的几个页面，单击选定的页面，可以直接转到该页面。

IE 浏览器还提供了许多其他的浏览方法，以方便用户使用，如利用“历史”“收藏夹”等实现有目的的浏览，提高浏览效率。

此外，很多网站（如 Yahoo、Sohu 等）都提供到其他站点的导航，还有一些专门的导航网站（如百度网址大全、hao123 网址之家等），可以在上面通过分类目录导航的方式浏览网页，这些都是比较好的方法。

4. Web 页面的保存和阅读

将网页内容保存到本地硬盘上，即使断开网络连接，也可以通过硬盘脱机阅读。

（1）保存 Web 页。打开要保存的 Web 网页，单击“文件”→“另存为”命令，打开“保存网页”对话框，如图 6-13 所示。

图 6-13 “保存网页”对话框

在该对话框中，可以设置要保存的位置、名称、类型及编码方式。在“保存类型”下拉列表框中，根据需要选择“网页，全部”“Web 档案，单个文件”“网页，仅 HTML”“文本文件”中的一种。文本文件节省存储空间，但是只能保存文字信息，不能保存图片等多媒体信息；设置完毕后，单击“保存”按钮，即可将该 Web 网页保存到指定位置。

（2）打开已保存的网页。对于已经保存的 Web 页，不用连接到 Internet 就可以打开阅读，具体操作为：在 IE 窗口上单击“文件”→“打开”命令，显示“打开”对话框，选择保存的 Web 页的盘符和文件夹名；或者直接双击已保存的网页，便可以在浏览器中打开网页。

（3）保存部分网页内容。有时只需要保存页面上的部分信息，这时可以选中目标内容，按<Ctrl+C>（复制）和<Ctrl+V>（粘贴）两个快捷键将 Web 页面上感兴趣的内容复制、粘贴到某一个空白文件上，操作步骤如下。

① 拖动鼠标选定想要保存的页面文字。

② 按<Ctrl+C>快捷键（或者单击鼠标右键，选择快捷菜单中的“复制”命令），将选定的内容复制到剪贴板。

③ 打开一个空白的 Word 文档、记事本或其他文字编辑软件，按<Ctrl+V>组合键，将剪贴板中的内容粘贴到文档中。

（4）保存图片、音频等文件。如果要单独保存网页中的图片，可按以下步骤进行。

① 用鼠标右键单击要保存的图片，选择“图片另存为”，弹出“保存图片”对话框，如图 6-14 所示。

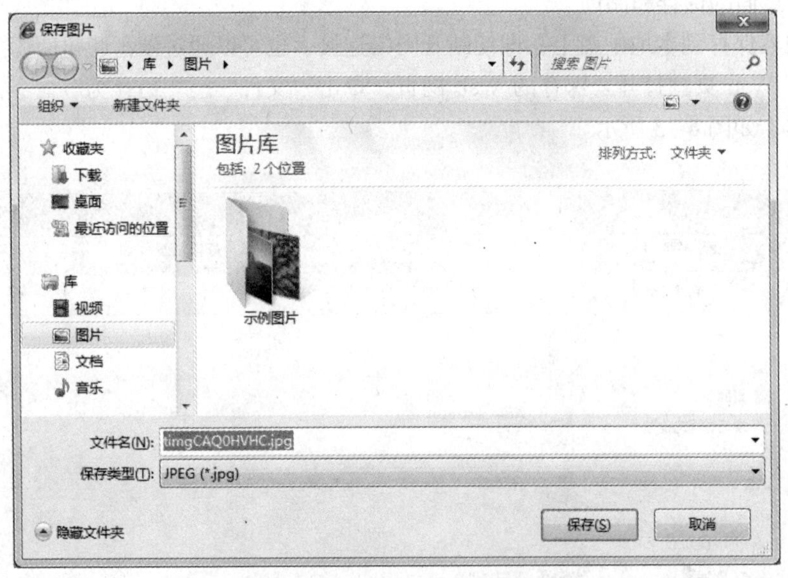

图 6-14 “保存图片”对话框

② 在“保存图片”对话框中设置图片的保存位置、名称及保存类型等。

③ 设置完毕后，单击“保存”按钮即可。

网页上常遇到指向声音文件、视频文件、压缩文件等的超链接。下载保存这些资源的具体操作步骤如下。

① 在超链接上单击鼠标右键，选择“目标另存为”，弹出“另存为”对话框。

② 在“另存为”对话框内选择要保存的路径，键入要保存的文件的名称，单击“保存”按钮。此时 IE 底部会出现一个下载传输状态窗口，如图 6-15（a）所示，包括下载完成百分比、估计剩余时间、暂停、取消等控制功能。

③ 单击“查看下载”可以打开 IE 的“查看下载”窗口，如图 6-15（b）所示，列出通过 IE 下载的文件列表，以及它们的状态和保存位置等信息，方便用户查看和跟踪下载的文件。

（a）下载提示框

（b）“查看下载”对话框

图 6-15

5. 更改主页

“主页”是指每次启动 IE 后默认打开的页面，通常把频繁使用的网站设为主页，操作步骤如下。

（1）打开 IE 窗口，单击“工具”按钮，或“工具”菜单中的“Internet 选项”命令。

（2）打开“Internet 选项”对话框的“常规”选项卡，如图 6-16 所示。

（3）在“主页”组中的地址框中输入要设为主页的网址（如百度网址）。如果事先打开“百度”页面，则可以直接单击“使用当前页”按钮，将“百度”设置为主页；如果不想显示任何页面，可单击“使用空白页”按钮；如果想设置多个主页，可在地址框中输入地址后按<Enter>键继续输入其他地址。

（4）单击“确定”按钮即可。

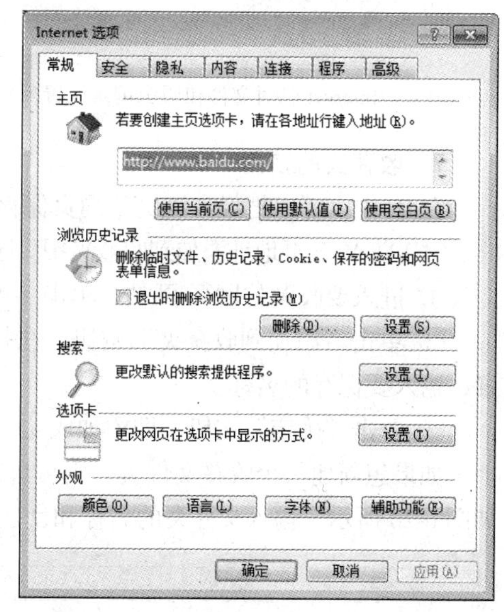

图 6-16 “Internet 选项”对话框

6. “历史记录”的使用

IE 会自动将浏览过的网页地址按日期先后保留在历史记录中，以备查用。灵活利用历史记录可以提高浏览效率。可以设置历史记录保留期限（天数），如果磁盘空间充裕，保留天数可以多些，否则可以少一些。用户也可以随时删除历史记录。

（1）浏览“历史记录”，操作步骤如下。

① 单击窗口左上方的收藏夹按钮，IE 窗口左侧打开“查看收藏夹、源和历史记录”的窗口。

② 选择“历史记录”选项卡，历史记录的排列方式包括按日期查看、按站点查看、按访问次

数查看、按今天的访问顺序查看，以及搜索历史记录。

③ 在默认的“按日期查看”方式下，单击选择日期，进入下一级文件夹。

④ 单击希望选择的网页文件夹图标。

⑤ 单击访问过的网页地址图标，就可以打开此网页进行浏览。

（2）历史记录的设置和删除。设置历史记录保存天数和删除历史记录的操作步骤如下。

① 单击“工具”按钮，打开“Internet 选项”对话框。

② 在“常规”选项下（见图 6-16），单击“浏览历史记录”组→“设置”，打开“Internet 临时文件和历史记录设置”对话框（见图 6-17），在下方输入天数，系统默认为 20 天。

③ 如果要删除所有的历史记录，单击“删除”按钮，在弹出的“删除浏览的历史记录”对话框（见图 6-18）中选择要删除的内容，如果勾选“历史记录”项，就可以清除所有的历史记录。

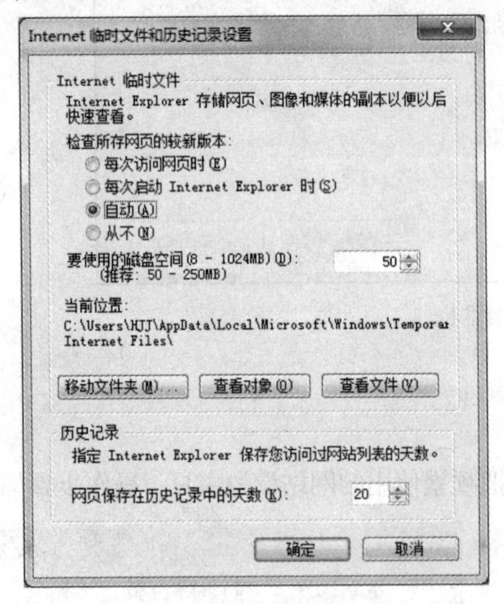

图 6-17 “Internet 临时文件和历史记录设置”对话框

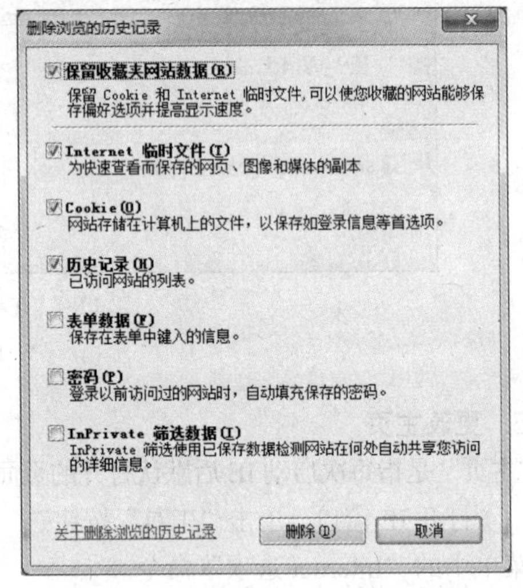

图 6-18 “删除浏览的历史记录”对话框

7. 收藏夹的使用

在 IE 中，可以把经常浏览的网页保存到收藏夹中。

（1）将 Web 页地址添加到收藏夹中。通过“添加到收藏夹”按钮添加收藏，具体操作步骤如下。

① 进入要收藏的网页/网站，单击 收藏夹 按钮，在打开的窗口中选择“收藏夹”选项卡。

② 单击“添加到收藏夹”按钮，在打开的“添加收藏”对话框（见图 6-19）中选择创建位置，输入要保存的名称。

③ 单击“确定”按钮，即添加成功。

如果想新建一个收藏文件夹，则可单击“新建文件夹”按钮，弹出“创建文件夹”对话框，如图 6-20 所示，输入文件夹的名称和创建位置，单击“创建”按钮即可。

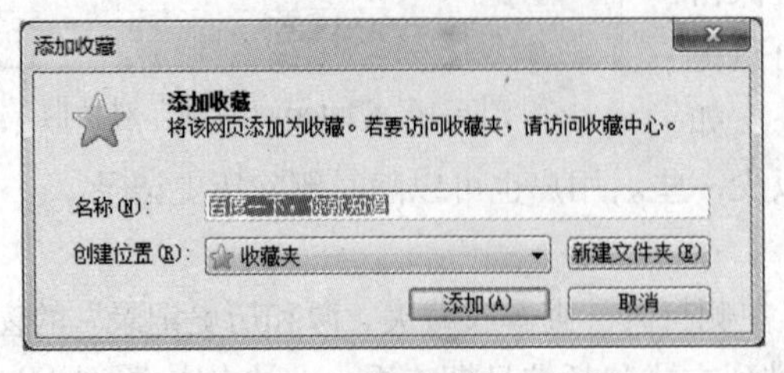

图 6-19 “添加收藏”对话框

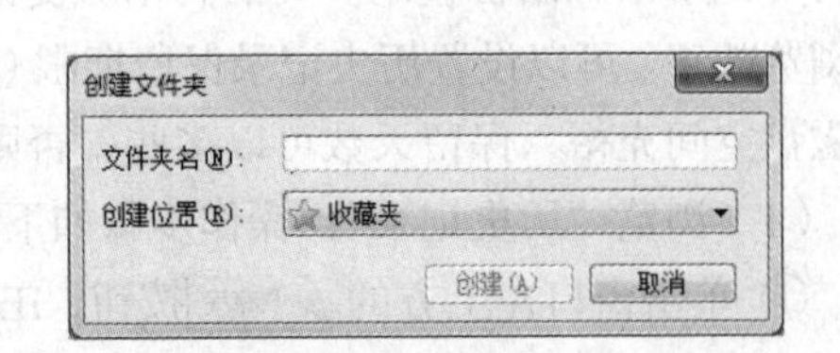

图 6-20 “创建文件夹”对话框

通过拖动法添加收藏，具体操作步骤如下。

① 进入要收藏的网页/网站，单击IE的☆收藏夹按钮。

② 在打开的窗口中单击“固定收藏中心”按钮，将收藏夹栏固定在IE窗口的左侧。

③ 拖动地址栏中网页地址前的图标至收藏夹栏中，在选好出现的黑线停放的位置后松开即可。

（2）使用收藏夹中的地址。单击IE窗口左上方的☆收藏夹按钮，在打开的窗口中选择“收藏夹”选项卡，在收藏夹窗口中选择需要访问的网站，单击即可打开浏览。

（3）整理收藏夹。在打开的“收藏夹”选项卡中，右击某个文件夹或网址名称，在弹出的快捷菜单（见图6-21）中执行“新建文件夹”“剪切”“复制”“删除”“重命名”等操作，即可对收藏夹进行整理，还可以使用拖曳的方式移动文件夹或网址的位置，从而改变收藏夹的组织结构。

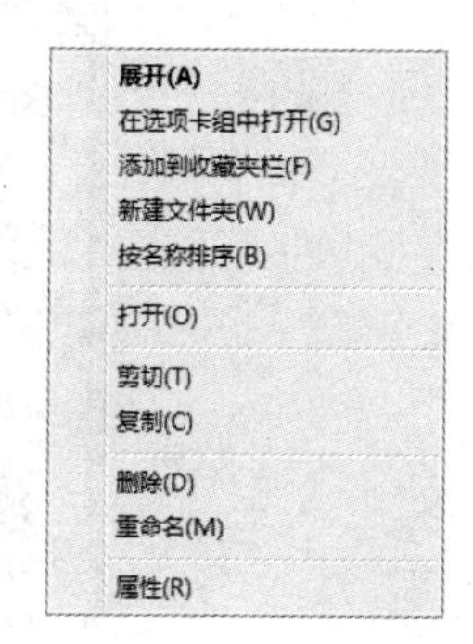

图6-21 整理收藏夹

6.3.3 搜索引擎

搜索信息最常用的方法是利用搜索引擎，根据关键词来搜索需要的信息。常用的搜索引擎有百度（www.baidu.com）、谷歌（www. google.com.hk）、搜狗（www.sogou.com）等。这里以百度为例，介绍一些最简单的信息检索方法，以提高信息检索效率。

具体操作步骤如下。

（1）在IE的地址栏中输入www.baidu.com，打开百度搜索引擎的页面。在搜索输入框中输入关键词（如“计算机设计大赛”），如图6-22所示。

图6-22 输入搜索关键词

（2）单击文本框后面的“百度一下”按钮，开始搜索。最后在网页浏览窗口显示搜索结果。

搜索结果页面中列出了所有包含关键词的网页地址，单击某一项可以转到相应网页查看相关内容。另外，从图6-23可以看到，关键词文本框上方除了默认选中的“网页”超链接标签外，还有“新闻”“知道”“图片”“视频”等超链接标签。在搜索时，选择不同的标签就可以针对不同的目标进行搜索，从而提高搜索的效率。

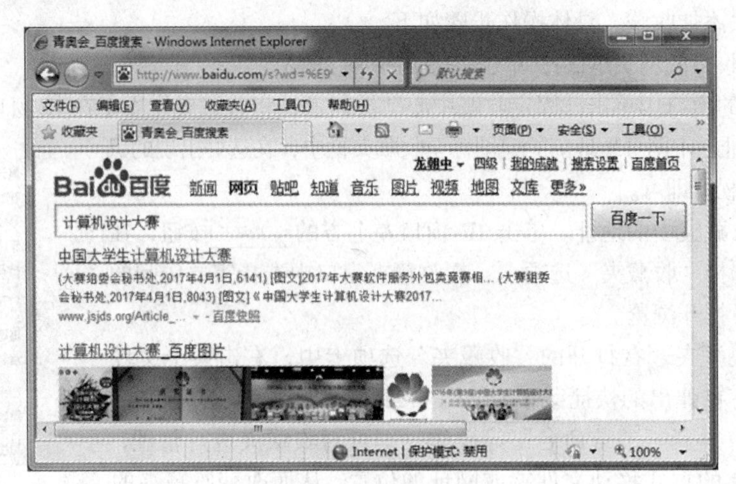

图 6-23 搜索结果页面

6.3.4 文件传输服务

文件传输服务（File Transfer Protocol，FTP）是 Internet 提供的基本服务之一，用于将一台计算机上的文件传输到另一台计算机上。

FTP 服务是基于 TCP 的连接，采用 C/S 工作方式，端口号为 21。用户在使用普通 FTP 服务时，必须建立与远程计算机之间的连接。为了实现 FTP 连接，需要拥有该主机的 IP 地址（主机域名）、账号、密码，连接到主机后，一般要登录，在检验用户账和口令后，连接才得以建立。

FTP 最大的特点是用户可以使用 Internet 上众多的、不需要专门的用户名和口令就可进入的匿名 FTP 服务器，这些服务器允许用户用 anonymous 作为用户名，以自己的电子邮件地址作为密码口令匿名登录 FTP 服务器，从而实现文件传输服务。如果是通过浏览器访问 FTP 服务器，不用登录，就可访问提供给匿名用户的目录和文件。

FTP 可以实现文件传输的如下两种功能。

下载（download）：从远程主机向本地主机复制文件。

上传（upload）：从本地主机向远程主机复制文件。

匿名服务器的标准目录为 pub，用户通常可以访问该目录下所有子目录中的文件。考虑到安全问题，大多数匿名服务器不允许用户上传文件。

以下介绍如何在 FTP 站点上浏览和下载文件。

浏览器还有个功能，就是可以以 Web 方式访问 FTP 站点，如果访问的是匿名 FTP 站点，则浏览器可以自动匿名登录。

当登录一个 FTP 站点时，需要打开 IE 浏览器，在地址栏输入 FTP 站点的 URL。需要注意的是，因为要浏览的是 FTP 站点，所以 URL 的协议部分应该键入 ftp。例如，一个完整的 FTP 站点 URL 为：ftp://ftp.sjtu.edu.cn/。这是上海交通大学的 FTP 站点 URL。

使用 IE 浏览器访问 FTP 站点并下载文件的操作步骤如下。

① 在 IE 的地址栏中输入要访问的 FTP 站点地址，按<Enter>键。

② 如果该站点不是匿名站点，则 IE 会提示输入用户名和密码，然后登录；如果该站点是匿名站点，则 IE 会自动匿名登录。登录成功后的界面如图 6-24 所示。

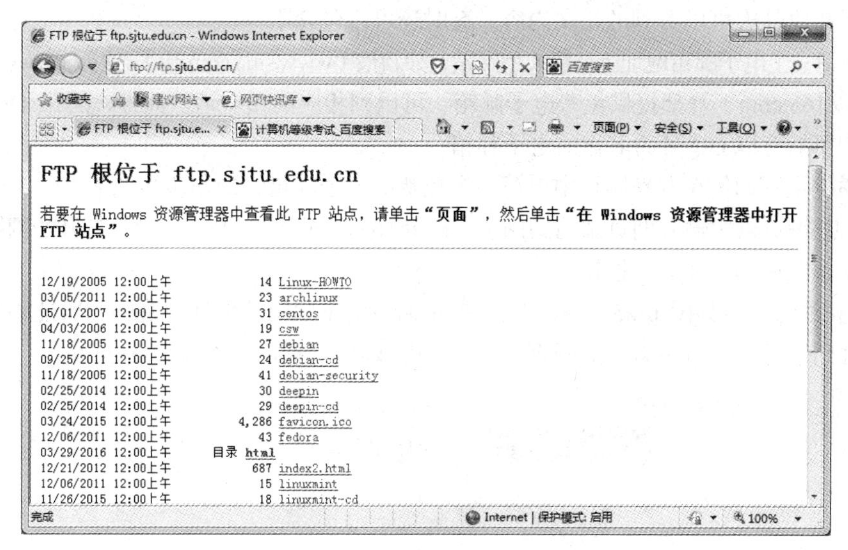

图 6-24 使用 IE 浏览 FTP 站点

FTP 站点上的资源以链接的方式呈现，可以单击链接进行浏览。需要下载某个文件时，在链接上右击鼠标，在弹出的快捷菜单中选择“目标另存为”命令，即可下载到本地计算机上。

另外，也可以在“Windows 资源管理器”的地址栏输入 FTP 站点的地址，按<Enter>键访问该站点。

6.3.5 电子邮件服务

1. 电子邮件概述

电子邮件（E-mail）是因特网上使用非常广泛的一种服务。用户根据需要可以在网页上收发电子邮件，也可以使用专门的软件——Outlook 2010。

电子邮件在 Internet 上发送和接收的原理可以形象地用我们日常生活中的邮寄包裹来形容。要使用电子邮件进行信息交流，首先要申请一个电子邮箱，每个电子邮箱应有一个唯一可识别的电子邮件地址。电子邮箱是由提供电子邮件服务的机构为用户建立的。任何人都可以将电子邮件发送到某个电子邮箱中，但是只有电子邮箱的拥有者输入正确的用户名和密码，才能查看 E-mail 的内容。电子邮件不仅可以传送文本，还可以传送声音、视频等多种类型的文件。

（1）电子邮箱的格式。电子邮箱地址的格式是<用户标识> @ <主机域名>。

电子邮箱地址由邮件人用户标识（如姓名或缩写）、字符“@”和电子信箱所在计算机的域名 3 部分组成。地址中间不能有空格或逗号。例如，abc123@163.com 就是一个合法的电子邮件地址。

邮件首先被送到收件人的邮件服务器，存放在属于收信人的 E-mail 邮箱里。在 Internet 上收发电子邮件不受地域和时间的限制，双方的计算机并不需要同时打开。

（2）电子邮件的格式。电子邮件包括两个基本部分：信头和信体。信头相当于信封，信体相当于信件内容。

信头通常包括如下几项。

收件人：收件人的 E-mail 地址。多个收件人地址用逗号“,”隔开。

抄送：表示同时可接收此信的其他人的 E-mail 地址。

主题：邮件的标题，用于概括地描述信件的内容，可以是一句话或一个词。

信体是指收件人可以看到的正文内容，有时还可以包含附件。

（3）申请一个电子邮箱地址。一般大型网站，如新浪（www.sina.com.cn）、搜狐（www.sohu.com）、网易（www.163.com）等都提供免费电子邮箱，可以到相应网站申请。此外，腾讯 QQ 用户不需要申请，即可拥有以 QQ 号为名称的电子邮箱。

这里举例说明如何在网易网页中申请一个免费的电子邮箱，操作步骤如下。

① 在 IE 浏览器中输入网页邮箱的网址“mail.163.com”，按<Enter>键，打开“网易邮箱”网站首页，单击其中的“注册”按钮。

② 打开注册网页如图 6-25 所示，根据提示输入电子邮箱的地址、密码和验证码等信息，单击“立即注册”按钮，将在打开的网页中提示注册成功。

图 6-25　输入申请电子邮箱的注册信息

2. 使用 Outlook 2010 收发电子邮件

目前电子邮件客户机软件很多，如 Foxmail、金山邮件、Outlook 等都是常用的收发电子邮件客户机软件。虽然各软件的界面不同，但其操作方式基本都是类似的。下面以 Microsoft Outlook 2010 为例，介绍电子邮件的撰写、收发、阅读、回复和转发等操作。

在 Outlook 2010 中配置一个电子邮箱，然后使用该邮箱发送和接收电子邮件。

（1）账号的设置：具体操作步骤如下。

① 选择“开始”菜单→“所有程序”→“Microsoft Office”→“Microsoft Outlook 2010”命令，启动 Microsoft Outlook 2010 软件。如果第一次启动，将打开账户配置向导对话框，如图 6-26 所示，单击“下一步”按钮。

② 在打开的“账号设置”对话框中提示是否配置电子邮箱，选中“是”单选按钮，单击“下一步”按钮。

③ 打开“自动账号设置”对话框，选中“手动配置服务器设置或其他服务器类型”单选按钮，单击“下一步”按钮。

④ 在打开的“添加新账户”对话框中选中“Internet 电子邮件”单选按钮，单击“下一步”按钮。

⑤ 在打开的对话框中按要求输入用户姓名、电子邮箱地址、接收邮件和发送邮件服务器地址、登录密码等信息，如图 6-27 所示，单击“下一步”按钮。

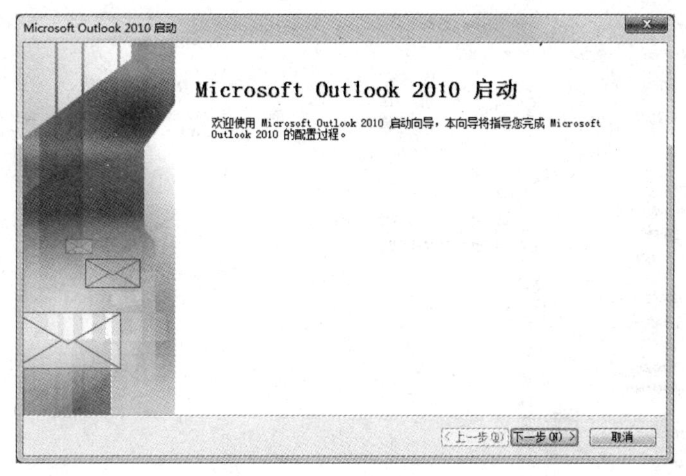

图 6-26　账户配置向导对话框

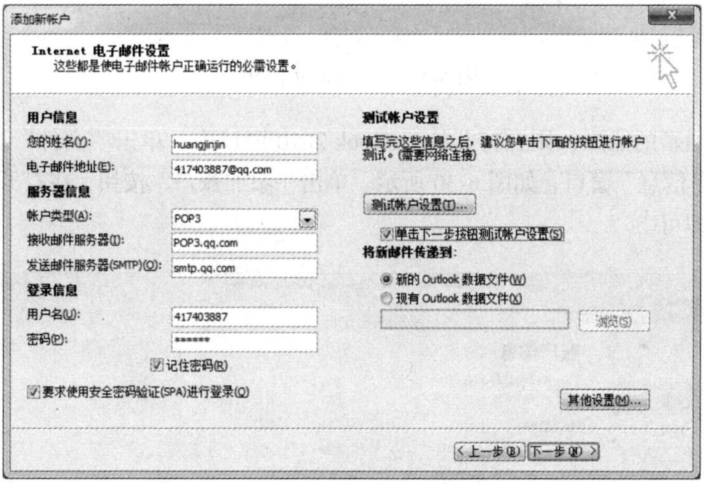

添加新帐户

Internet 电子邮件设置
这些都是使电子邮件帐户正确运行的必需设置。

用户信息
您的姓名(Y): huangjinjin
电子邮件地址(E): 417403887@qq.com
服务器信息
帐户类型(A): POP3
接收邮件服务器(I): POP3.qq.com
发送邮件服务器(SMTP)(O): smtp.qq.com
登录信息
用户名(U): 417403887
密码(P): ******
记住密码(R)
要求使用安全密码验证(SPA)进行登录(Q)

测试帐户设置
填写完这些信息之后，建议您单击下面的按钮进行帐户测试。(需要网络连接)
测试帐户设置(T)...
单击下一步按钮测试帐户设置(S)
将新邮件传递到:
新的 Outlook 数据文件(W)
现有 Outlook 数据文件(X)
浏览(S)
其他设置(M)...
< 上一步(B)　下一步(N) >

图 6-27　账户配置向导对话框

⑥ Outlook 2010 自动连接用户的电子邮箱服务器配置账户，稍候将打开提示对话框提示配置成功，如图 6-28 所示。单击“完成”按钮结束账号的设置，并打开 Outlook 2010 窗口，如图 6-29 所示。

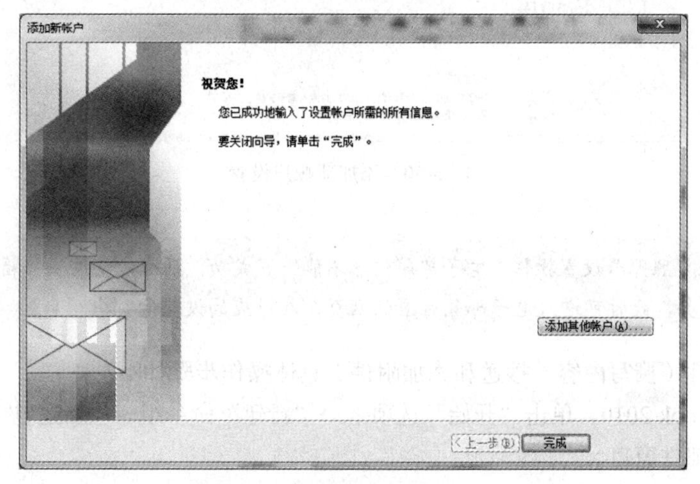

图 6-28　账户配置成功提示对话框

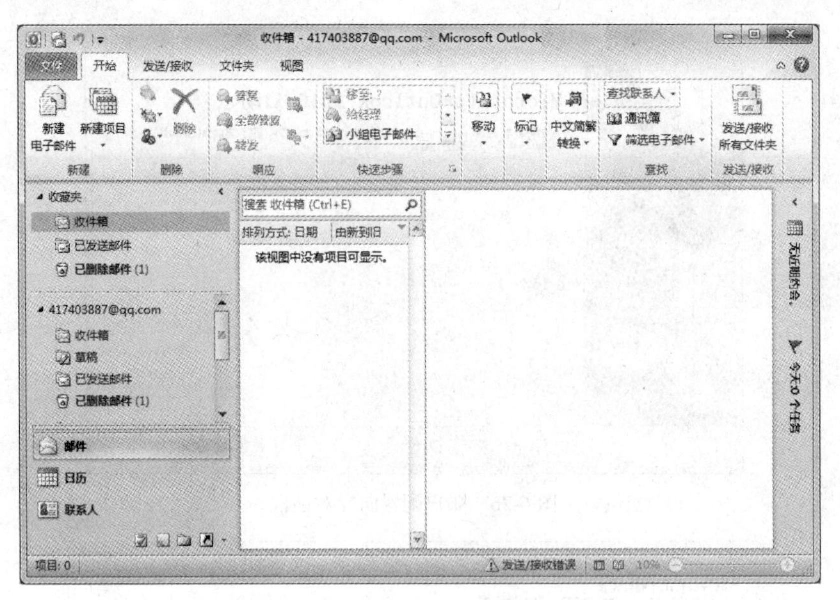

图 6-29　Outlook 2010 窗口

如果需要添加新的账户，则在打开的 Outlook 2010 窗口中，单击“文件”选项卡→“信息”按钮，进入“账户信息”窗口，如图 6-30 所示。单击“添加账户”按钮，在打开的“添加新账户”对话框进行设置即可。

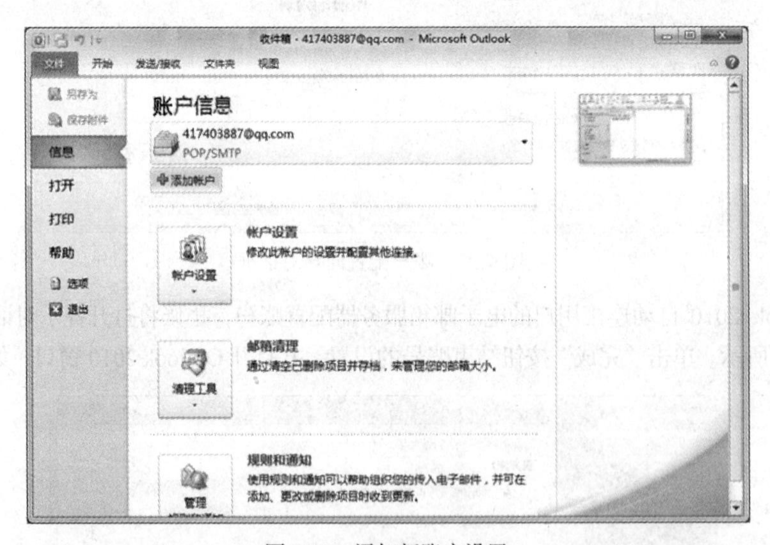

图 6-30　添加新账户设置

如果按照账号设置操作，电子邮箱仍然不能配置成功，则可能是电子邮箱没有开启 POP3 和 SMTP 服务，此时可进入电子邮箱对应的网页，在对应的设置网页中开启。

（2）发送邮件（撰写内容、抄送和添加附件）具体操作步骤如下。

① 启动 Outlook 2010，单击“开始”选项卡→“新建”命令组→“新建电子邮件”按钮，打开新建（发送）邮件窗口。

② 在“收件人”和“抄送”文本框中输入接收邮件的用户电子邮箱地址，在“主题”文本框

中输入邮件的标题。在下方的正文内容窗口中输入相关信息（分别是信头和信体部分）。

③ 如果需要添加附件，则单击“邮件”选项卡→“添加”命令组→“附加文件”命令按钮，在打开的“插入文件”对话框中选择附件文件，单击“插入”按钮，将附件文件添加到发送邮件窗口中，如图 6-31 所示。

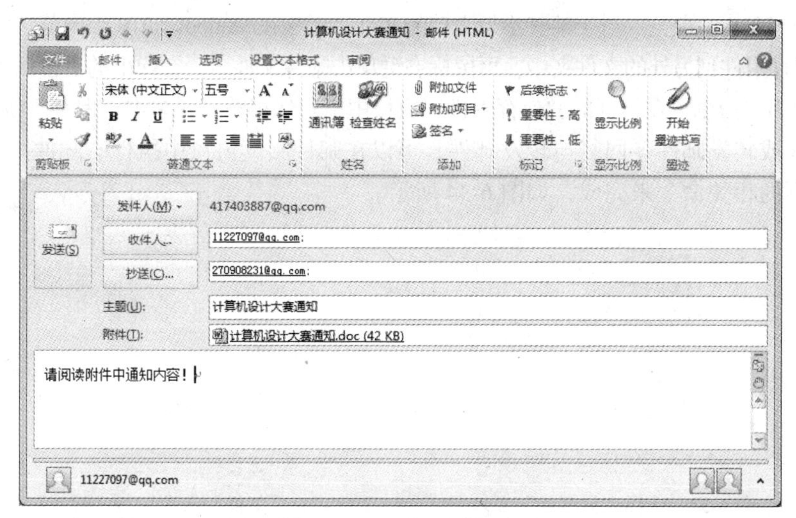

图 6-31 新建（发送）邮件窗口

④ 单击“发送”按钮，将邮件内容和附件一起发送给收件人和抄送人。

如果已经将收件人邮箱添加到“通讯录”，则可以在“收件人”下拉列表中选择收件人。可以像编辑 Word 文档一样设置邮件正文内容的字体、字号、颜色等。

（3）接收和阅读邮件（保存附件），具体操作步骤如下。

① 启动 Outlook 2010。如果要查看是否有新的电子邮件，单击“发送/接收”选项卡→“发送/接收所有文件夹”命令按钮。此时，出现邮件发送和接收的对话框，邮件下载完后，就可以阅读查看了。

② 选择 Outlook 2010 窗口左侧的“收件箱”选项，如图 6-32 所示。左部为 Outlook 栏，中部为邮件列表区，右部是邮件预览区。若在中部的列表区选择一个邮件并单击，则在右部的预览区显示邮件的内容。

图 6-32 接收和阅读邮件窗口

如果要简单地浏览某个邮件，单击邮件列表区的某个邮件即可。如果要详细阅读或对邮件进行各种操作，可以双击该邮件打开。阅读完邮件后，可以直接单击窗口中的“关闭”按钮，结束该邮件的阅读。

如果邮件中含有附件，则在邮件图标右侧会列出附件的名称，需要查看附件内容时，可单击附件名称，在 Outlook 2010 中预览。对于某些不是文档的文件，无法在 Outlook 2010 中预览，可以双击打开。

如果要保存附件到另外的文件夹中，可鼠标右键单击附件文件名，在弹出的下拉列表（见图 6-33）中选择“另存为”命令，在打开的“保存附件”窗口中指定保存路径，单击“保存”按钮即可。

（4）回复或转发邮件。回复与转发邮件，可以在邮件阅读窗口中执行“邮件”选项卡→“响应”命令组下的相关命令来完成，如图 6-34 所示。

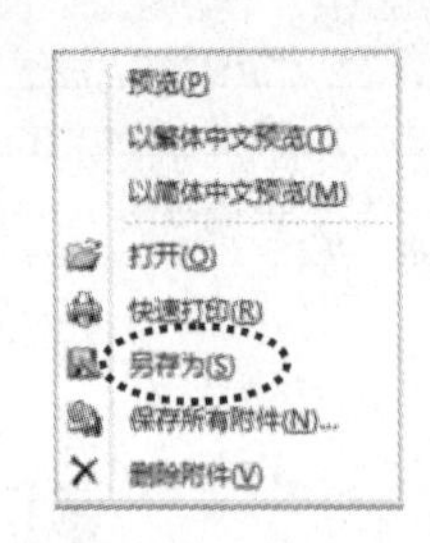

图 6-33　选择“另存为”

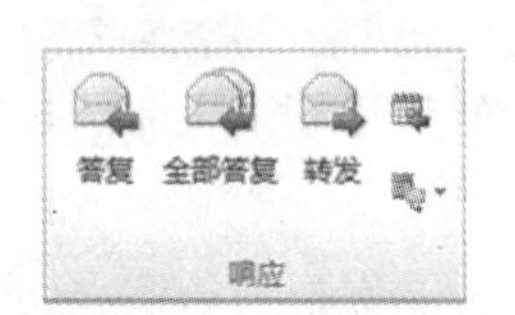

图 6-34　“邮件”选项卡→“响应”命令组

阅读完一封邮件需要回复时，在邮件阅读窗口中单击“邮件”选项卡→“响应“命令组→“答复”或“全部答复”命令按钮，弹出回信窗口，发件人和收件人的地址已由系统自动填好，原信件的内容也都显示出来作为引用内容。回信内容写好后，单击“发送”按钮，即可完成邮件的回复。

阅读完一封邮件需要转发时，在邮件阅读窗口中单击“邮件”选项卡→“响应“命令组→“转发”命令按钮，弹出转发窗口，输入收件人地址，多个地址之间用逗号或分号隔开；必要时，可在待转发的邮件下撰写附加信息；最后，单击“发送”按钮，即可完成邮件的转发。

（5）管理联系人。利用 Outlook 2010 的“联系人”列表，可以建立通讯录，通讯录具有自动填写邮箱地址、电话拨号等功能。

添加联系人信息的具体操作如下。

单击“开始”选项卡（左下角）→“联系人”按钮，打开联系人管理视图。可以在这个视图中看到已有的联系人名片，显示联系人的姓名、E-mail 等摘要信息。双击某个联系人名片，可打开详细信息查看或编辑。选中某个联系人名片，在功能区上单击“电子邮件”按钮，可以给该联系人编写并发送邮件。

在功能区单击“新建联系人”，打开联系人资料填写窗口，联系人资料包括姓氏、名字、单位、电子邮件、电话号码、地址以及头像等；将联系人的各项信息输入相关选项卡的相应文本框中，并单击“保存并关闭”按钮，即可添加联系人信息。

练习题 6

【操作题】

Internet 操作题 1。

运行 Internet Explorer，并完成下面的操作：

某网站的主页地址是：http://www.20cn.net/ns/cn/zs/data/20020818024857.htm，打开此网页浏览“网络基础知识”页面，将该页面的内容以文本文件的格式保存到 EX6 文件夹下，并命名为“study1.txt”。

Internet 操作题 2。

运行 Internet Explorer，并完成下面的操作。

某网站的主页地址是：http://sports.sohu.com/1/1102/40/subject204254032.shtml，打开此网页浏览“NBA 图片”页面，选择喜欢的图片保存到 EX6 文件夹下，并命名为 NBA.jpg。

Internet 操作题 3。

使用 Internet Explorer 浏览器，通过百度搜索引擎（网址为 http://www.baidu.com）搜索含有单词“basketball”的页面，将搜索到的第一个网页内容保存到 EX6 文件夹下，并命名为“SS.htm”。

Internet 操作题 4。

运行 Internet Explorer，并完成下面的操作。

整理你的 IE 收藏夹，在 IE 收藏夹中新建文件夹“学习相关”“娱乐相关”和“下载相关”。

Internet 操作题 5。

向部门经理张明发送一封电子邮件，并将 EX6 文件夹下的一个 Word 文档 Gzjh.docx 作为附件一起发送，同时抄送给总经理刘斌。主要内容如下。

收件人：Zhangming@mail.pchome.com.cn

抄送：Liubin@mail.pchome.com.cn

主题：工作计划。

函件内容：“发送全年工作计划草案，请审阅。具体见附件。”

Internet 操作题 6。

接收并阅读由 rock@cuc.edu.cn 发来的 E-mail，将随信发来的附件 spalt.docx 下载保存到 EX6 文件夹下。立即回复邮件，回复内容为“您所要索取的资料已用快递寄出。”，并将 EX6 文件夹下的一个资料清单文件 spabc.xlsx 作为附件一起发送。

【选择题】

（1）计算机网络的目标是实现________。

A. 数据处理　　B. 文献检索

C. 资源共享和信息传输　　D. 信息传输

（2）广域网中采用的交换技术大多是________。

A. 分组交换　　B. 自定义交换　　C. 报文交换　　D. 电路交换

（3）计算机网络分为局域网、城域网和广域网，下列属于局域网的是________。

A. ChinaDDN　　B. Novell　　C. Chinanet　　D. Internet

（4）以下有关光纤通信的说法中，错误的是________。

A. 光纤通信具有通信容量大、保密性强和传输距离长等优点

B. 光纤通信常用波分多路复用技术提高通信容量

C. 光纤通信是利用光导纤维传导光信号来进行通信的

D. 光纤线路的损耗大，所以每隔 1～2 千米就需要中继器

（5）调制解调器的作用是________。

A. 将数字脉冲信号转换成模拟信号　　B. 将模拟信号转换成数字脉冲信号

C. 将数字脉冲信号和模拟信号互相转换　D. 为了上网与打电话两不误

（6）调制解调器的主要技术指标是数据传输速率，它的度量单位是________。

A. Mbit/s　B. KB　C. dpi　D. MIPS

（7）若某一用户要拨号上网，不必要的是________。

A. 一个上网账号　B. 一条电话线　C. 一个路由器　D. 一个调制解调器

（8）下列说法中不正确的是________。

A. 调制解调器是局域网设备　B. 集线器是局域网设备

C. 网卡是局域网设备　D. 中继器是局域网设备

（9）下列不属于网络拓扑结构形式的是________。

A. 星状　B. 分支　C. 总线型　D. 环状

（10）按照网络的拓扑结构划分，以太网（Ethernet）属于________。

A. 星型网络结构　B. 环型网络结构

C. 树型网络结构　D. 总线型网络结构

（11）一台微型计算机要与局域网连接成为该网的一个节点，必须安装的硬件是________。

A. 网卡　B. 交换机　C. 中继器　D. 集线器

（12）主要用于实现两个不同网络互连的设备是________。

A. 集线器　B. 调制解调器　C. 路由器　D. 转发器

（13）无线移动网络最突出的优点是________。

A. 共享文件和收发邮件　B. 提供随时随地的网络服务

C. 文献检索和网上聊天　D. 资源共享和快速传输信息

（14）下列度量单位中，用来度量计算机网络数据传输速率（比特率）的是________。

A. MB/s　B. MIPS　C. GHz　D. Mbit/s

（15）英文缩写 ISP 指的是________。

A. 电子邮局　B. 电信局

C. Internet 服务商　D. 供他人浏览的网页

（16）Internet 实现了将分布在世界各地的各类网络互连，其核心协议组是________。

A. HTTP　B. TCP/IP　C. HTML　D. FTP

（17）TCP 的主要功能是________。

A. 对数据进行分组　B. 确保数据的可靠传输

C. 确定数据传输路径　D. 提高数据传输速度

（18）关于 Internet 防火墙，下列叙述中错误的是________。

A. 防止外界入侵单位内部网络　B. 可以使用过滤技术在网络层选择数据

C. 可以阻止来自内部的威胁与攻击　D. 为单位内部网络提供安全边界

（19）接入 Internet 的每一台主机都有一个唯一的可识别地址，称作________。

A. URL　B. TCP 地址　C. IP 地址　D. 域名

（20）下列各项中，非法的 Internet 的 IP 地址是________。

A. 202.96.12.14　B. 202.196.72.140

C. 112.256.23.8　D. 201.125.38.79

（21）Internet 中，用于实现域名和 IP 地址转换的是________。

A. SMTP　B. FTP　C. HTTP　D. DNS

（22）在 Internet 上浏览时，浏览器和 WWW 服务器之间的传输网也使用的协议是________。

A. SMTP　　B. IP　　C. FTP　　D. HTTP

（23）根据域名代码的规定，域名 www.gov.cn 表示________。

A. 文献检索　　B. 政府机关　　C. 军事部门　　D. 教育机构

（24）域名 MH.BIT.EDU.CN 中的主机名是________。

A. CN　　B. BIT　　C. EDU　　D. MH

（25）FTP 是 Internet 中________。

A. 用于文件传输的一种服务　　B. 浏览网页的工具

C. 一种聊天工具　　D. 发送电子邮件的软件

（26）在 Internet 上，一台计算机可以作为另一台主机的远程终端，使用该主机的资源，该项服务称为________。

A. Telenet　　B. BBS　　C. FTP　　D. WWW

（27）假设邮件服务器的地址是 email.bj163.con，则正确的电子邮箱地址的格式是________。

A. 用户名#email.bj163.com　　B. 用户名@email.bj163.com

C. 用户名.email.bj163.com　　D. 用户名$email.bj163.com

（28）下列关于电子邮件的叙述中，正确的是________。

A. 收件人的计算机没有打开时，发件人发来的电子邮件将丢失

B. 收件人的计算机没有打开时，发件人发来的电子邮件将退回

C. 收件人的计算机没有打开时，收件人的计算机打开时再重发

D. 发件人发来的电子邮件保存在收件人的电子邮箱中，收件人可随时接收

（29）下面电子邮件地址写法正确的是________。

A. nu.edu.cn#yiqi　　B. yiqi@163com

C. yiqi@nottingham.ac.cn　　D. yiqi#nu.edu.dn

（30）下列关于电子邮件的说法，错误的是________。

A. 发送电子邮件需要 E-mail 软件支持　　B. 发件人必须有自己的 E-mail 账号

C. 必须知道收件人的 E-mail 地址　　D. 收件人必须有自己的邮政编码

选择题答案：

1～10：CABDC ACABD　　11～20：ACBDC BBCCC

21～30：DDBDA ABDCD

参考文献

[1] 张婷. 计算机应用基础（Windows 7+Office 2010）[M]. 北京：人民邮电出版社，2016.

[2] 商书元. 信息技术导论 [M]. 北京：中国铁道出版社，2016.

[3] 何振林，罗奕. 大学计算机基础（第四版）[M]. 北京：水利水电出版社，2016.

[4] 刘勇，邹广慧. 计算机网络基础 [M]. 北京：清华大学出版社，2016.

[5] 赵文，张华南. 大学计算机基础（Windows 7+Office 2010）[M]. 北京：中国铁道出版社，2016.

[6] 陈建铎. 计算机组成原理与系统结构 [M]. 北京：清华大学出版社，2015.

[7] 夏洪文. 多媒体技术基础 [M]. 北京：北京师范大学出版社，2015.

[8] 贾昌传. 计算机应用基础（第 2 版）[M]. 北京：人民邮电出版社，2014.

[9] 刁树民，郭吉平，李华. 大学计算机基础（第五版）[M]. 北京：清华大学出版社，2014.

[10] 张赵管，李应勇，刘经天. 计算机应用基础 [M]. 天津：南开大学出版社，2013.

[11] 李刚健，李杰，郑琦. 大学计算机基础 [M]. 北京：人民邮电出版社，2012.

[12] 冉兆春，张家文. 大学计算机应用基础（Windows 7+Office 2010）[M]. 北京：人民邮电出版社，2013.